창의·융합인재 교육 시리즈 ❷

솔리드웍스를 활용한
융합기술 프로젝트

3D모델링 + 3D프린팅 + IoT제어

송원석·김랑기 공저 | (주)큐빅시스템즈 감수

2
전기 자동차 만들기

- 릴레이 제어 전기자동차 – 세단형
- 릴레이 제어 전기자동차 – 컨테이너형
- 릴레이 제어 전기자동차 – 지프형
- 초음파센서 제어·앱 제어 전기자동차

메카피아

솔리드웍스를 활용한
융합기술 프로젝트 3D모델링+3D프린팅+IoT제어 – 전기 자동차 만들기

발 행 일	2023년 06월 08일 초판 1쇄 발행
저　　자	송원석·김랑기 공저
감　　수	(주)큐빅시스템즈
발 행 처	도서출판 메카피아
발 행 인	노수황
출 판 등 록	제2014-000036호(2010년 02월 01일)
주　　소	서울특별시 영등포구 국회대로76길 18, 3층 3호
대 표 전 화	1544-1605(대)
팩　　스	02-6008-9111
홈 페 이 지	www.mechapia.com
이 메 일	mechapia@mechapia.com
표지 디자인	포인 기획
편집 디자인	다온 디자인
I S B N	979-11-6248-177-6 13550
정　　가	25,000원

Copyright© 2023 MECHAPIA Co. All rights reserved.

· 이 책의 어느 부분도 저작권자나 도서출판 메카피아 발행인의 승인 문서없이 일부 또는 전부를 사진복사나 디스크 복사 및 기타 정보 재생 시스템을 비롯하여 현재 알려지거나 향후 발명될 어떤 전기적, 기계적 또는 다른 수단을 통해 복사하거나 재생하거나 이용할 수 없음을 알려드립니다.

· 파본 및 낙장은 구입하신 서점에서 교환하여 드립니다.

머 리 말

　융합기술 프로젝트 시리즈1(선풍기)에 이어 시리즈2(전기 자동차)를 출판하게 되었습니다.

　본 교재는 기구설계, 3D모델링, 3D프린팅, IoT제어와 코딩, 제어원리 이해와 조립기술 등 기술적 융합교육에 활용 가능한 창의·융합인재 교육 프로젝트 시리즈 도서입니다.

　메이커를 꿈꾸는 모든 학습자를 대상으로 3D모델링을 통해 기구설계를 학습하고, 3D프린터로 출력하여 형상을 제작하며, 전자 부품을 조립하고 코딩하여 제어과정을 통해 상상하는 것들을 현실화시킬 수 있도록 프로젝트 중심으로 내용을 구성하였습니다.

　3D프린팅은 단순히 시제품 제작 도구를 넘어 차세대 생산기술로 주목받고 있습니다. 제작 속도가 더욱 빨라지고, 출력물의 완성도가 높아지고 있으며, 사용할 수 있는 소재가 보다 다양해지는 등 관련 기술 자체가 고도화되고 있습니다.
　또한 사물인터넷(IoT)은 각종 사물에 센서와 통신기능을 내장하여 무선 통신을 통해 사물을 연결하는 등 4차 산업혁명의 기술적 토대가 되고 있습니다.

　3D모델링, 3D프린팅, 기구설계, 아두이노 코딩, 앱 제작 등 기계와 전자 통신기술을 융합한 본 교재가 메이커 교육을 준비하는 모든 분께 도움이 되기를 바랍니다.

　출간되기까지 도와주신 모든 분들과 메카피아 임직원 여러분께 고마운 마음을 전합니다.

CONTENTS

□ 공구 목록 · 6

I. 릴레이 제어 전기자동차 – 세단형 · · · · · · · · · · · 7

    A. 조립품 및 각 부품 · · · · · · · · · · · · · · · · · · · 9
    B. 재료목록 · 10
    C. 회로도 · 11
    D. 설계 도면 · 12
        1. 조립 등각도 · · · · · · · · · · · · · · · · · · · 12
        2. 분해도 · 13
        3. 조립도 · 14
        4. 부품도 · 15
    E. 부품 모델링 방법 · · · · · · · · · · · · · · · · · · · 17

II. 릴레이 제어 전기 자동차 – 컨테이너형 · · · · · · · 39

    A. 조립품 및 각 부품 · · · · · · · · · · · · · · · · · · 41
    B. 재료목록 · 42
    C. 회로도 · 43
    D. 설계 도면 · 44
        1. 조립 등각도 · · · · · · · · · · · · · · · · · · · 44
        2. 분해도 · 45
        3. 조립도 · 46
        4. 부품도 · 47
    E. 부품 모델링 방법 · · · · · · · · · · · · · · · · · · · 50

III. 릴레이 제어 전기자동차 - 지프형 · · · · · · · · · · · 79

    A. 조립품 및 각 부품 · · · · · · · · · · · · · 81
    B. 재료목록 · · · · · · · · · · · · · · · · · · 82
    C. 회로도 · · · · · · · · · · · · · · · · · · · 83
    D. 설계 도면 · · · · · · · · · · · · · · · · · 84
        1. 조립 등각도 · · · · · · · · · · · · · · · 84
        2. 분해도 · · · · · · · · · · · · · · · · · 85
        3. 조립도 · · · · · · · · · · · · · · · · · 86
        4. 부품도 · · · · · · · · · · · · · · · · · 87
    E. 모델링 방법 · · · · · · · · · · · · · · · · 90

IV. 초음파센서 제어·앱 제어 전기자동차 · · · · · · · · · 123

    A. 조립품 및 각 부품 · · · · · · · · · · · · · 125
    B. 재료목록 · · · · · · · · · · · · · · · · · · 126
    C. 회로도 · · · · · · · · · · · · · · · · · · · 127
    D. 제어 코드 · · · · · · · · · · · · · · · · · 128
      [방법1] 초음파 센서 제어 · · · · · · · · · · 128
        1. 블록 코딩 · · · · · · · · · · · · · · · · 128
        2. 아두이노 코딩 · · · · · · · · · · · · · · 132
      [방법2] 블루투스 제어 · · · · · · · · · · · 136
        1. 블록 코딩 · · · · · · · · · · · · · · · · 136
        2. 아두이노 코딩 · · · · · · · · · · · · · · 141
        3. MIT 앱 인벤터 코딩 · · · · · · · · · · · 146
    E. 설계 도면 · · · · · · · · · · · · · · · · · 156
        1. 조립등각도 · · · · · · · · · · · · · · · 156
        2. 분해도 · · · · · · · · · · · · · · · · · 157
        3. 조립도 · · · · · · · · · · · · · · · · · 158
        4. 부품도 · · · · · · · · · · · · · · · · · 159
    F. 모델링 방법 · · · · · · · · · · · · · · · · 162

■ 공구 목록

[표 1] Ⅰ·Ⅱ·Ⅲ·Ⅳ 제작에 필요한 공구

	품명	규격	수량	예상단가(원)	비고
1	드라이버	(+)4x100mm	1	5,390	
2	소형미니 드라이버	(+)0X75	1	2,450	
3	"	(-)2.5X75	1	2,450	
4	절단 니퍼	130mm	1	4,950	
5	곡형 니들노즈 플라이어	4"(100mm)	1	20,300	
6	와이어 스트리퍼	0.5-1.6mm	1	7,900	
7	철공용줄 세트	6PC, 150mm	1	8,850	
8	세라믹 인두기(스탠드포함)	220V,25W	1	24,500	
9	납땜인두 스탠드	홀더 거치	1	1,240	
10	안전장갑(NBR코팅)	L	1	1,920	
11	실납	100g	1	2,900	
12	PVC공구함(투명형)	305x150x100	1	6,140	
	계			88,990	

I

릴레이 제어 전기자동차
- 세단형 -

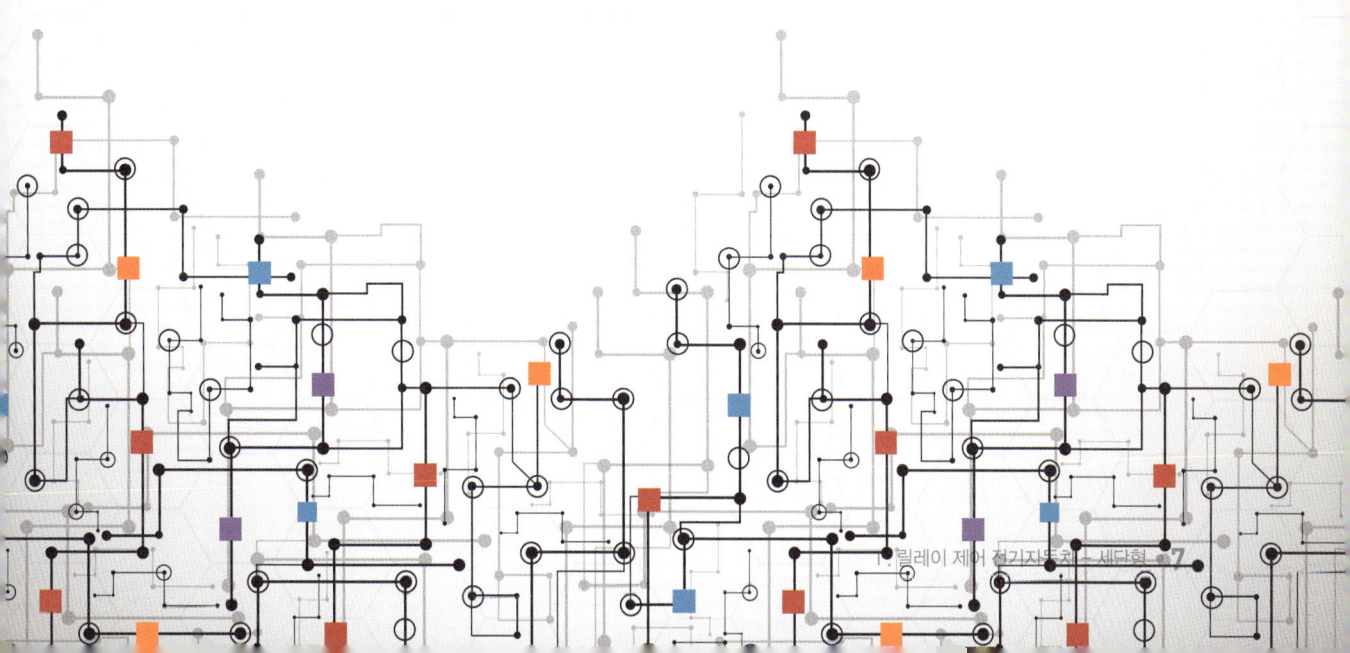

- 본 서에 수록된 전기자동차 STL 파일 다운로드 안내입니다.

- 3D프린터로 출력 가능한 stl 파일이 도서출판 메카피아의 네이버 카페에 업로드 되어 있으니 본 서를 구입하신 독자 여러분께서는 자유롭게 다운로드 하시어 학습에 활용하시기 바랍니다.

〈도서출판 메카피아 네이버 카페〉
https://cafe.naver.com/mechabooks

A. 조립품 및 각 부품

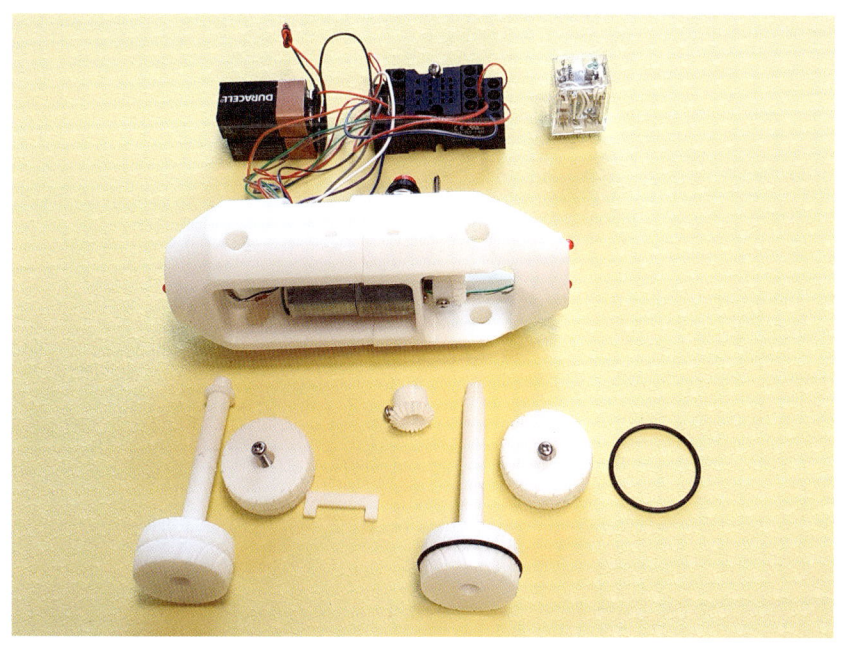

B. 재료목록

[표 2] 릴레이 제어 전기자동차_세단형 재료

구분	품명	규격	수량	예상단가(원)	비고(쇼핑몰)
1	둥근십자머리 볼트	M3×6	2	33	www.boltmall2.com/
2	둥근머리 탭핑 2종 나사	M4×6	2	70	www.boltmall2.com/
3	둥근머리 탭핑 2종 나사	M4×16	4	98	www.boltmall2.com/
4	둥근머리 탭핑 2종 나사	M4×20	2	120	www.boltmall2.com/
5	둥근머리 탭핑 2종 나사	M4×30	2	131	www.boltmall2.com/
6	DC모터	K262W 26Ø DC24V, 기어비1/60~1/120	1	20,900	신용모터 http://sym.or.kr/
7	건전지	9V(알카라인)	2	2,000	www.ic114.com/ 제품 ID : P0087166
8	건전지 스냅 홀더	9V	2	100	www.ic114.com/ 제품 ID : P0036127
9	원형 푸쉬락 스위치	LOCK TYPE(⌀10), 적색	2	850	www.ic114.com/ 제품 ID : P0035602
10	발광다이오드	COLOR LED 5mm-RD	3	40	www.ic114.com/ 제품 ID : P0046195
11	저항	2kΩF 1/4W	3	10	www.ic114.com/ 제품 ID : P0039395
12	칼라 리본케이블	무지개30선×300, 1.27mm	1	2,600	www.ic114.com/ 제품 ID : P0031791
13	원형자석	네오디움 ⌀10×3	1	200	www.ic114.com/ 제품 ID : P1040435
14	릴레이	KH-103-4CL, DC24V-14P	1	9,000	www.auction.co.kr/ 상품번호 : C607974117
15	릴레이 소켓	KH-RS-14N-14	1	2,900	www.auction.co.kr/ 상품번호 : B643848674
16	고무 오링	실리콘 S-35(⌀34.5×2)	4	1,300	www.auction.co.kr/ 상품번호 : C644109610
17	필라멘트	PLA(다양한 색상)			보유기종용 구입
	계				

C. 회로도

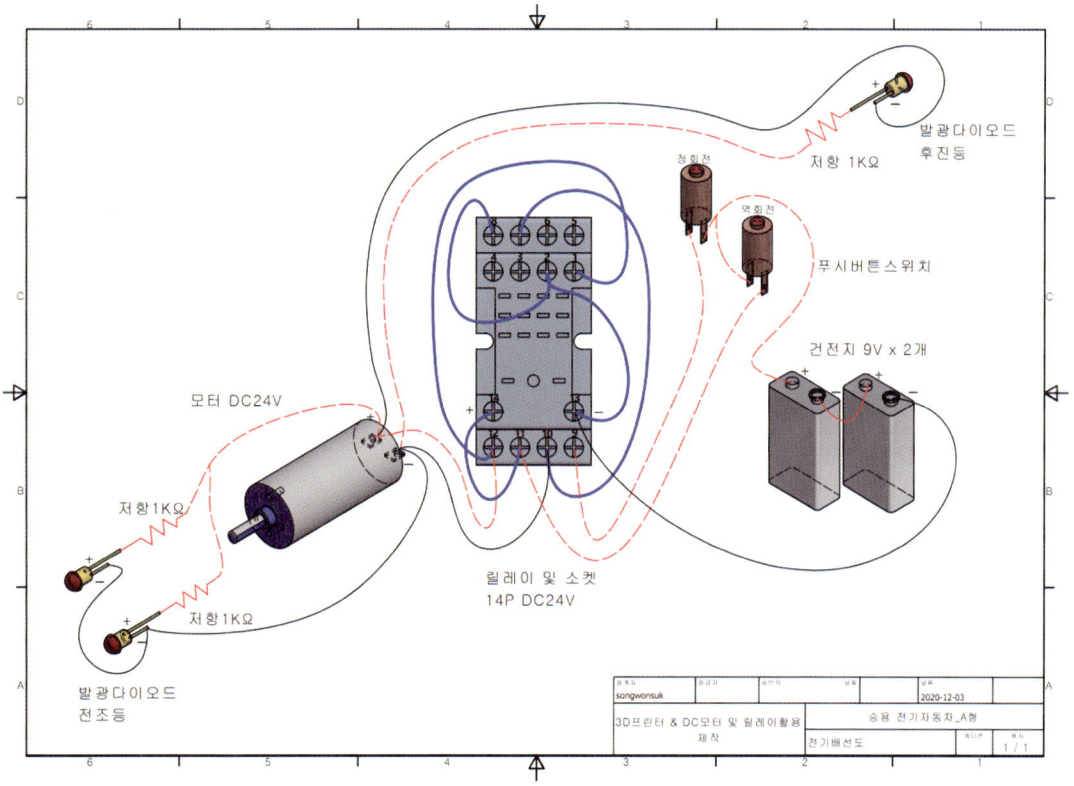

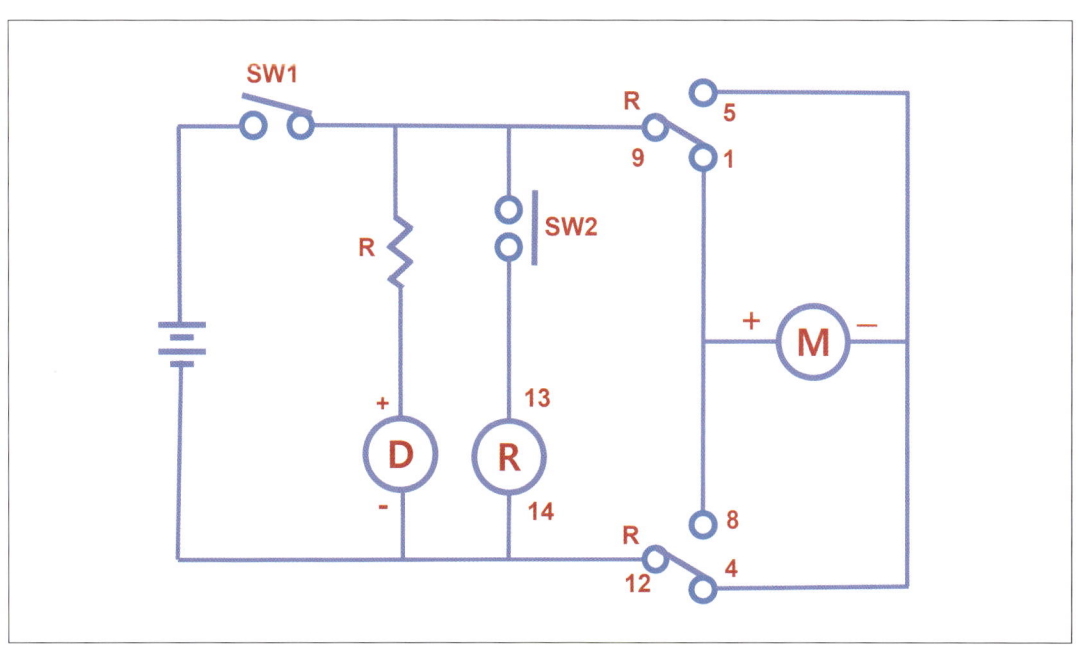

D. 설계 도면

1. 조립 등각도

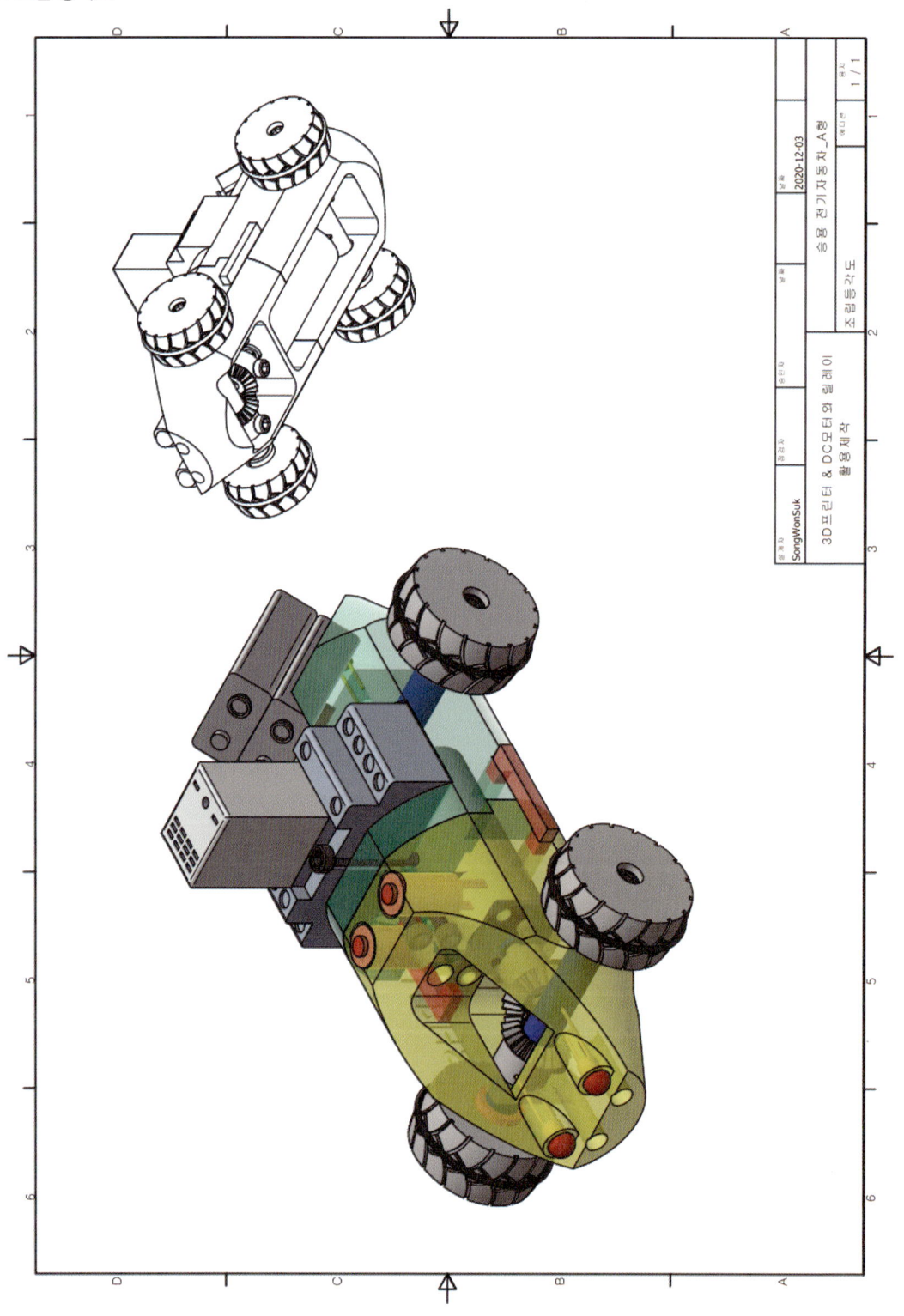

2. 분해도

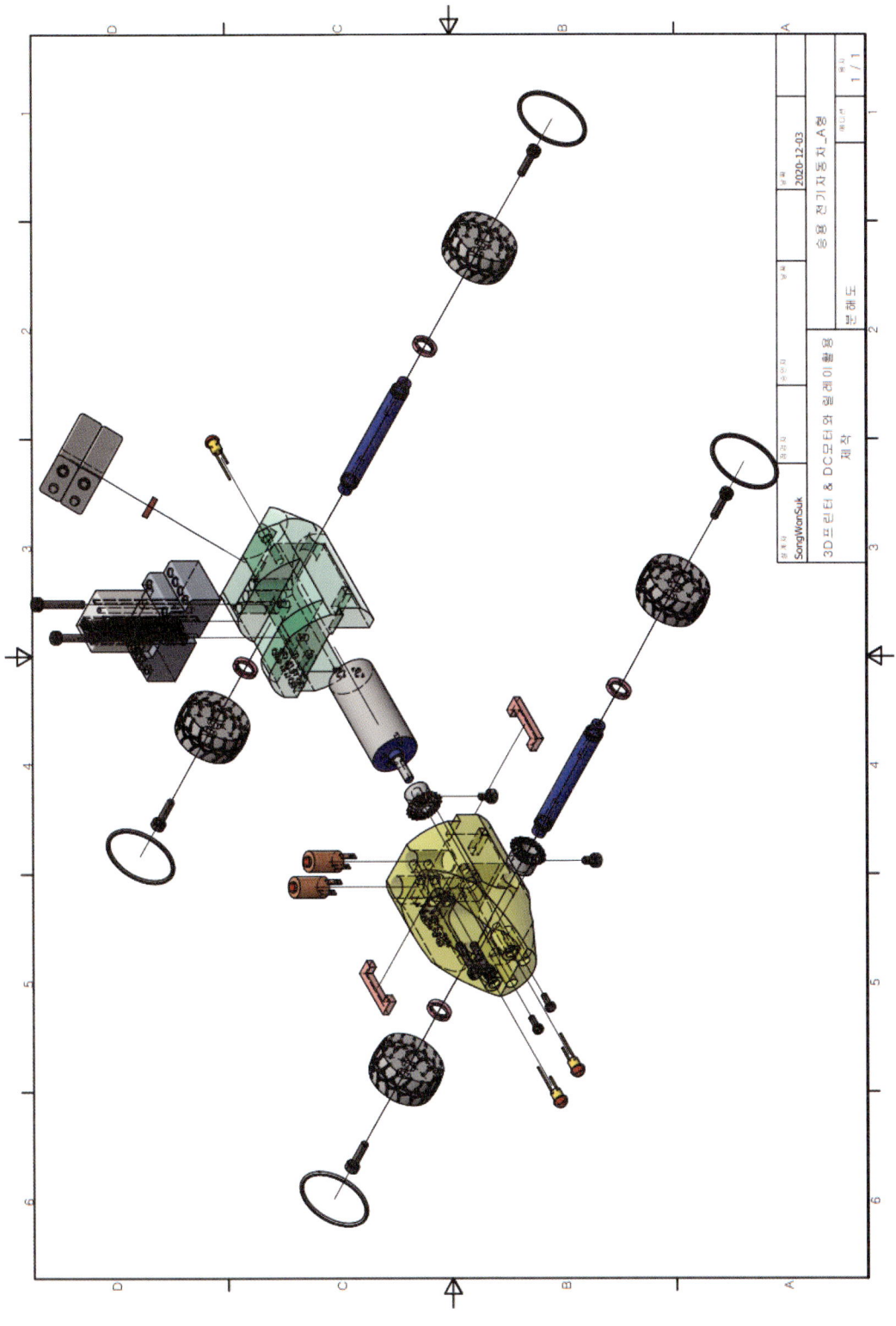

3. 조립도

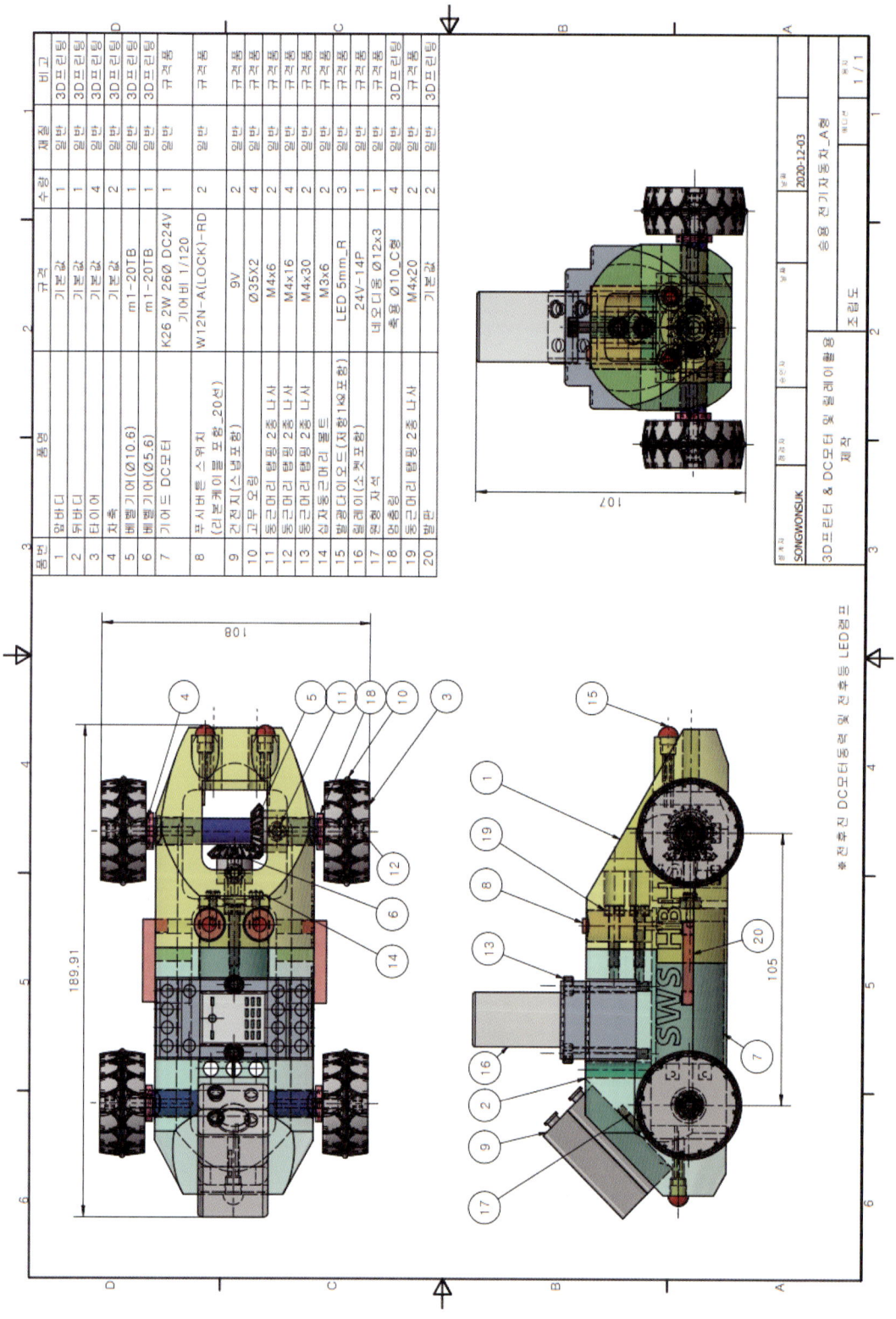

4. 부품도

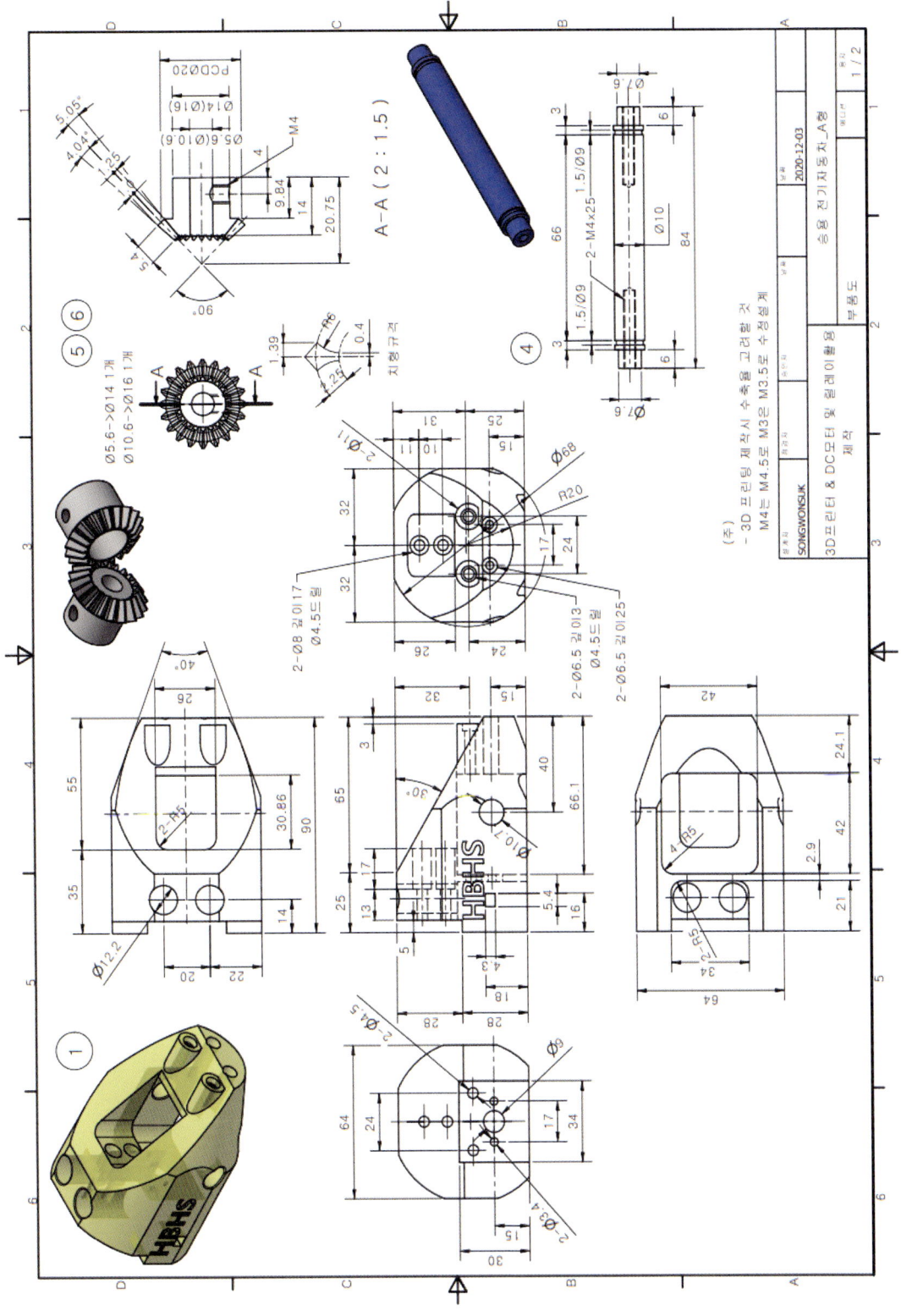

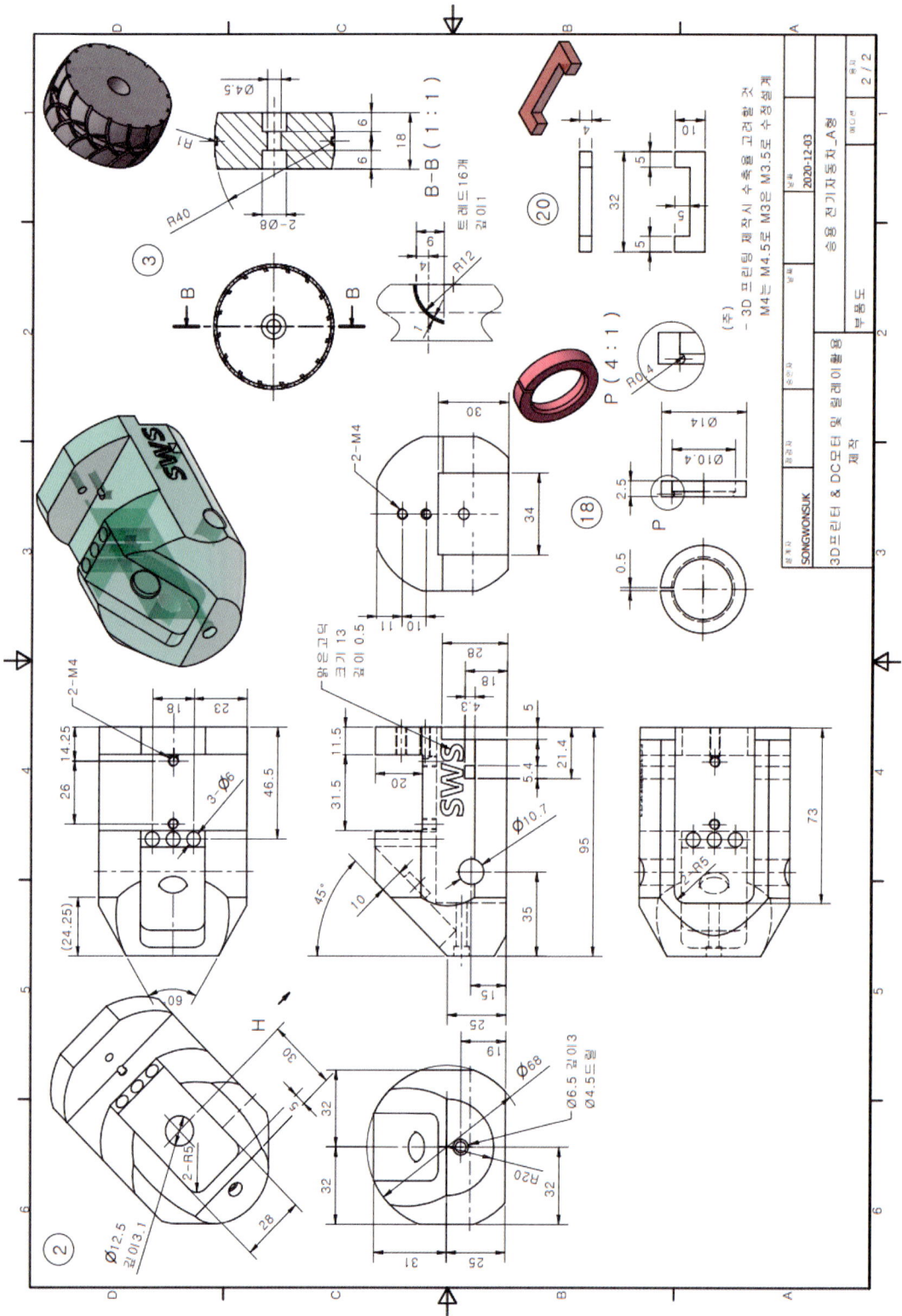

E. 부품 모델링 방법

1. 부품

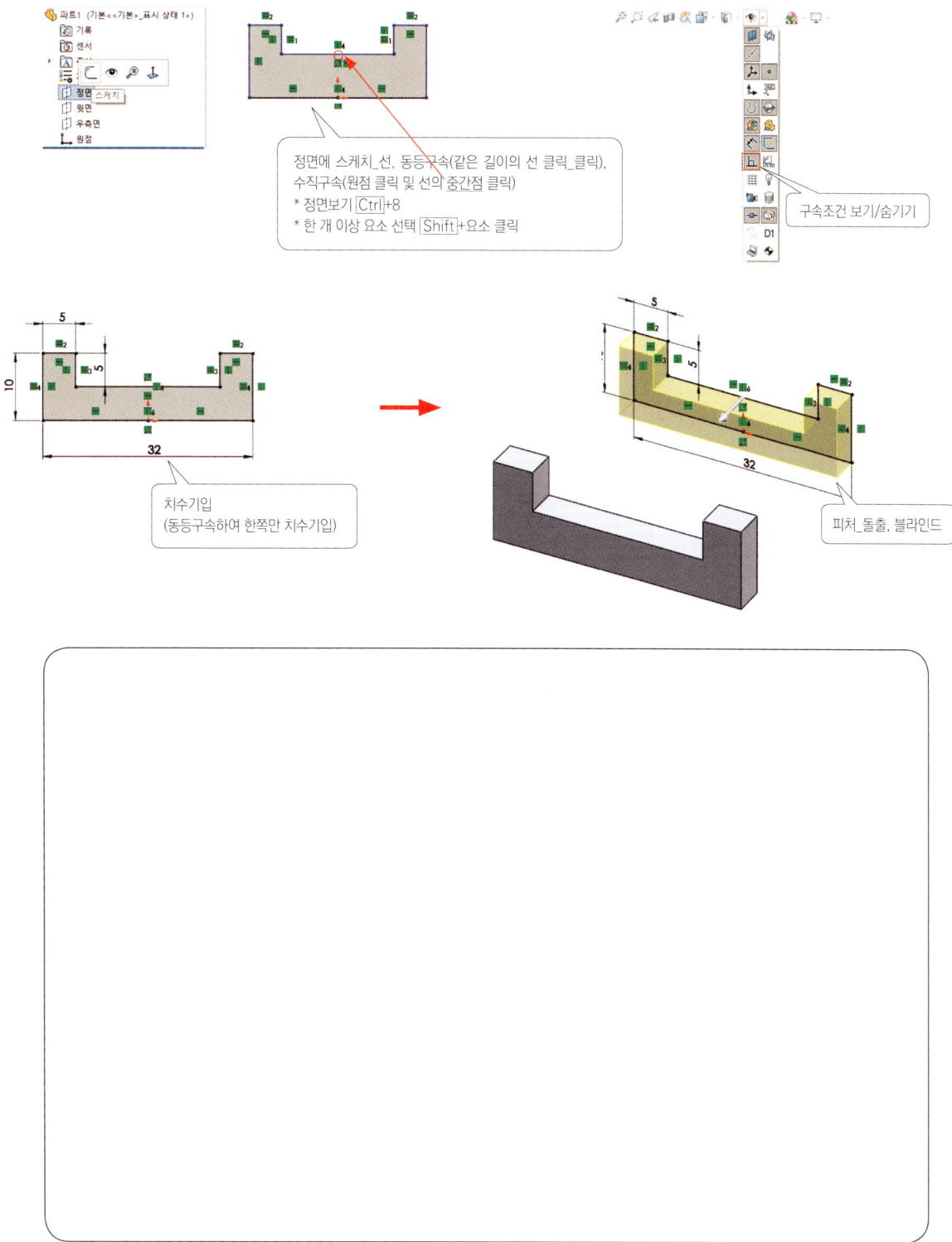

STL 파일로 저장하기

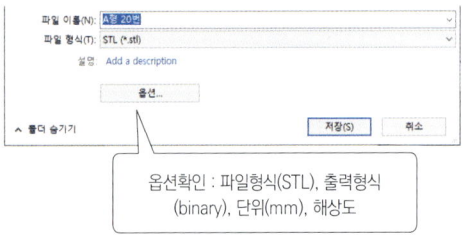

옵션확인 : 파일형식(STL), 출력형식 (binary), 단위(mm), 해상도

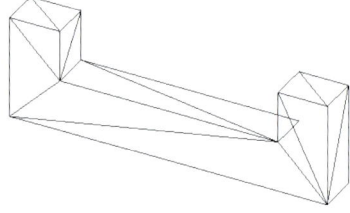

STL 파일 슬라이싱 및 G-code 파일로 저장하기

[프린터 설정 : Cubicon Style Plus-A15]

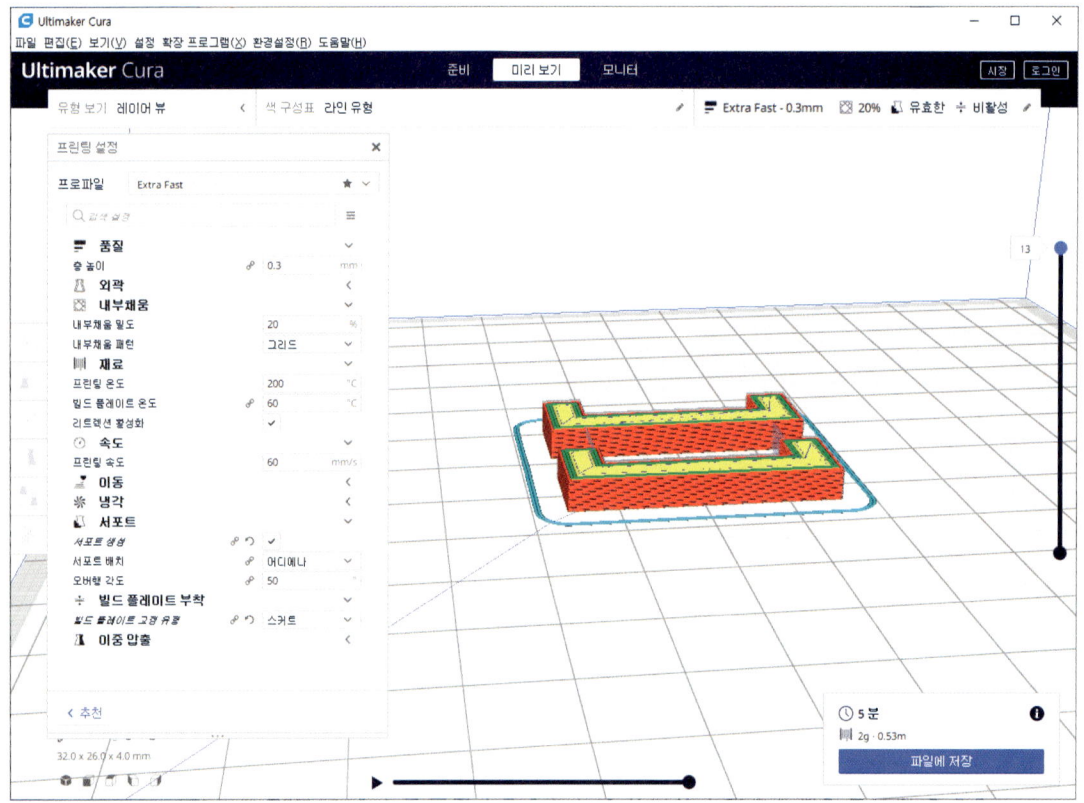

2. 부품

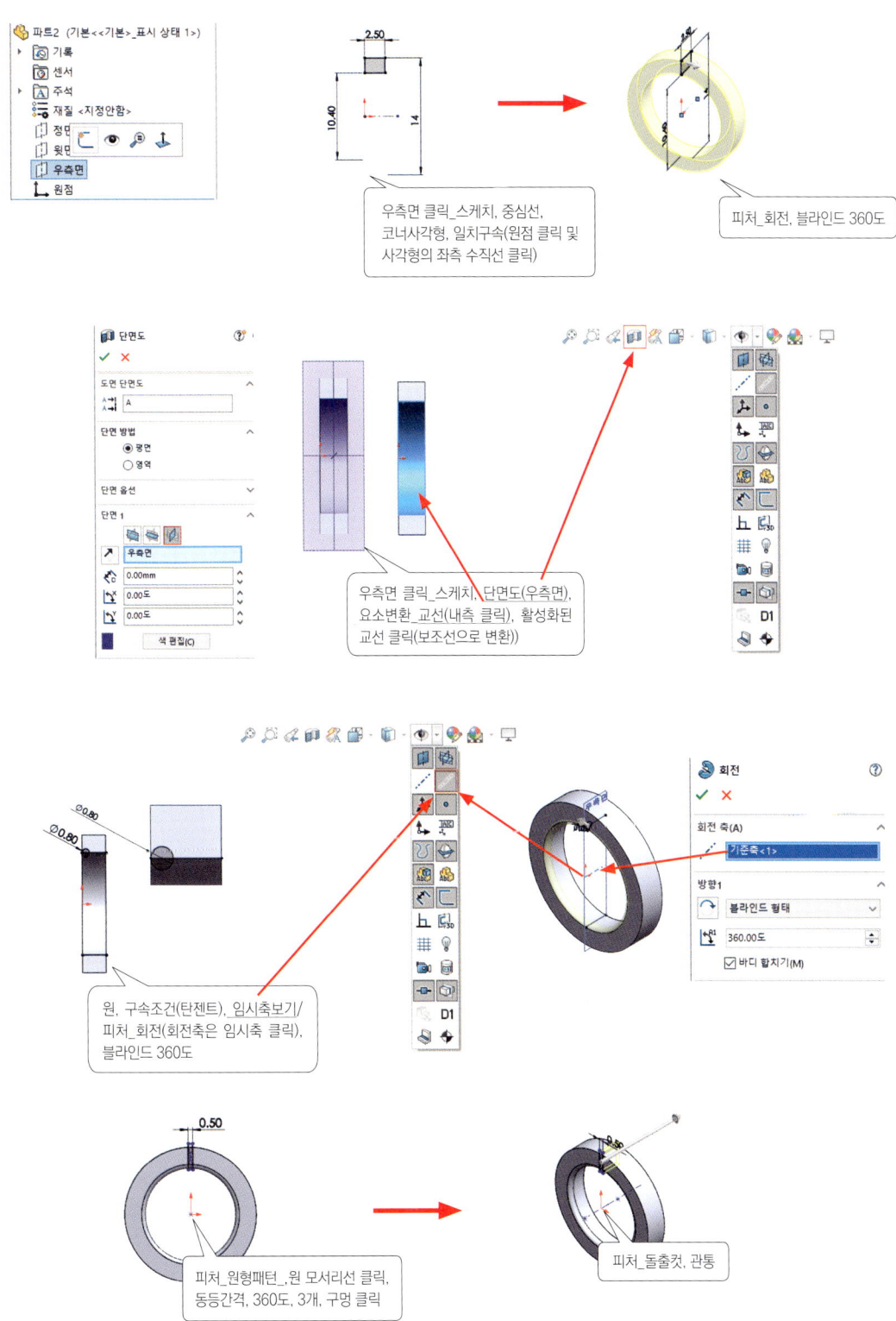

STL 파일로 저장하기

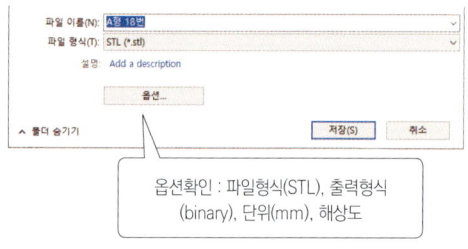

옵션확인 : 파일형식(STL), 출력형식 (binary), 단위(mm), 해상도

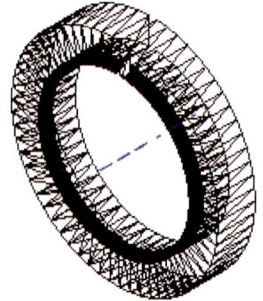

STL 파일 슬라이싱 및 G-code 파일로 저장하기

[프린터 설정 : Cubicon Style Plus-A15]

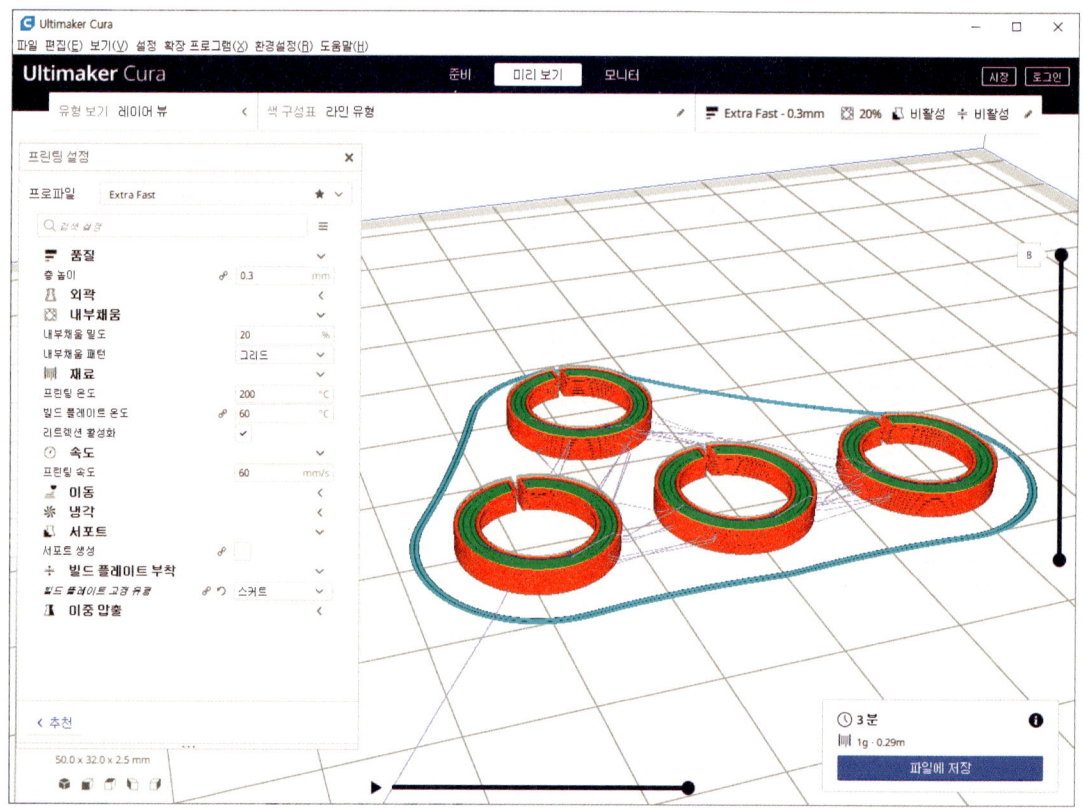

3. 부품

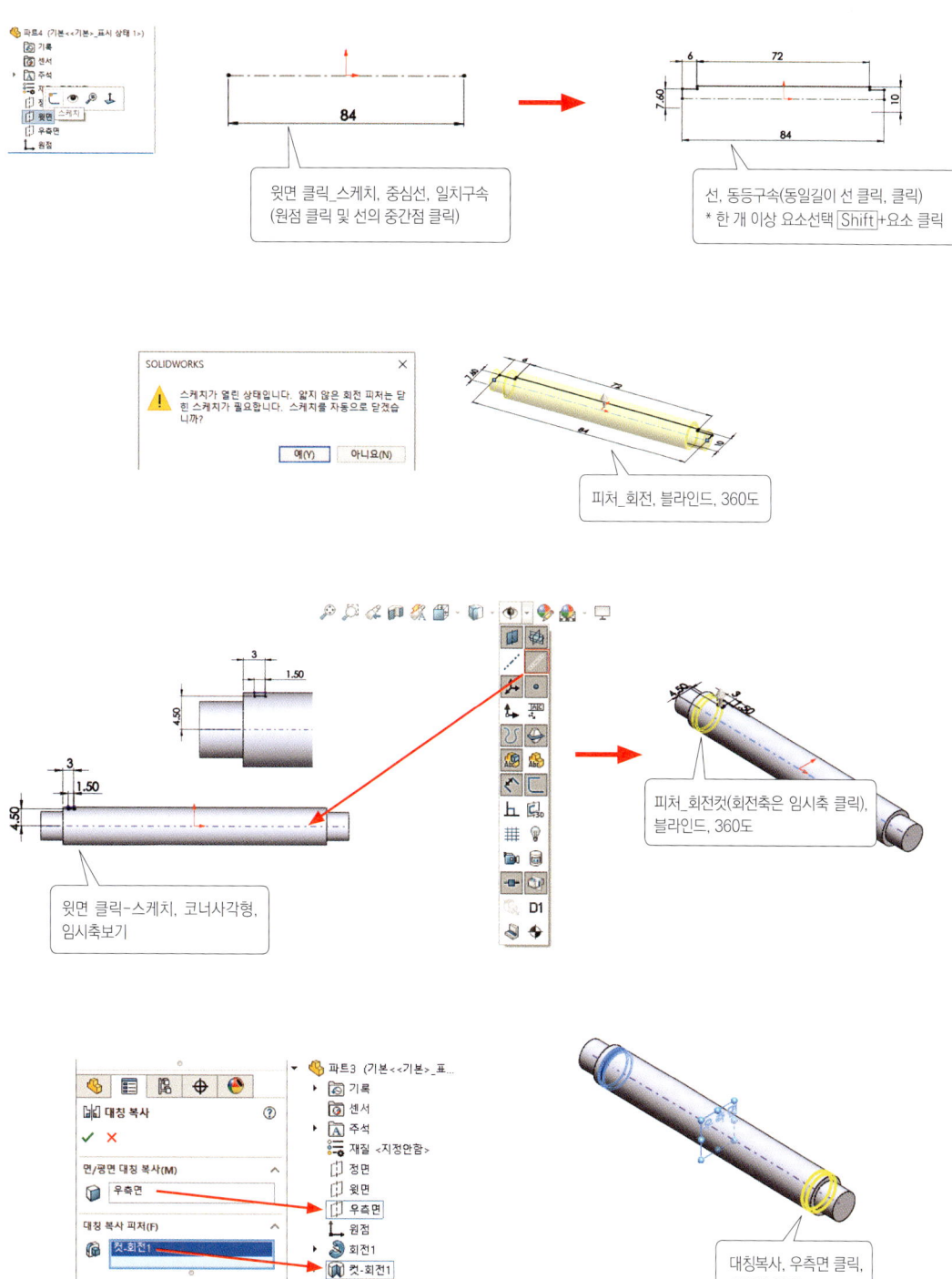

피처_구멍, 유형은 직선탭, KS, 탭구멍, M4.5, 블라인드 25
위치는 구멍이 있는 평면 클릭, 원 모서리에서 중심 활성화 클릭(동일방법으로 반대쪽 구멍 작업)

STL 파일로 저장하기

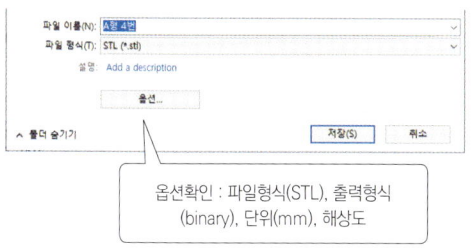

옵션확인 : 파일형식(STL), 출력형식 (binary), 단위(mm), 해상도

STL 파일 슬라이싱 및 G-code 파일로 저장하기

[프린터 설정 : Cubicon Style Plus-A15]

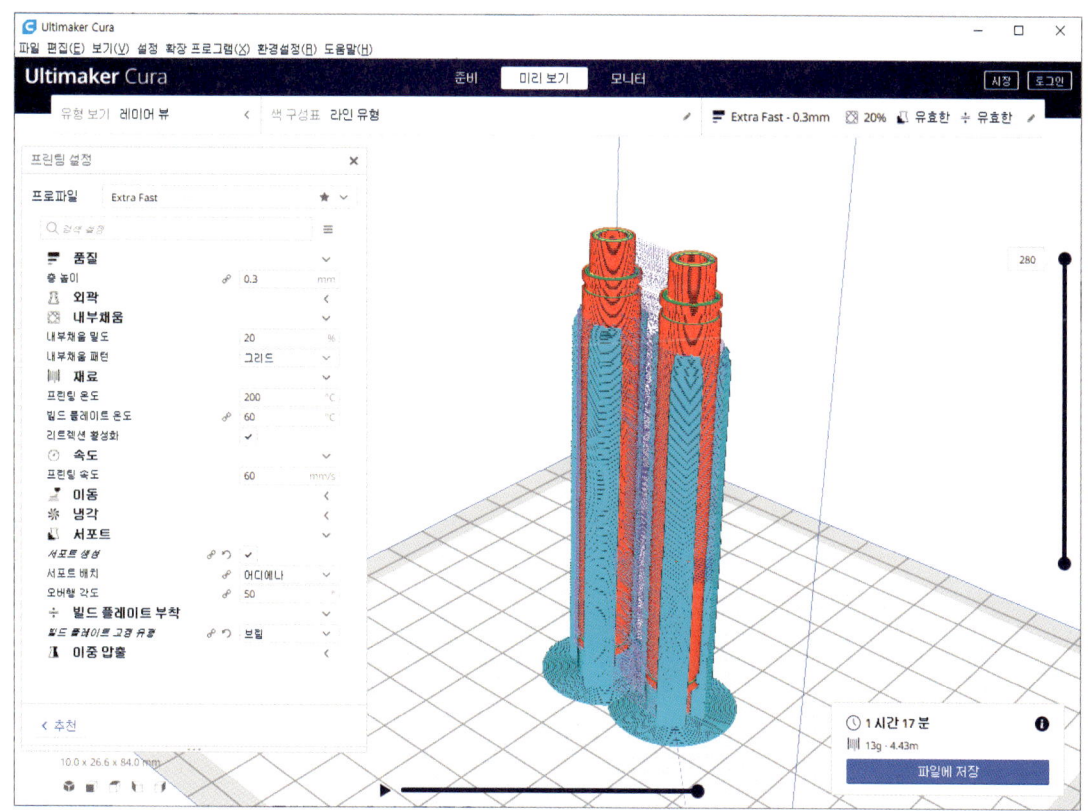

4. 부품 ⑤, 부품 ⑥

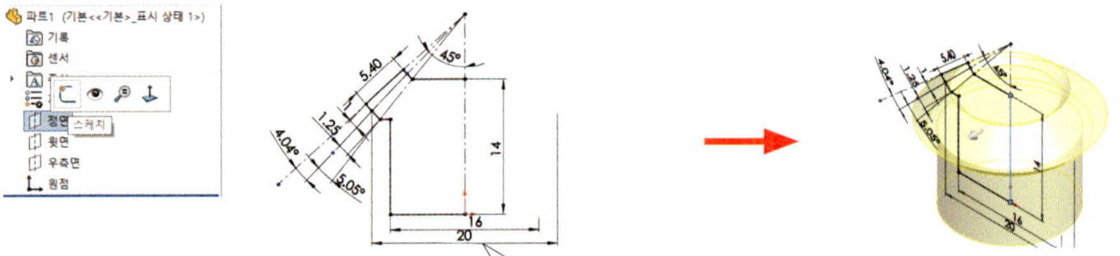

정면 클릭_스케치, 중심선, 선/피처_회전, 블라인드 360도

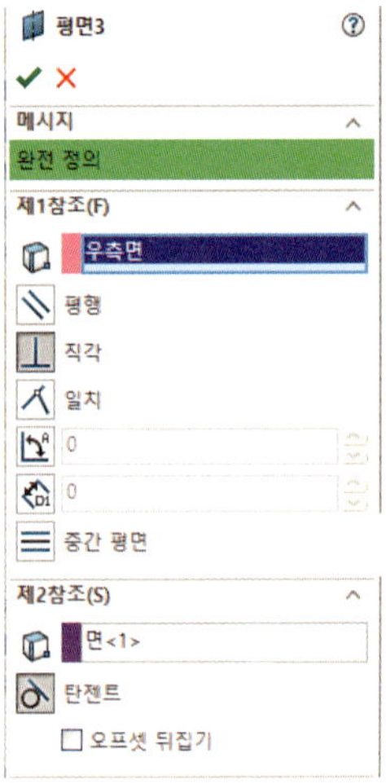

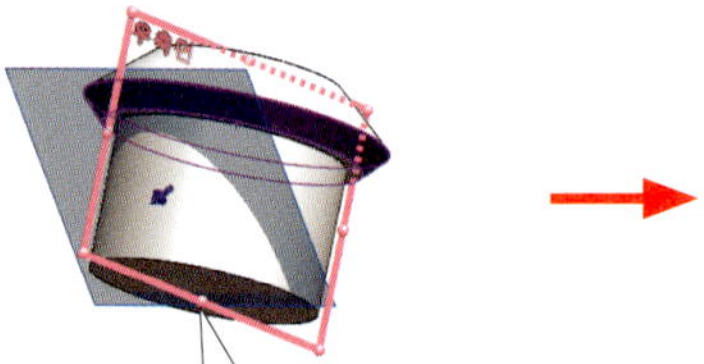

기준면생성_1참조(우측면 클릭, 직각), 2참조(원통면 클릭. 탄젠트 클릭)

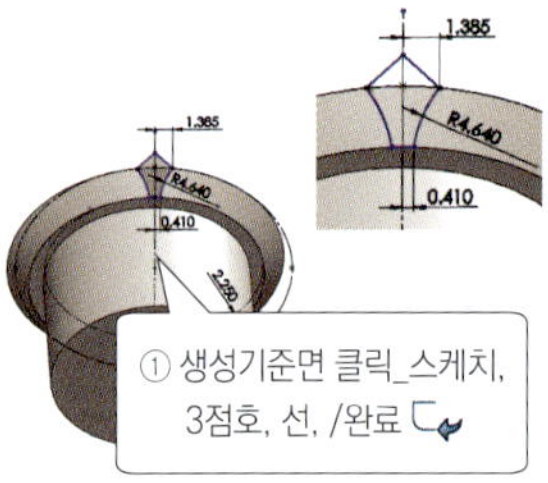

① 생성기준면 클릭_스케치, 3점호, 선, /완료

② 정면 클릭_스케치, 점 (치형의 꼭지점 클릭), /완료

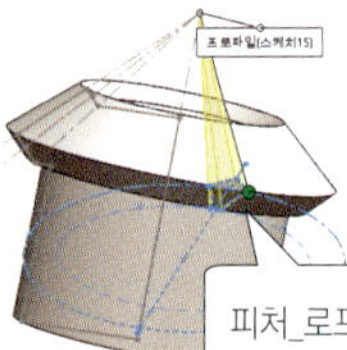

피처_로프트컷, 스케치 ① 클릭, 스케치 ② 클릭

베벨기어 요목표	
기어 치형	그리슨식
모 듈	1
압력각	20°
잇 수	20
피치원지름	20
피치원추각	45°
축각	90°
다듬질방법	절삭
정 밀 도	KS B 1412, 4급

■ 베벨기어 치형 설계

스퍼기어 요목	값	계산	설명
모듈(M)	1	=20/20	피치원 지름(d) / 잇수(Z)
피치원 지름(P.CD)	20	=1×20	모듈(M) × 잇수(Z)
이끝원지름	21.41	=20+(2×1×cos45°)	피치원 지름(PCD)+(2×M×cos피치원추각)
피치원추각	45°		결정값
이뿌리각	5.05	=$\tan^{-1}$(1.25/14.14)	$\tan^{-1}$(이뿌리높이/외단원추거리)
이끝각	4.04	=$\tan^{-1}$(1/14.14)	$\tan^{-1}$(이끝높이/외단원추거리)
잇수(Z)	20	=20/1	피치원 지름(PCD) / 모듈(M)
외단원추거리	14.14	=20×2/2×sin45°	피치원 지름(PCD)×2/2×sin피치원추각
이끝높이(D)	1	=1×1	1×모듈(M)
이뿌리높이	1.25	=1.25×1	1.25×모듈(M)
치폭	5.4	=60.1/3	결정값 또는 약 외단원추거리 1/3
수직선의 간격 (C)	0.25	=1/4	모듈(M) / 4
수직선의 간격 (B)	0.5	=1/2	모듈(M) / 2
수직선의 간격 (A)	0.785	=1×0.785	모듈(M) × 0.785 (π/4)

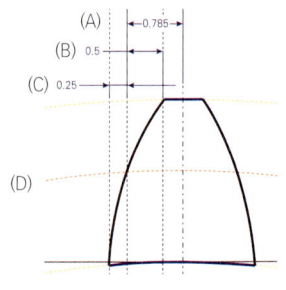

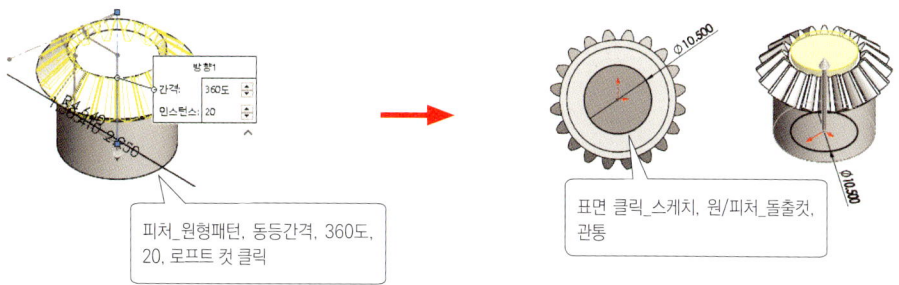

피처_원형패턴, 동등간격, 360도, 20, 로프트 컷 클릭

표면 클릭_스케치, 원/피처_돌출컷, 관통

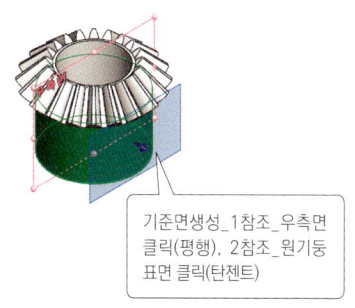

기준면생성_1참조_우측면 클릭(평행), 2참조_원기둥 표면 클릭(탄젠트)

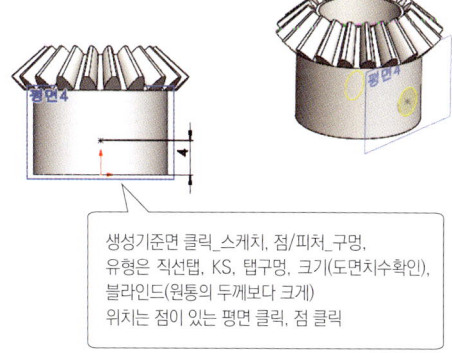
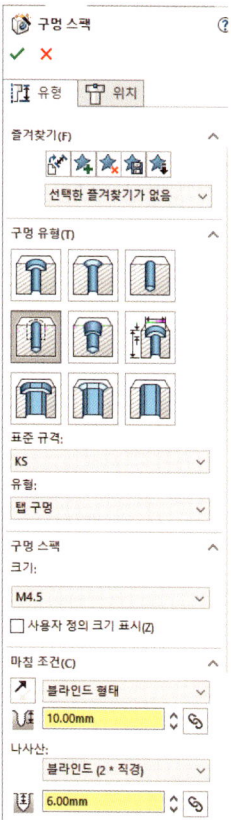

생성기준면 클릭_스케치, 점/피처_구멍, 유형은 직선탭, KS, 탭구멍, 크기(도면치수확인), 블라인드(원통의 두께보다 크게) 위치는 점이 있는 평면 클릭, 점 클릭

Ⅰ. 릴레이 제어 전기자동차 – 세단형 • **25**

부품 ⑥은 부품 ⑤의 치수를 〃스케치 편집〃하여 수정

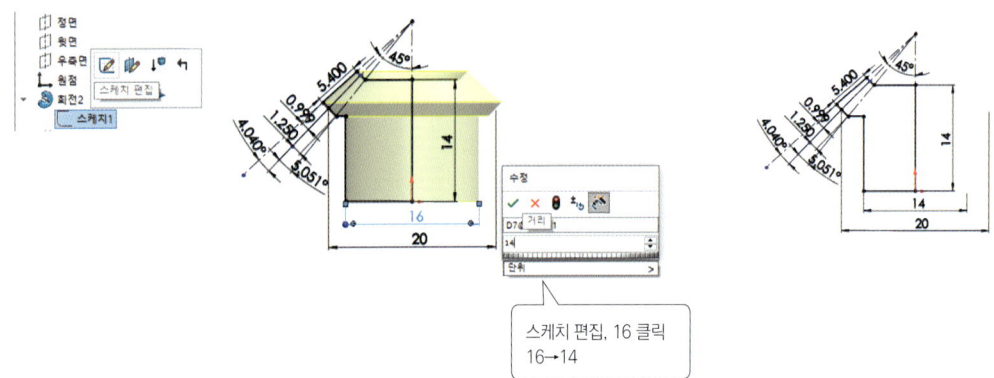

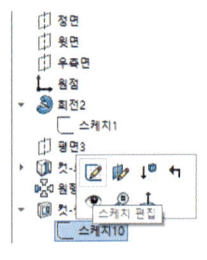

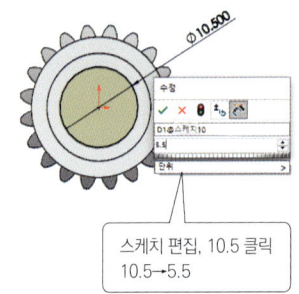

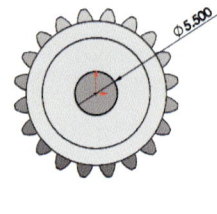

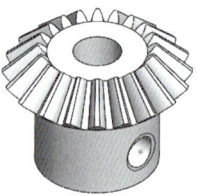

STL 파일로 저장하기

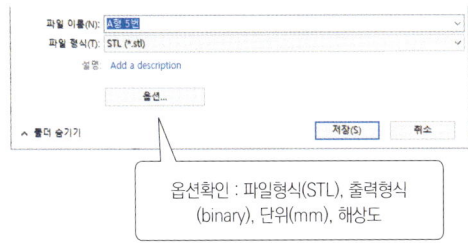

옵션확인 : 파일형식(STL), 출력형식
(binary), 단위(mm), 해상도

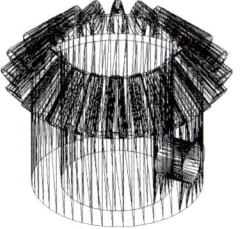

STL 파일 슬라이싱 및 G-code 파일로 저장하기

[프린터 설정 : Cubicon Style Plus-A15]

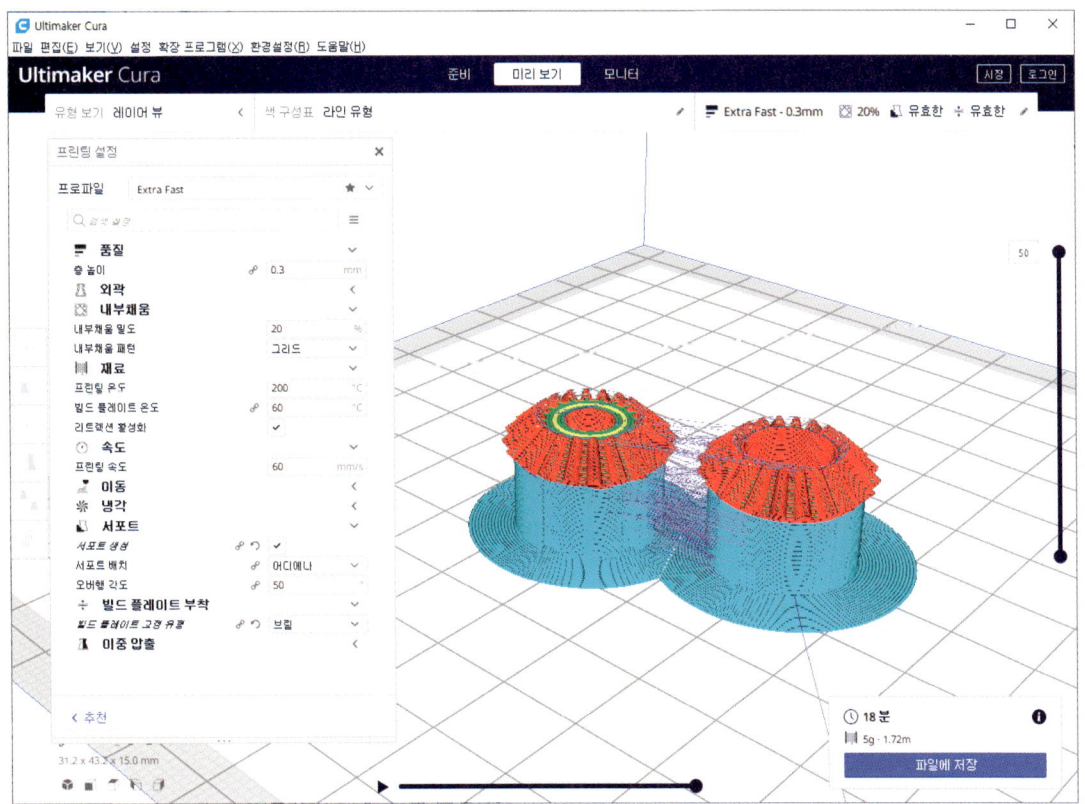

5. 부품

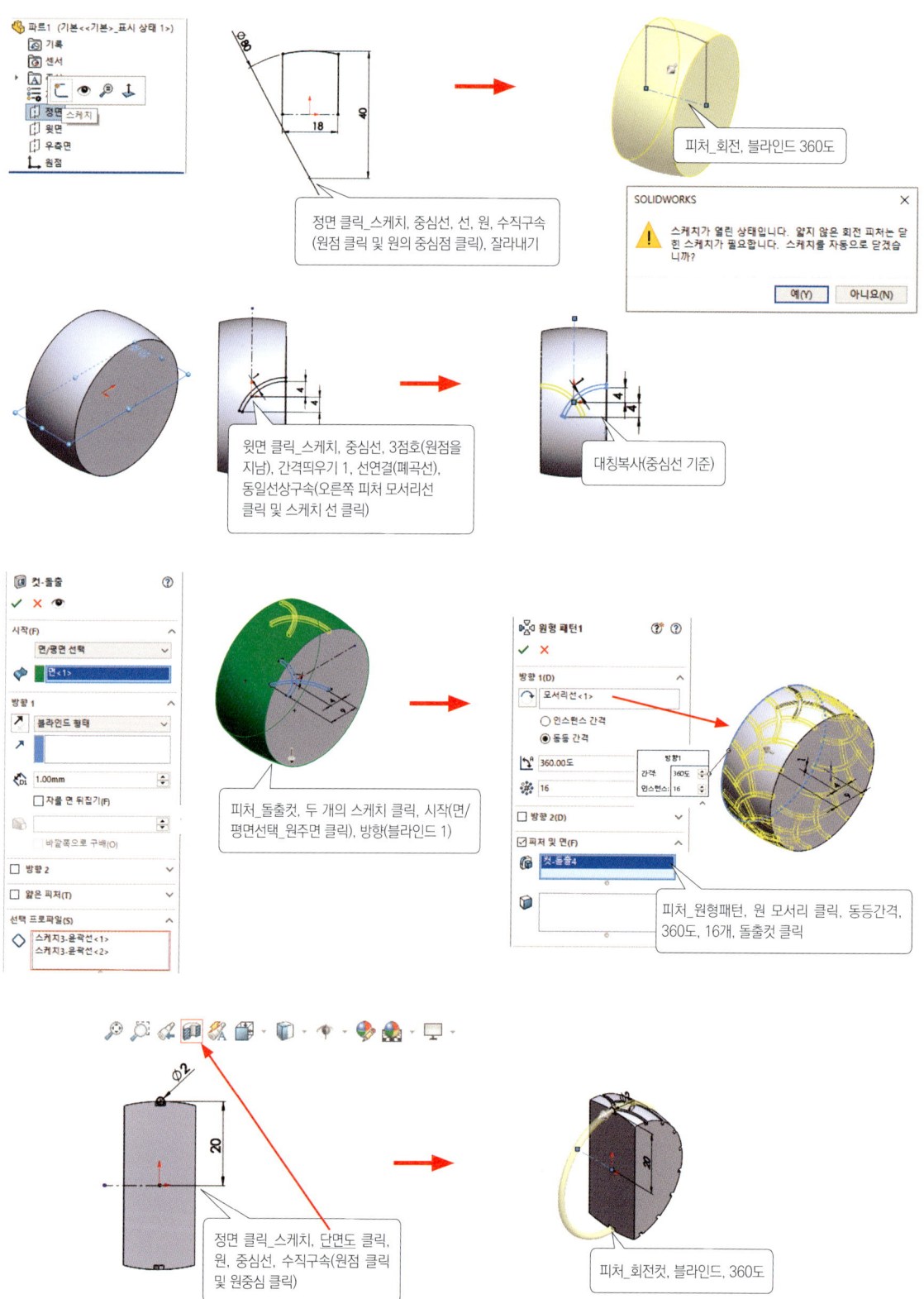

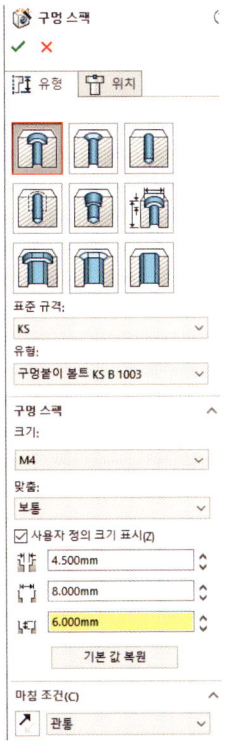
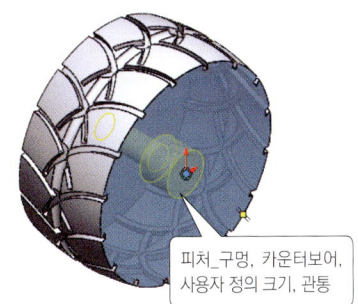
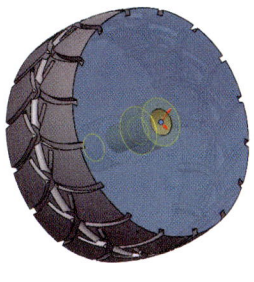

피처_구멍, 카운터보어, 사용자 정의 크기, 관통

STL 파일로 저장하기

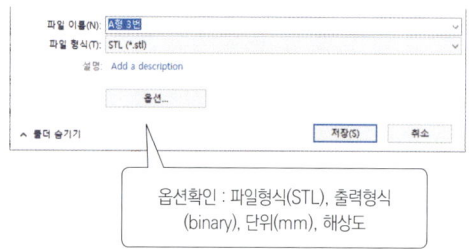

옵션확인 : 파일형식(STL), 출력형식 (binary), 단위(mm), 해상도

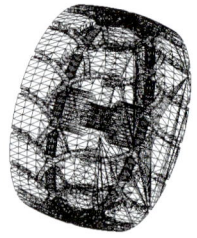

STL 파일 슬라이싱 및 G-code 파일로 저장하기

[프린터 설정 : Cubicon Style Plus-A15]

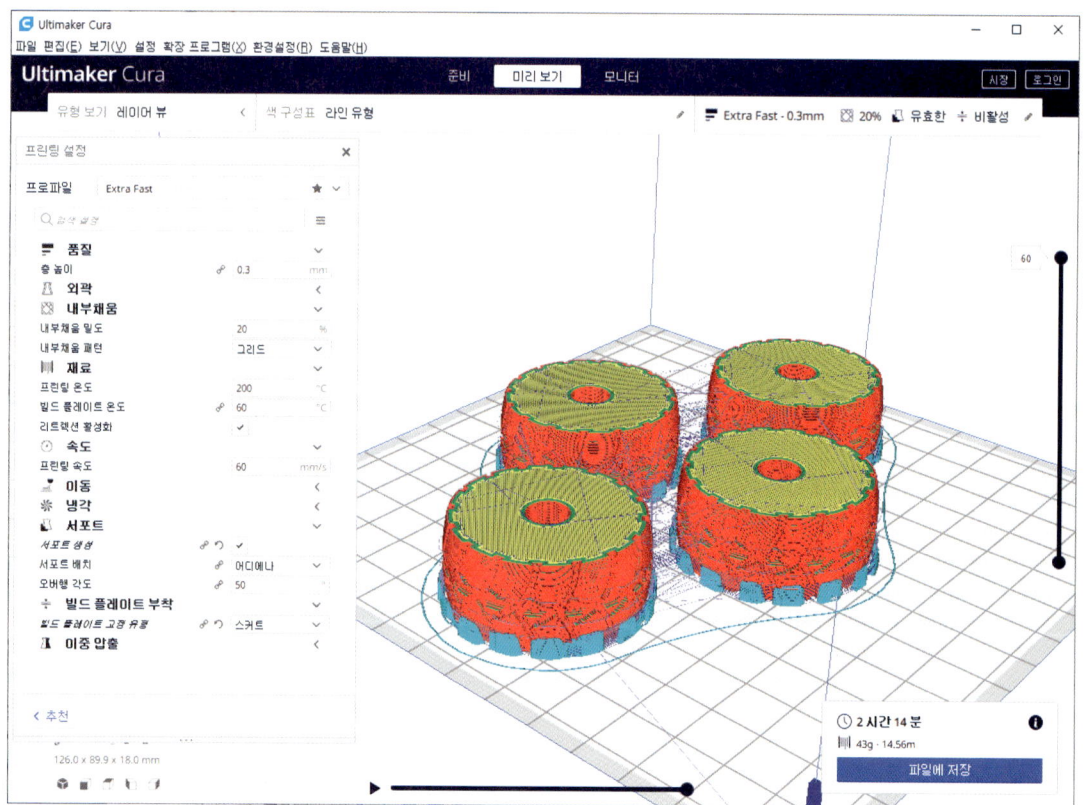

6. 부품

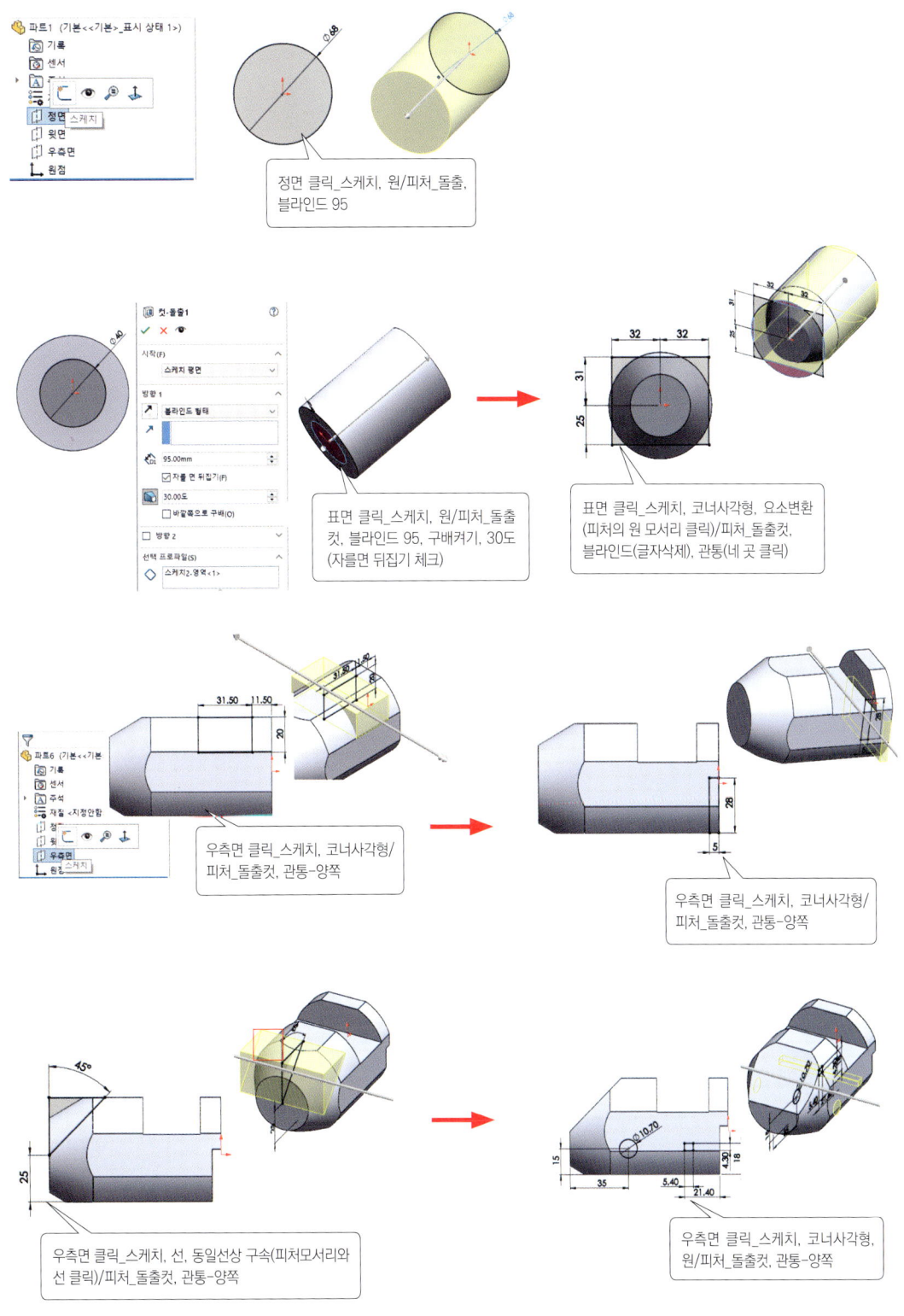

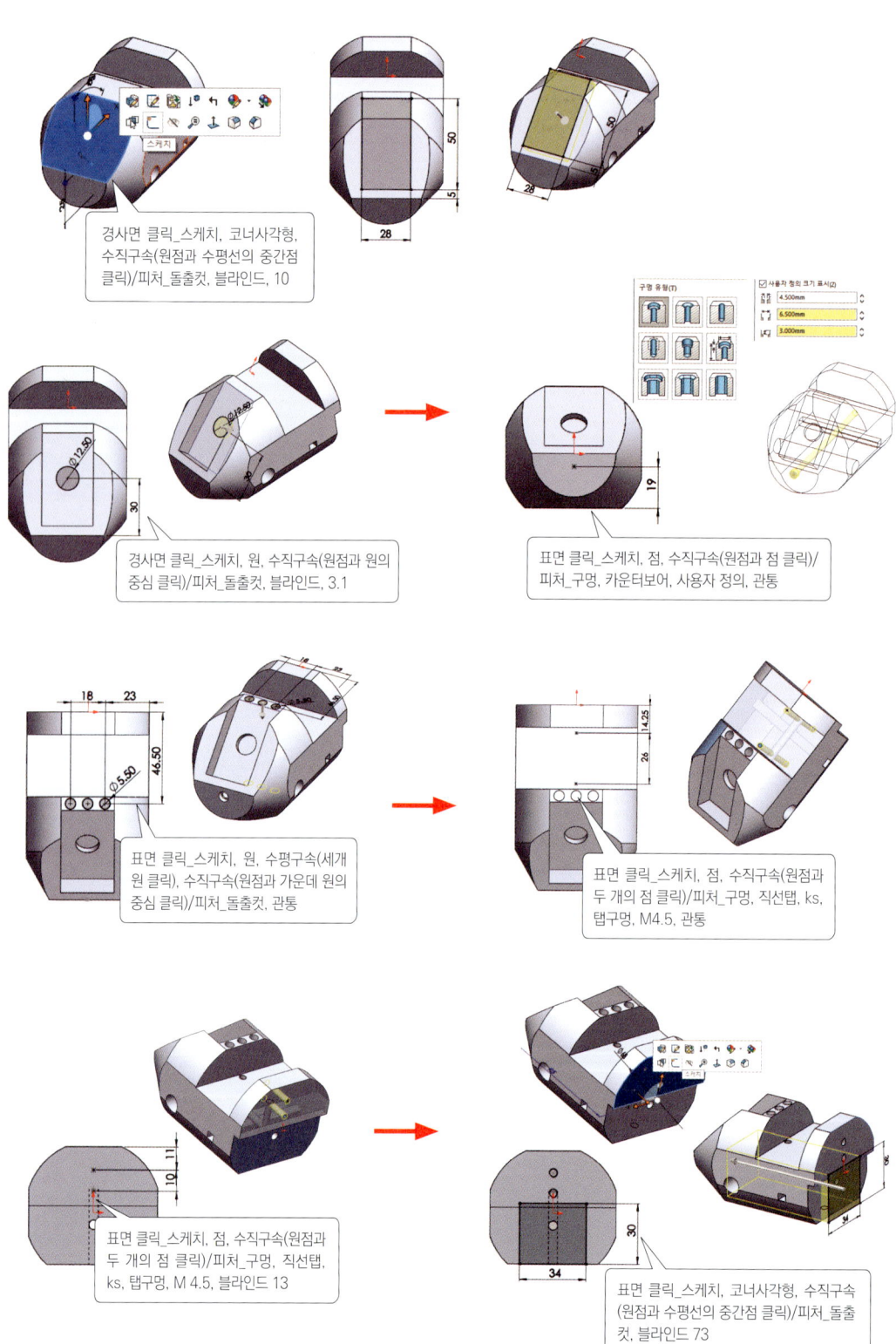

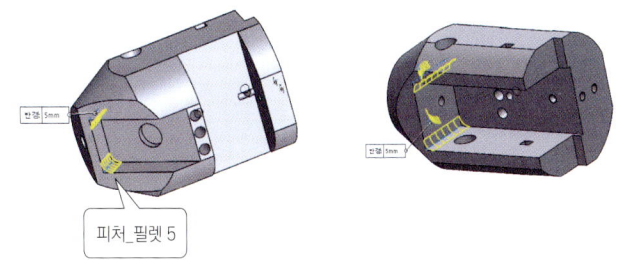

피처_필렛 5

STL 파일로 저장하기

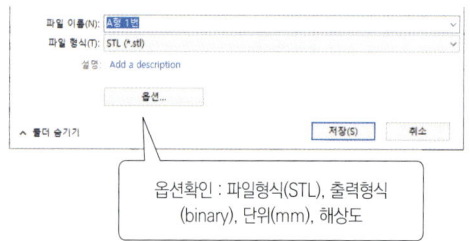
옵션확인 : 파일형식(STL), 출력형식 (binary), 단위(mm), 해상도

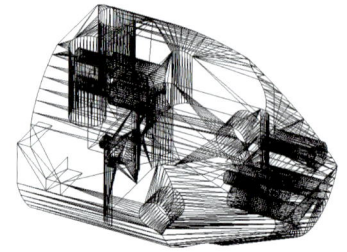

STL 파일 슬라이싱 및 G-code 파일로 저장하기

[프린터 설정 : Cubicon Style Plus-A15]

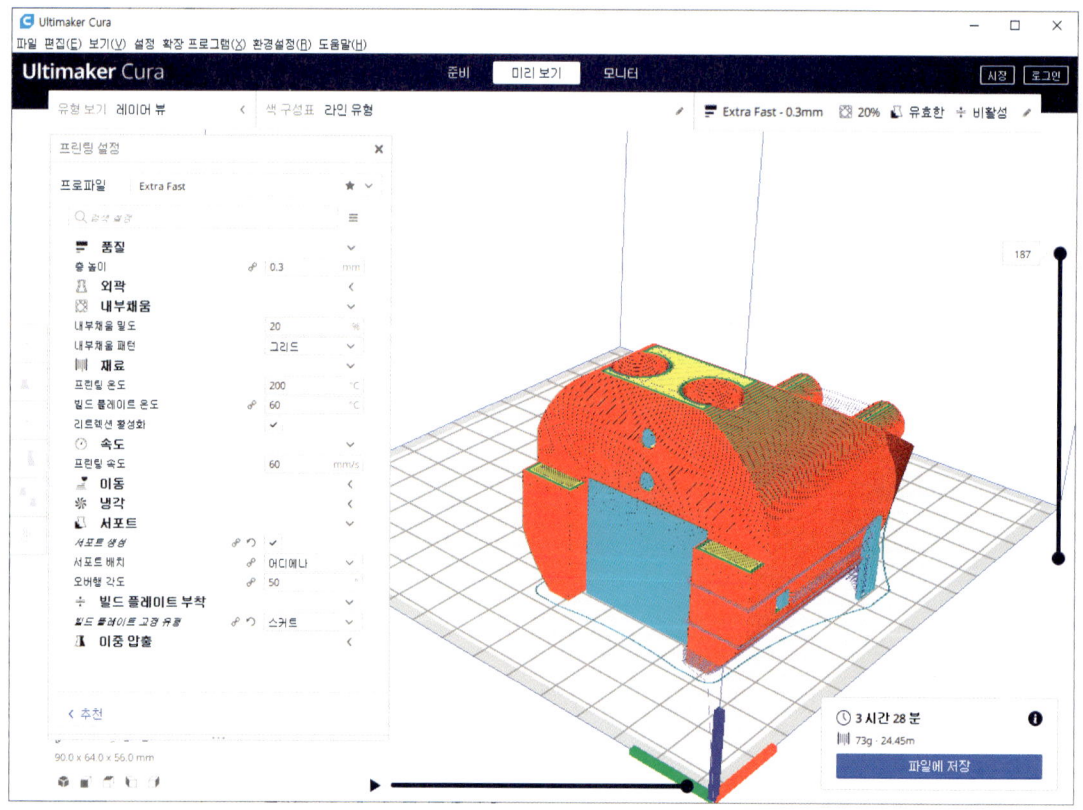

7. 부품

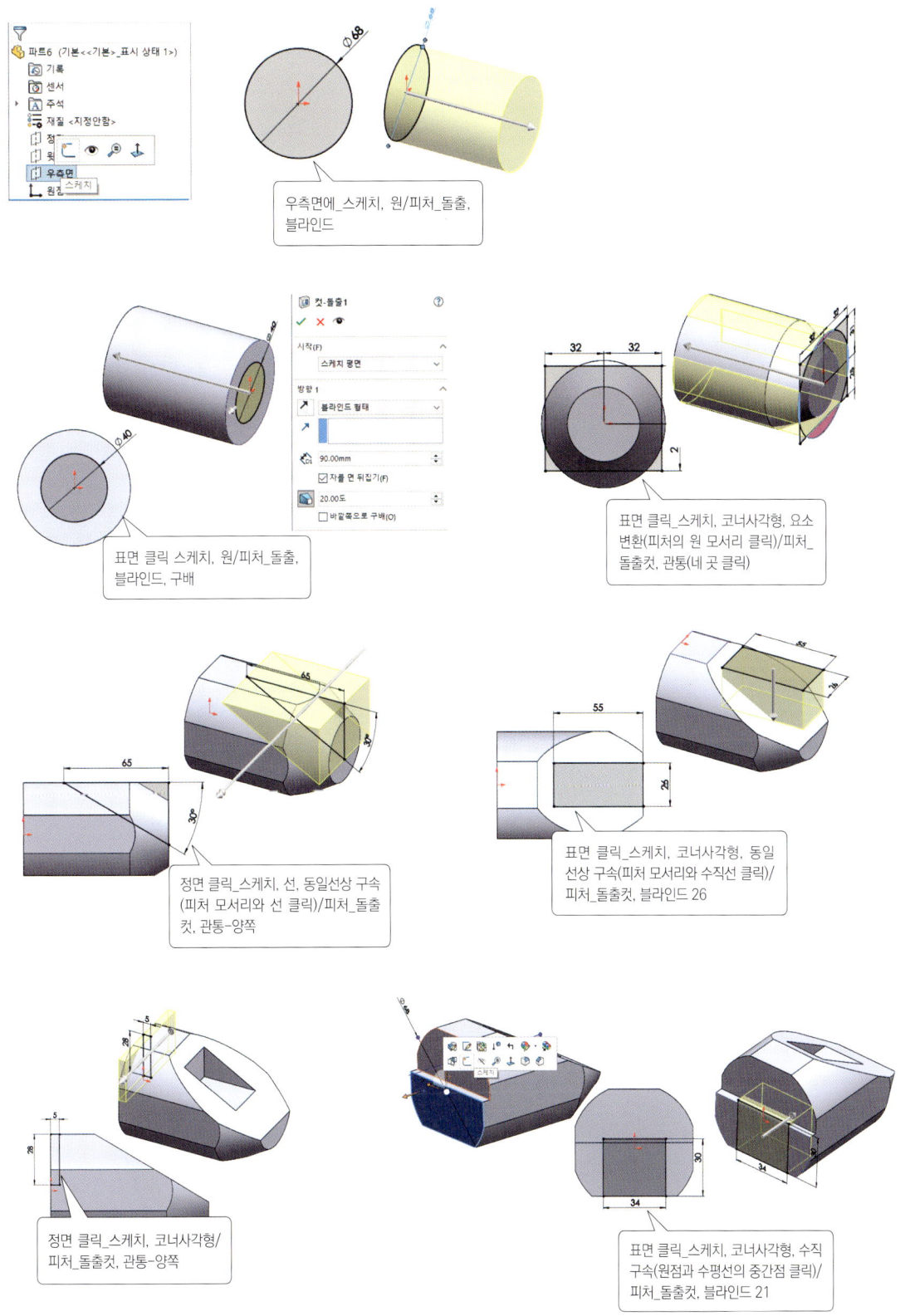

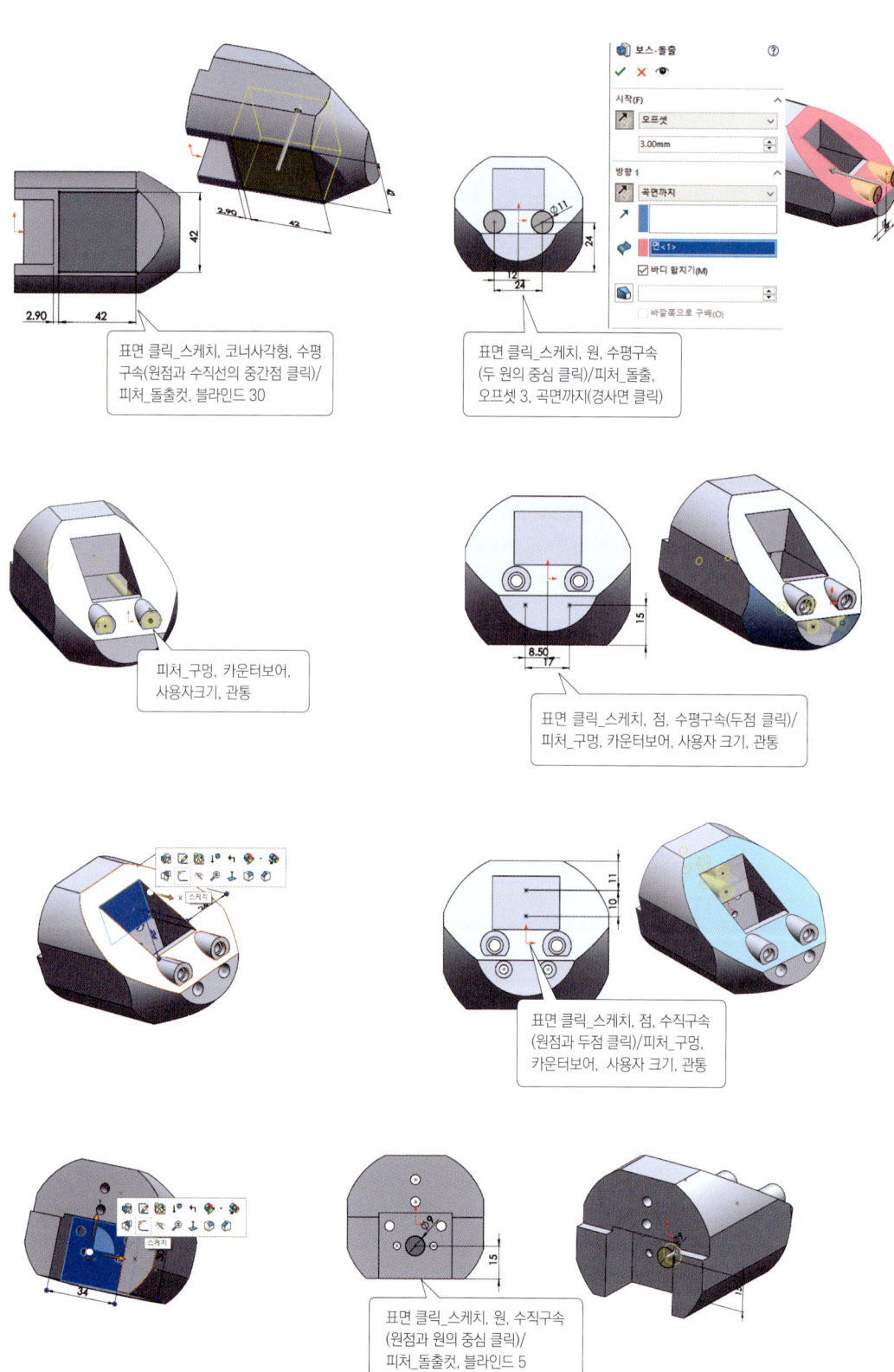

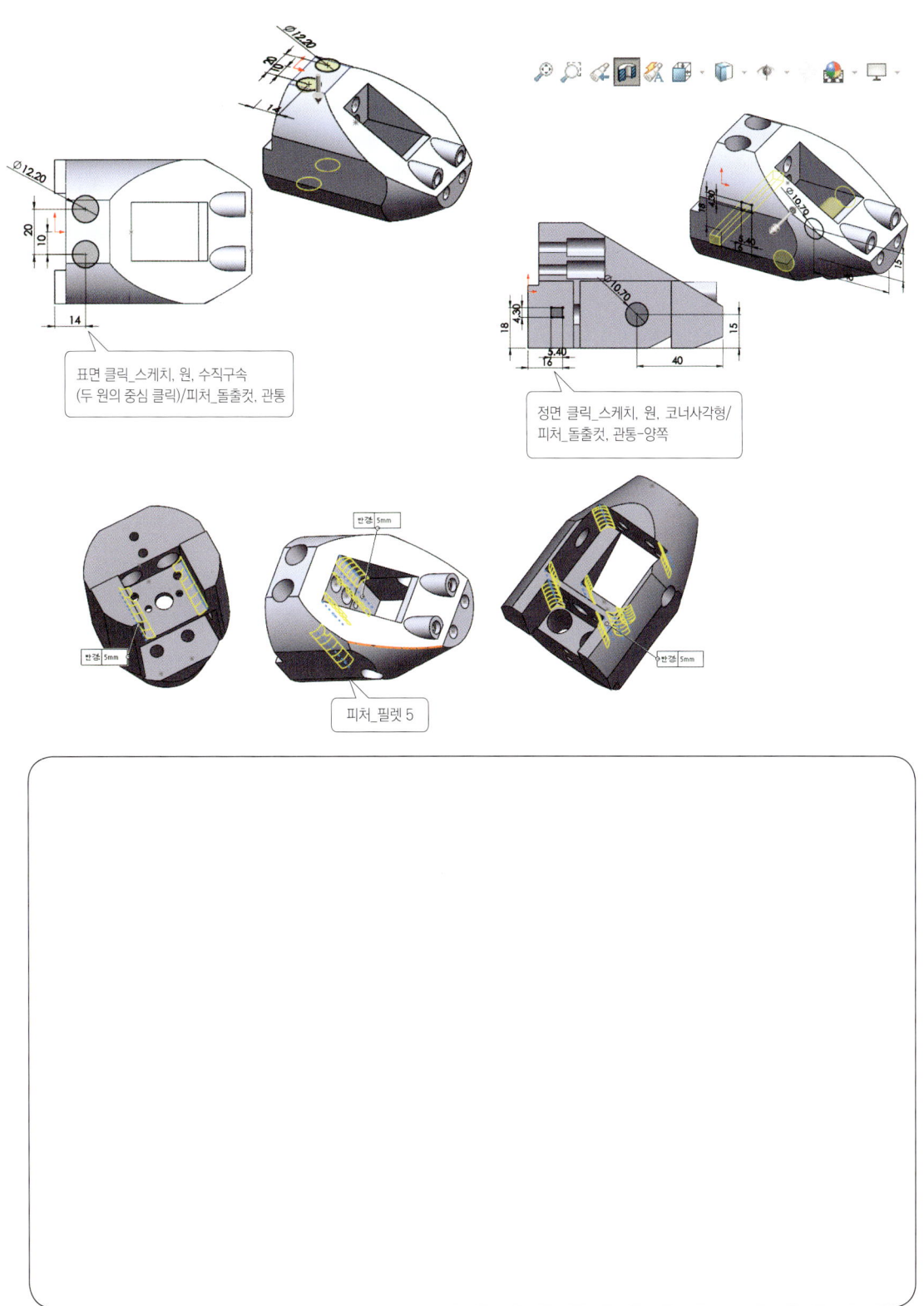

STL 파일로 저장하기

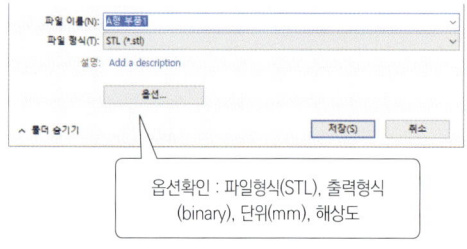

옵션확인 : 파일형식(STL), 출력형식
(binary), 단위(mm), 해상도

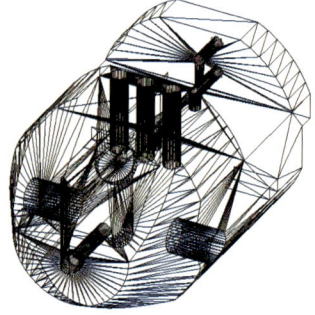

STL 파일 슬라이싱 및 G-code 파일로 저장하기

[프린터 설정 : Cubicon Style Plus-A15]

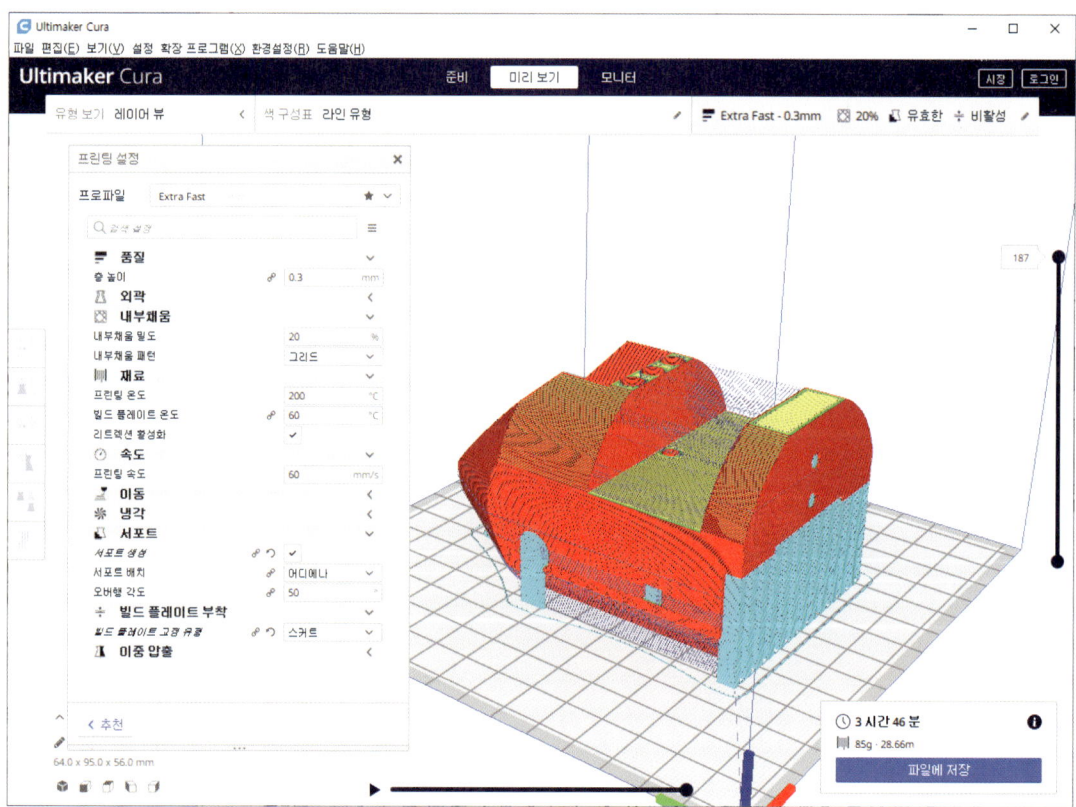

Ⅱ

릴레이 제어 전기 자동차
- 컨테이너형 -

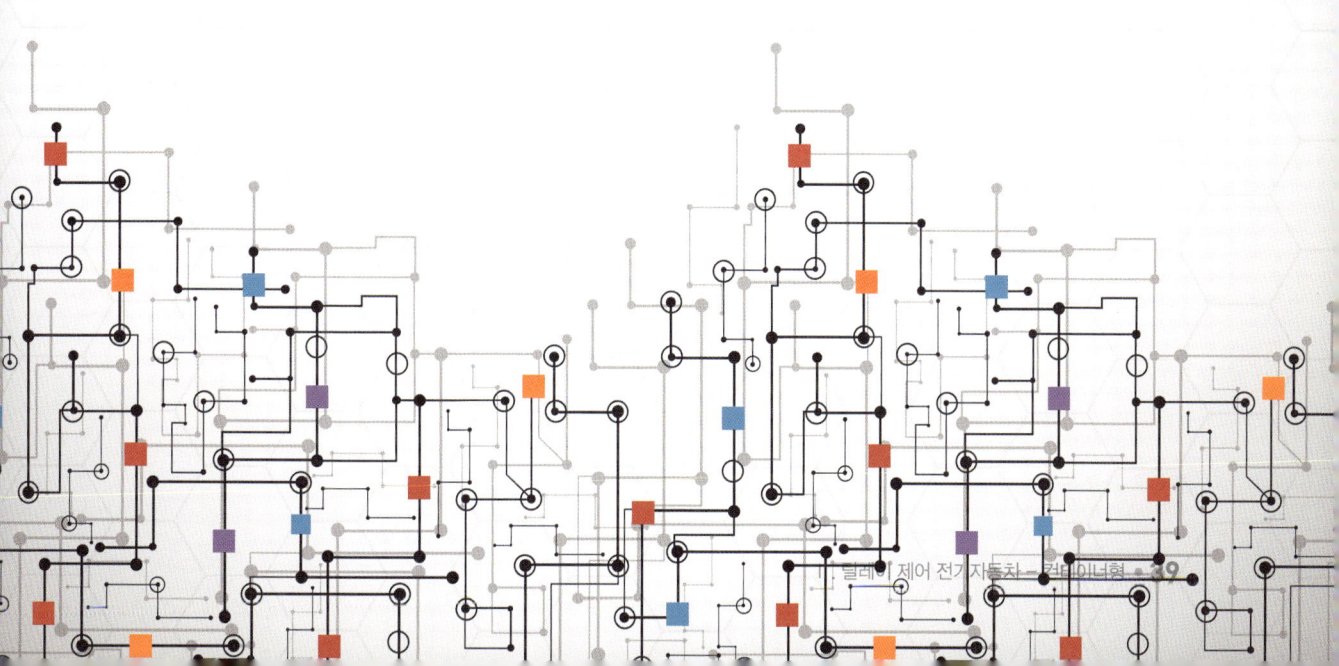

- 본 서에 수록된 전기자동차 STL 파일 다운로드 안내입니다.

- 3D프린터로 출력 가능한 stl 파일이 도서출판 메카피아의 네이버 카페에 업로드 되어 있으니 본 서를 구입하신 독자 여러분께서는 자유롭게 다운로드 하시어 학습에 활용하시기 바랍니다.

〈도서출판 메카피아 네이버 카페〉
https://cafe.naver.com/mechabooks

A. 조립품 및 각 부품

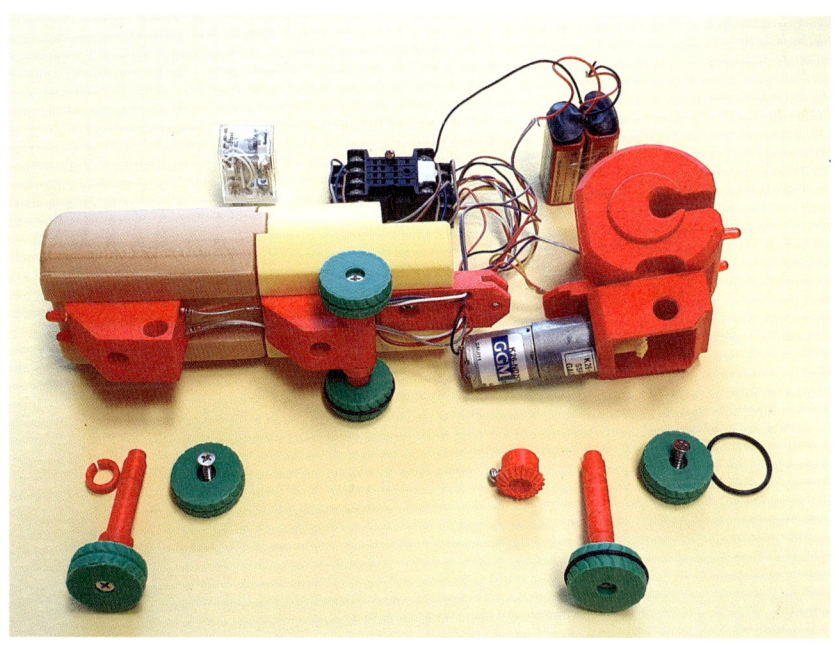

B. 재료목록

[표 5] 릴레이 제어 전기자동차_컨테이너형 재료

구분	품명	규격	수량	예상단가(원)	비고(쇼핑몰)
1	둥근십자머리 볼트	M3×6	2	33	www.boltmall2.com/
2	둥근머리탭핑 2종 나사	M4×6	2	70	www.boltmall2.com/
3	둥근머리탭핑 2종 나사	M4×10	13	98	www.boltmall2.com/
4	둥근머리탭핑 2종 나사	M4×20	4	120	www.boltmall2.com/
5	둥근머리탭핑 2종 나사	M4×30	2	131	www.boltmall2.com/
6	DC모터	K262W 26Ø DC24V, 기어비1/60~1/120	1	20,900	신용모터 http://sym.or.kr/
7	건전지	9V(알카라인)	2	2,000	www.ic114.com/ 제품 ID : P0087166
8	건전지 스냅 홀더	9V	2	100	www.ic114.com/ 제품 ID : P0036127
9	원형 푸쉬락 스위치	LOCK TYPE(Ø10), 적색	2	850	www.ic114.com/ 제품 ID : P0035602
10	발광다이오드	COLOR LED 5mm-RD	4	40	www.ic114.com/ 제품 ID : P0046195
11	저항	2kΩF 1/4W	4	10	www.ic114.com/ 제품 ID : P0039395
12	칼라 리본케이블	무지개30선×300, 1.27mm	1	2,500	www.ic114.com/ 제품 ID : P0031791
13	원형자석	네오디움 Ø10×3	1	200	www.ic114.com/ 제품 ID : P1040435
14	릴레이	KH-103-4CL, DC24V-14P	1	9,000	www.auction.co.kr/ 상품번호 : C607974117
15	릴레이 소켓	KH-RS-14N-14	1	2,900	www.auction.co.kr/ 상품번호 : B643848674
16	고무 오링	실리콘 S-30(Ø29.5×2)	6	1,300	www.auction.co.kr/ 상품번호 : C644109610
17	필라멘트	PLA(다양한 색상)	3인 1롤		보유기종용 구입
	계				

C. 회로도

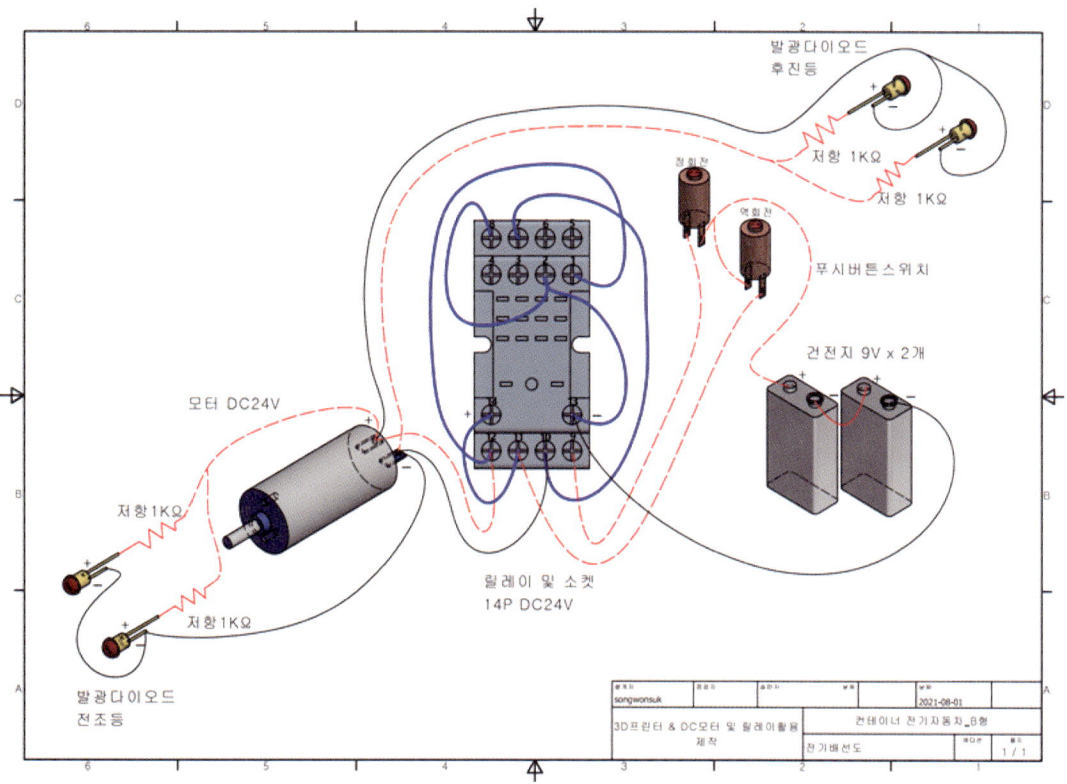

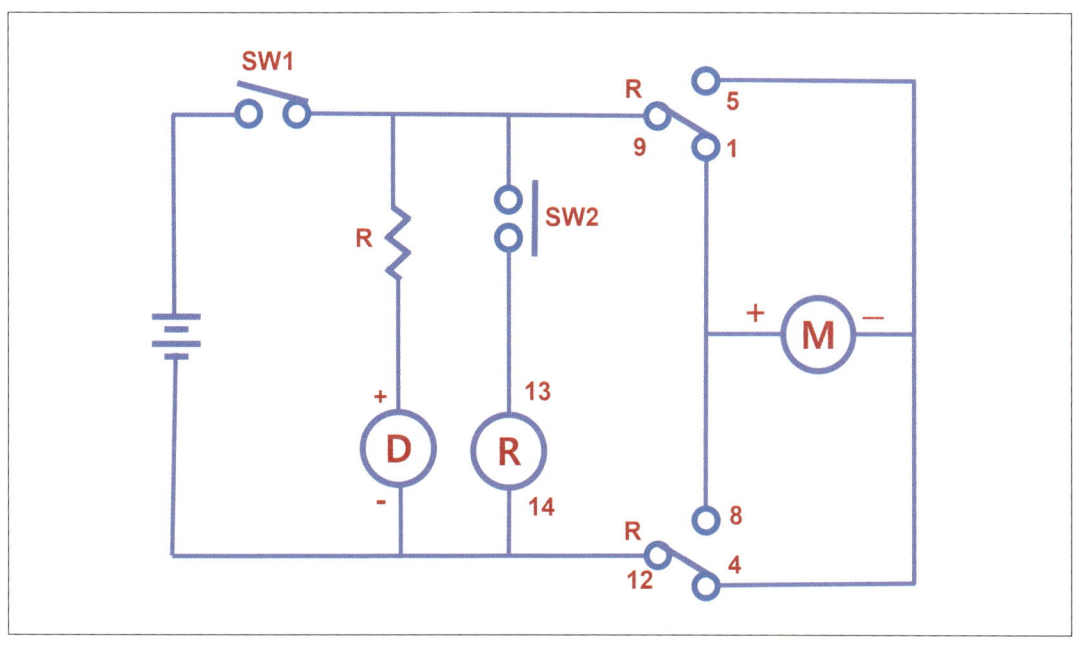

D. 설계 도면

1. 조립 등각도

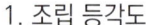

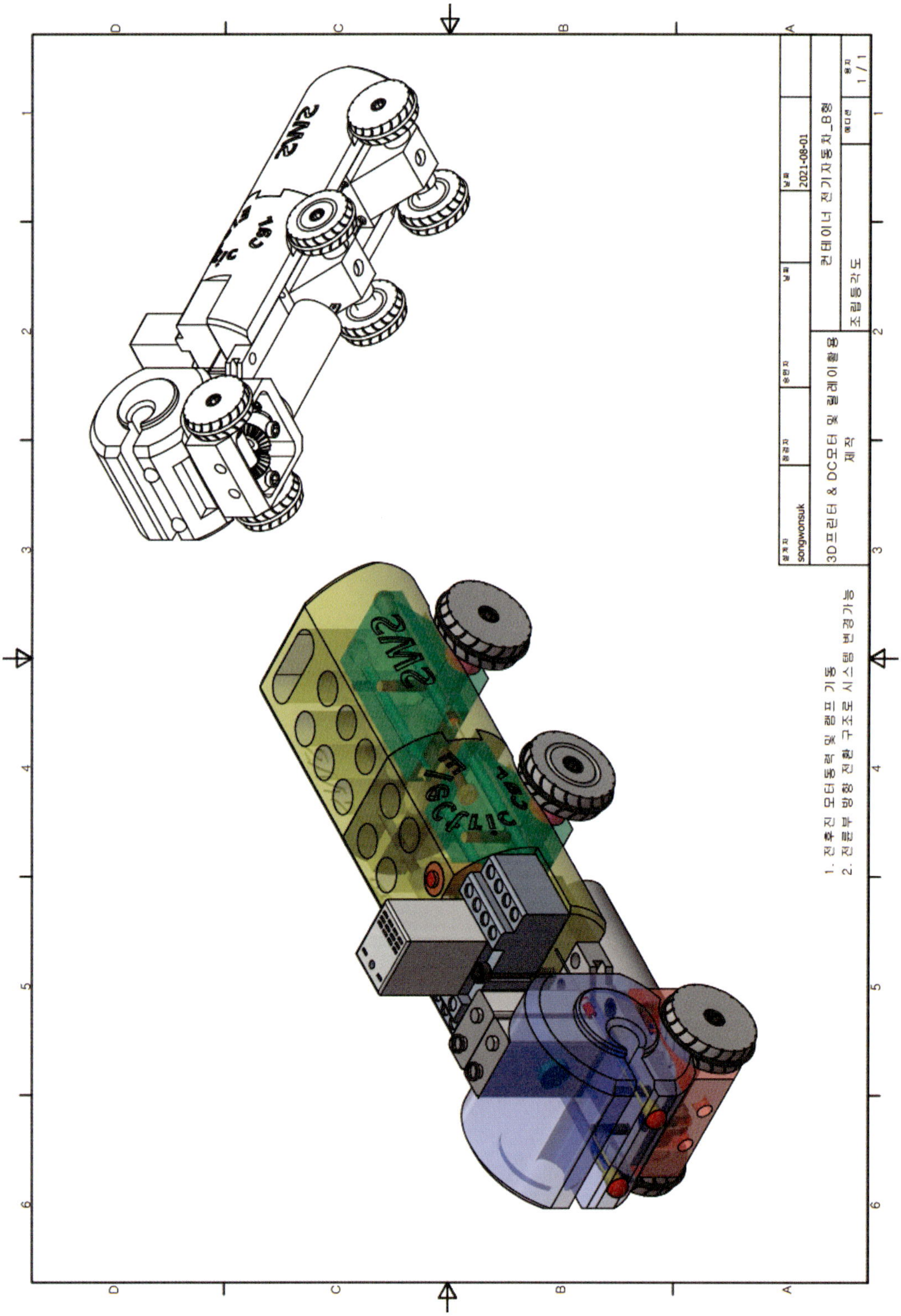

2. 분해도

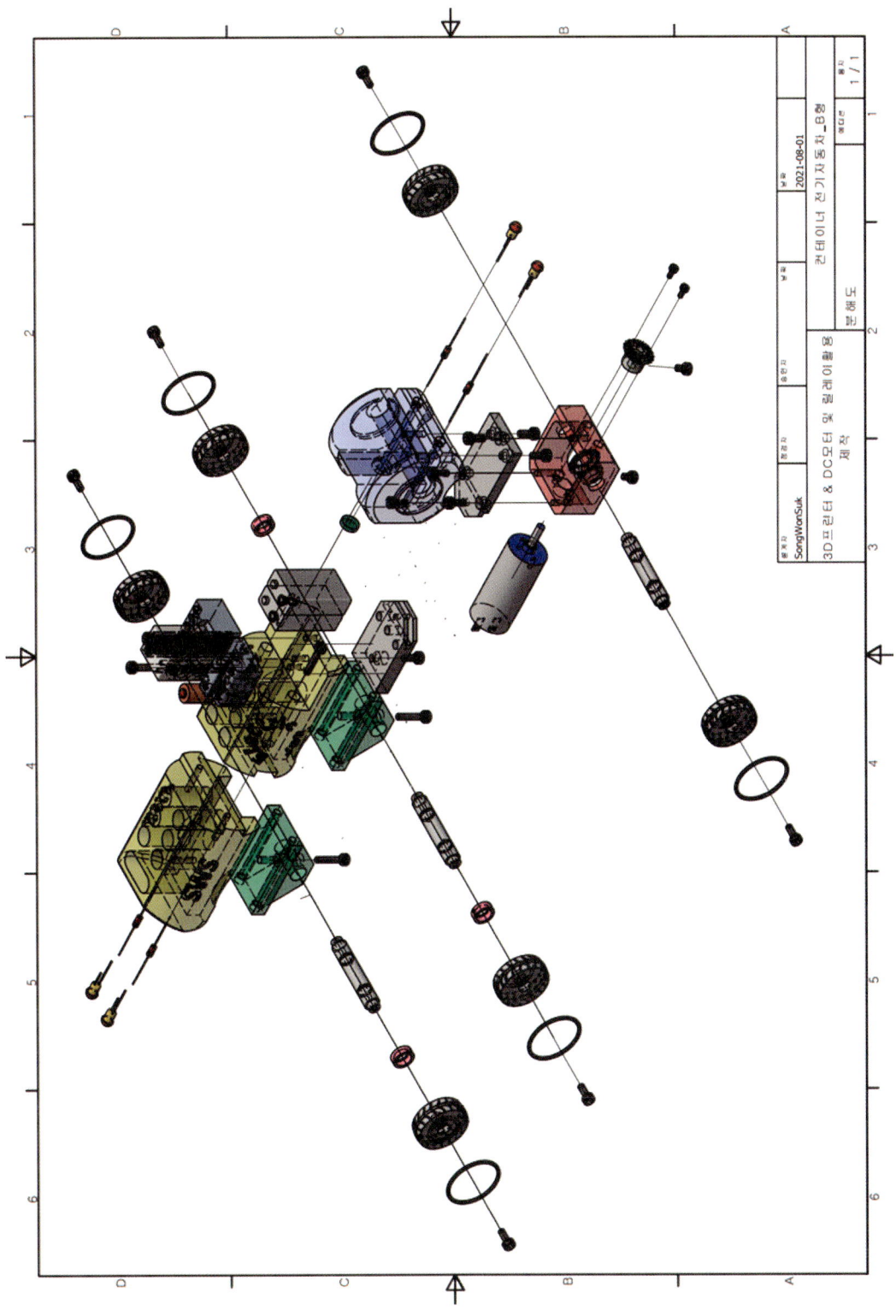

3. 조립도

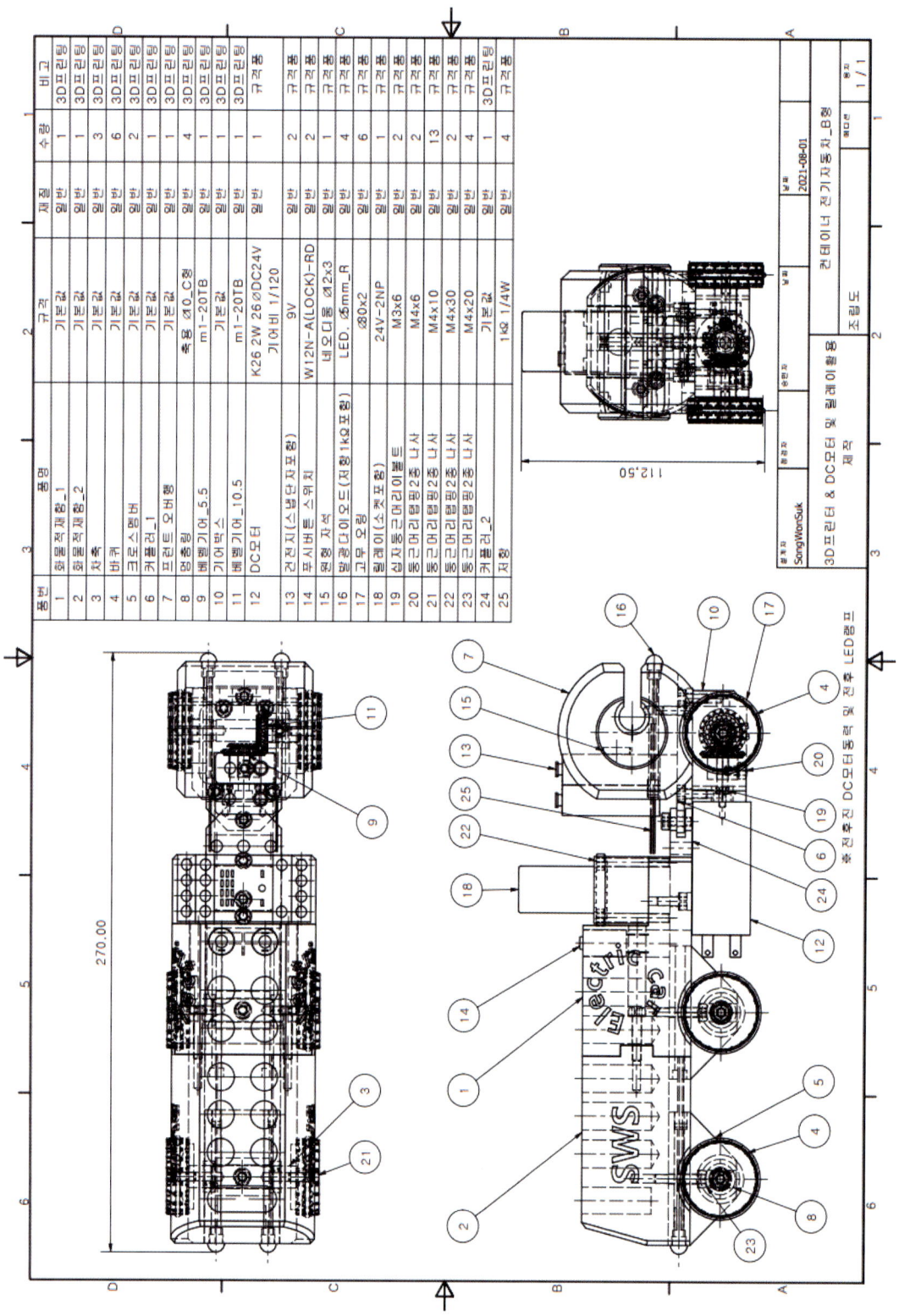

4. 부품도

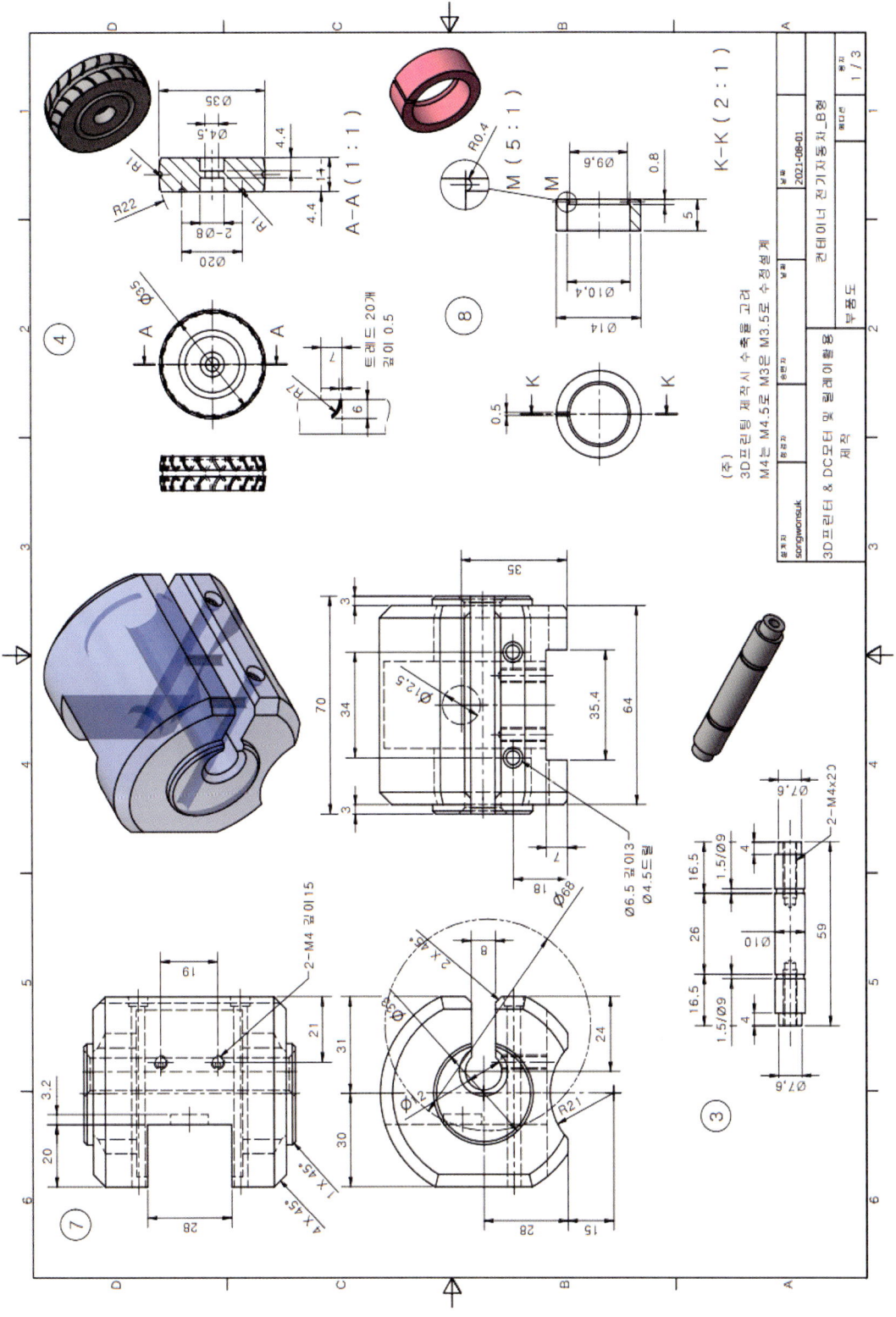

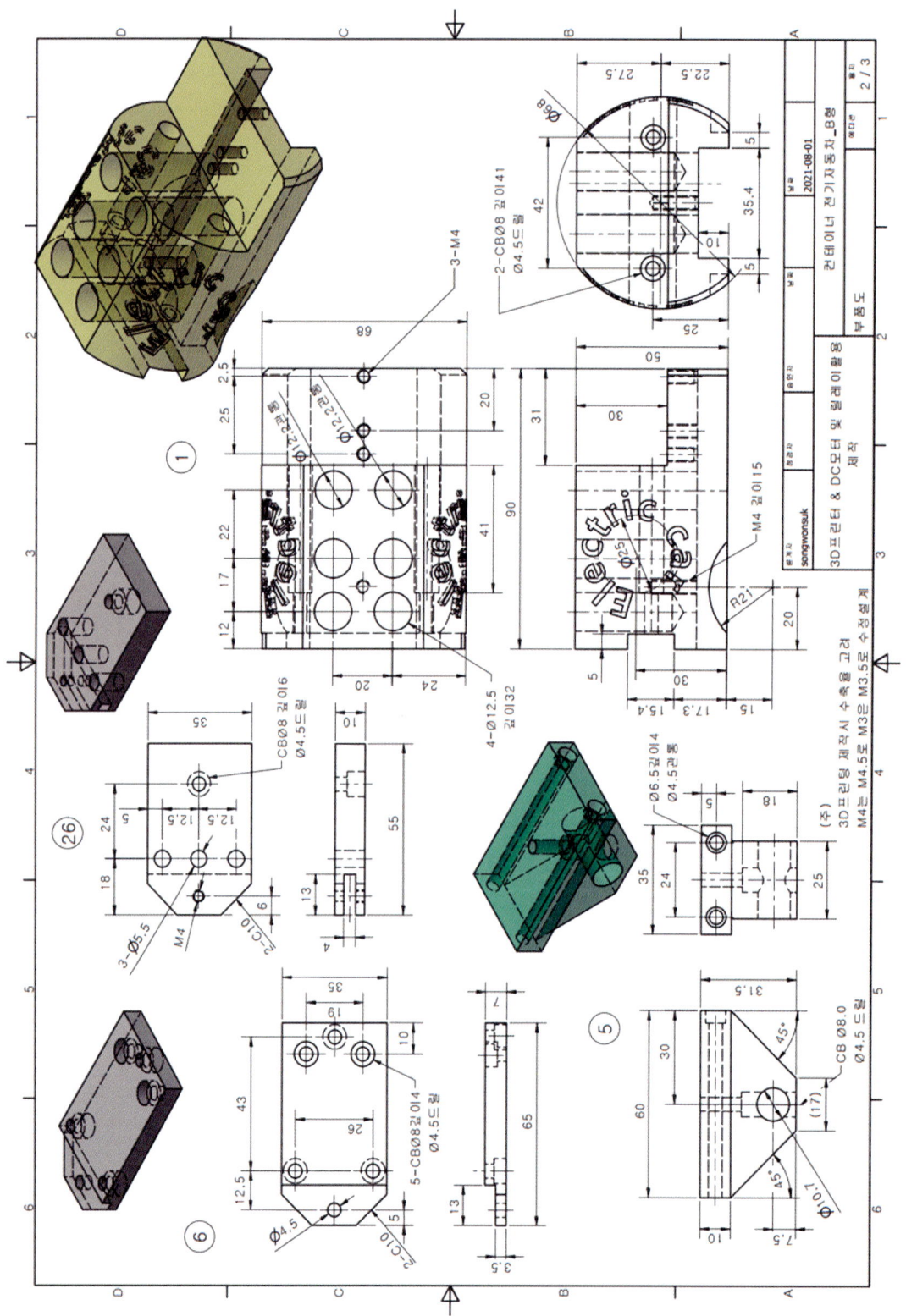

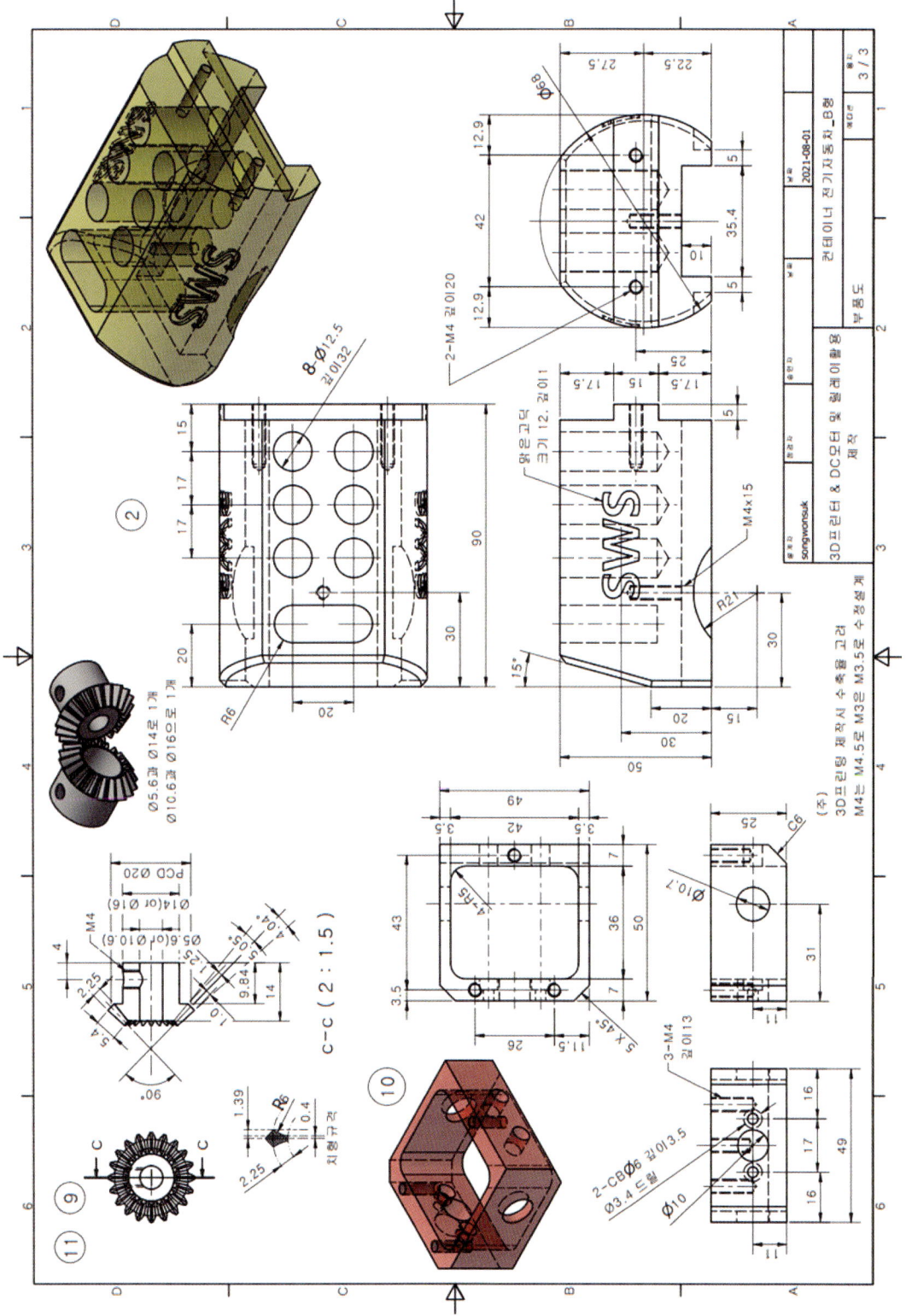

E. 부품 모델링 방법

1. 부품

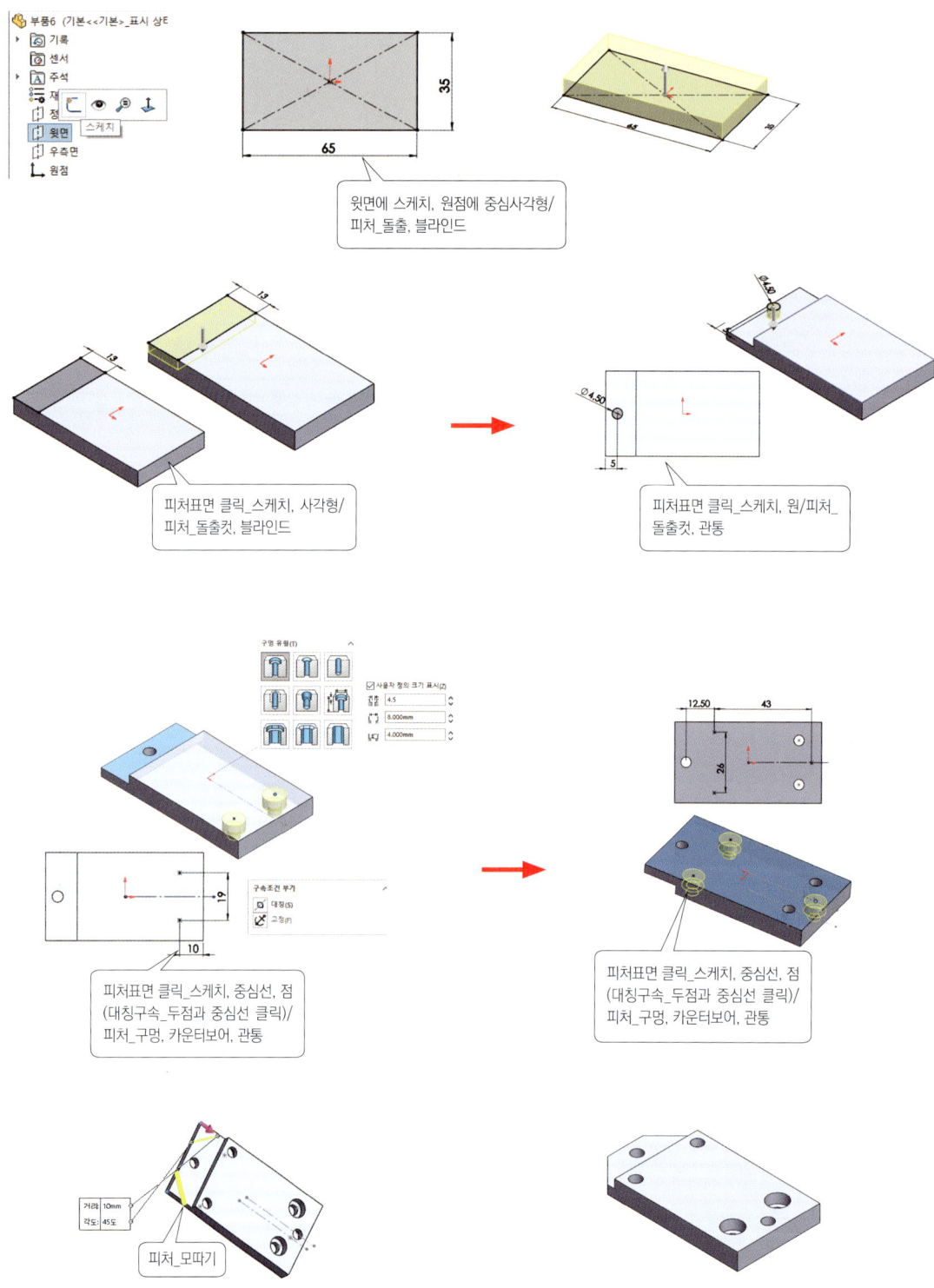

STL 파일로 저장하기

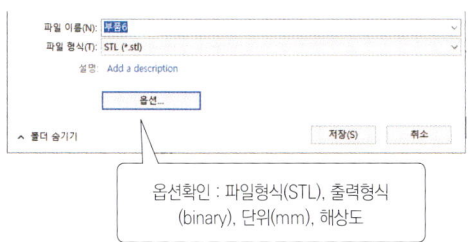

옵션확인 : 파일형식(STL), 출력형식
(binary), 단위(mm), 해상도

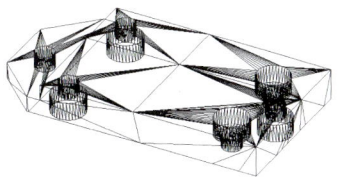

STL 파일 슬라이싱 및 G-code 파일로 저장하기

[프린터 설정 : Cubicon Style Plus-A15]

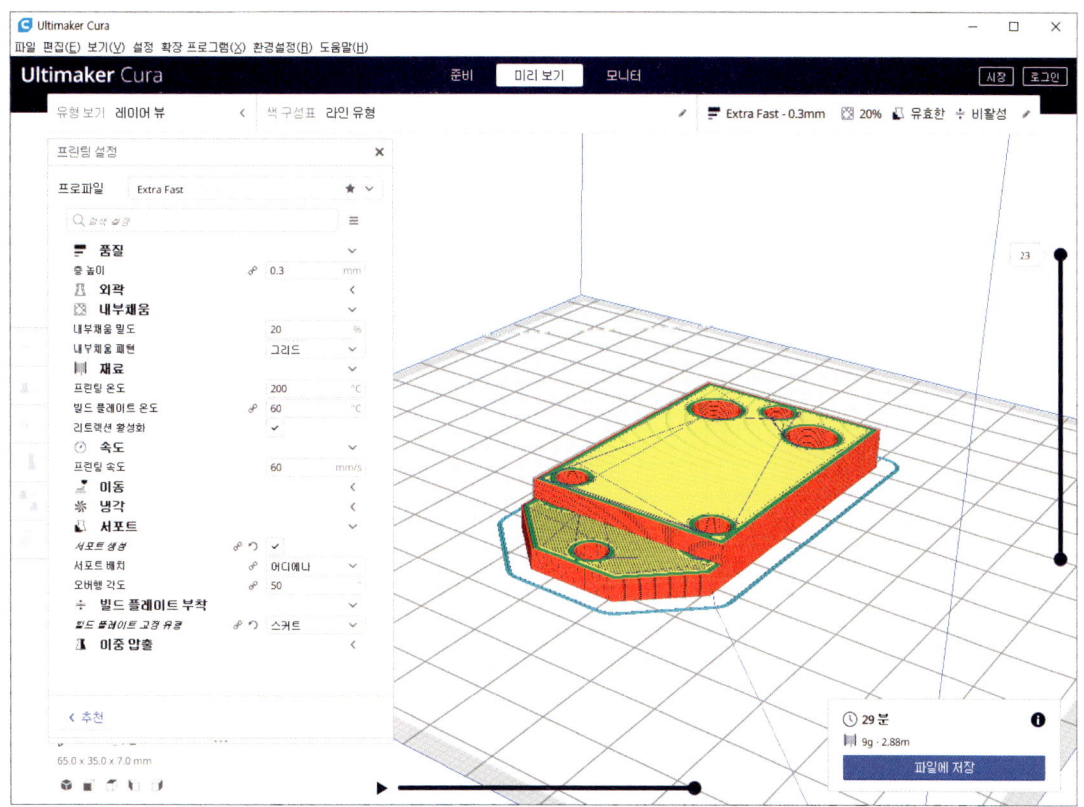

2. 부품

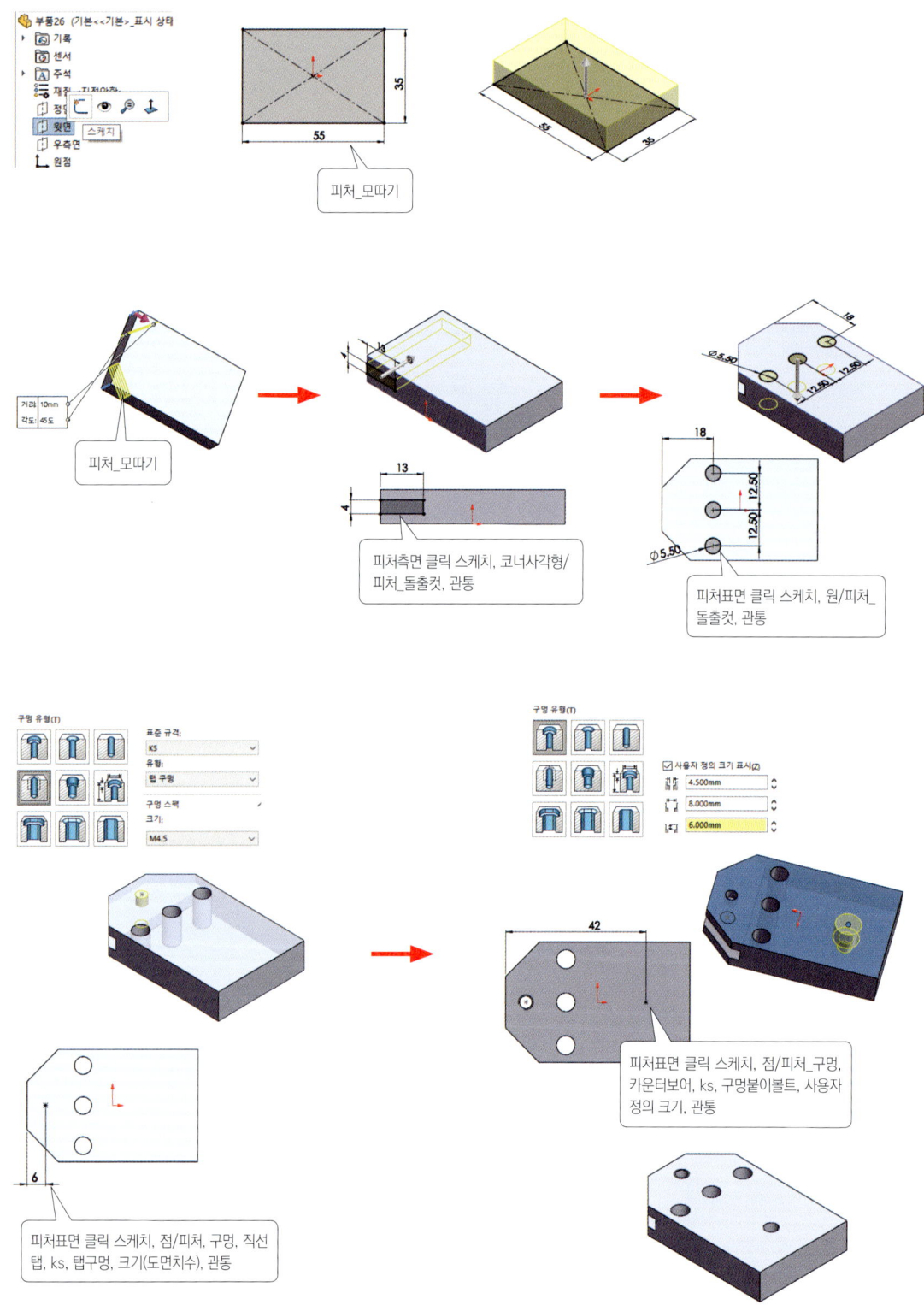

STL 파일로 저장하기

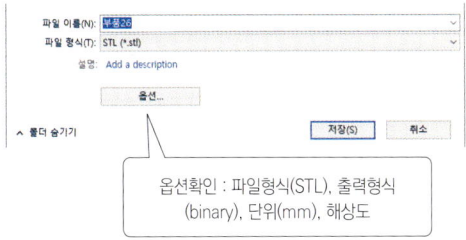

옵션확인 : 파일형식(STL), 출력형식
(binary), 단위(mm), 해상도

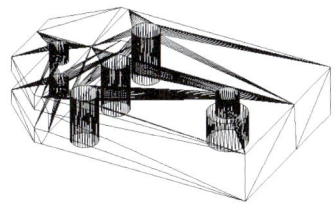

STL 파일 슬라이싱 및 G-code 파일로 저장하기

[프린터 설정 : Cubicon Style Plus-A15]

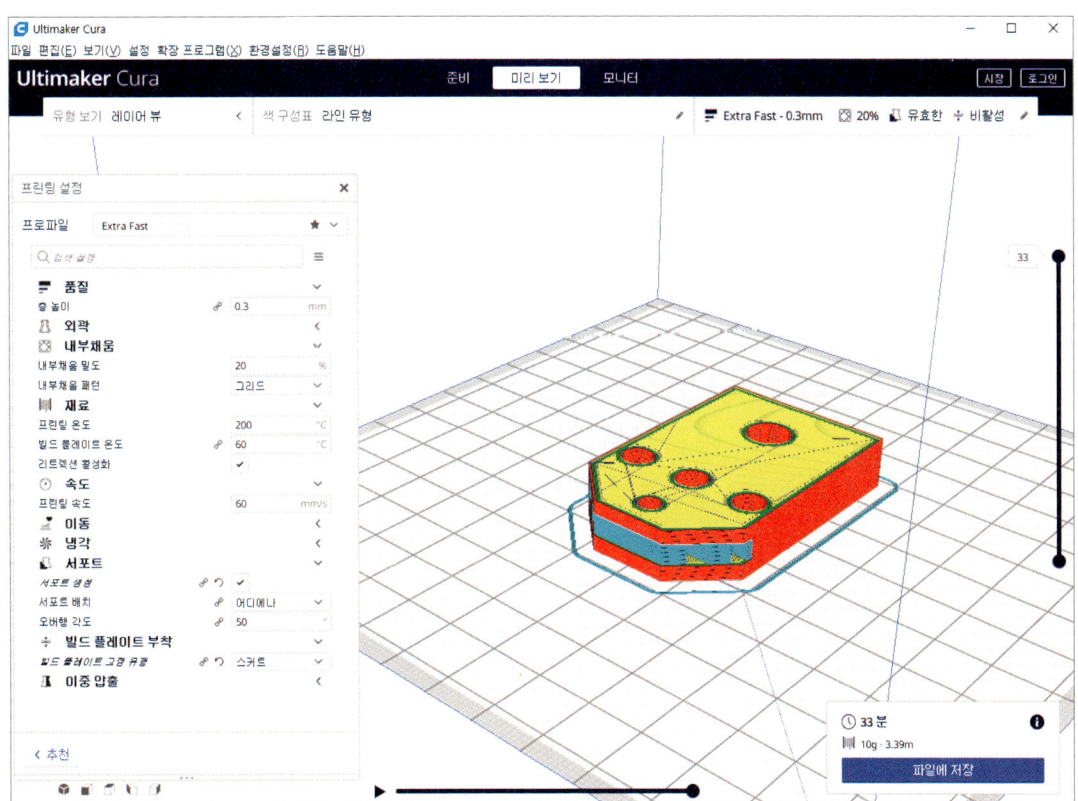

3. 부품

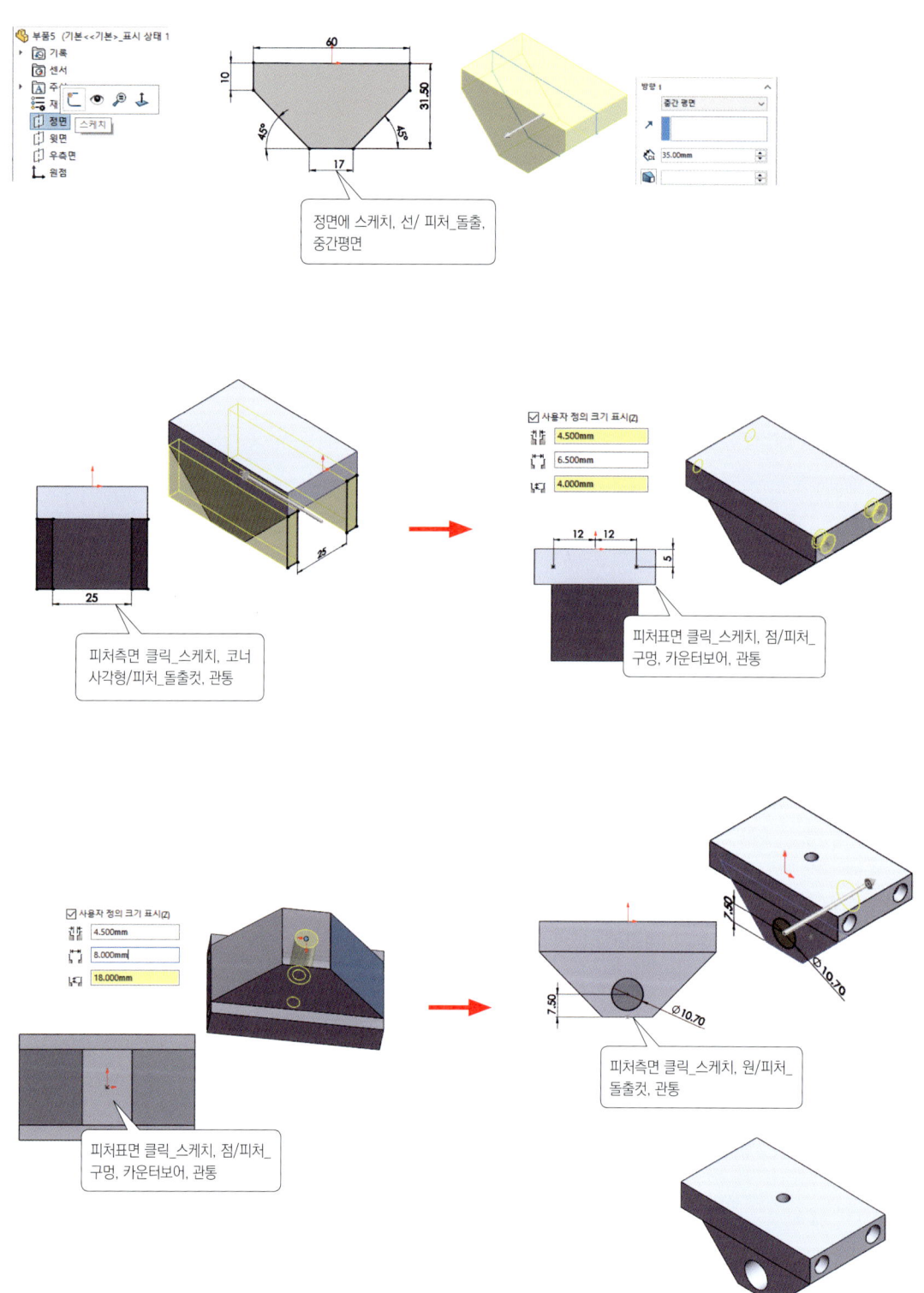

STL 파일로 저장하기

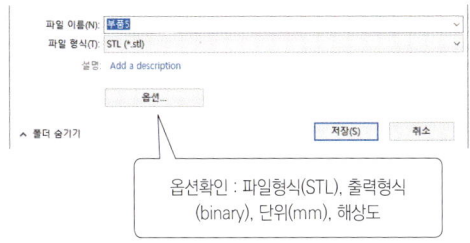

옵션확인 : 파일형식(STL), 출력형식 (binary), 단위(mm), 해상도

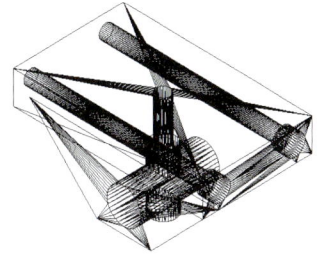

STL 파일 슬라이싱 및 G-code 파일로 저장하기

[프린터 설정 : Cubicon Style Plus-A15]

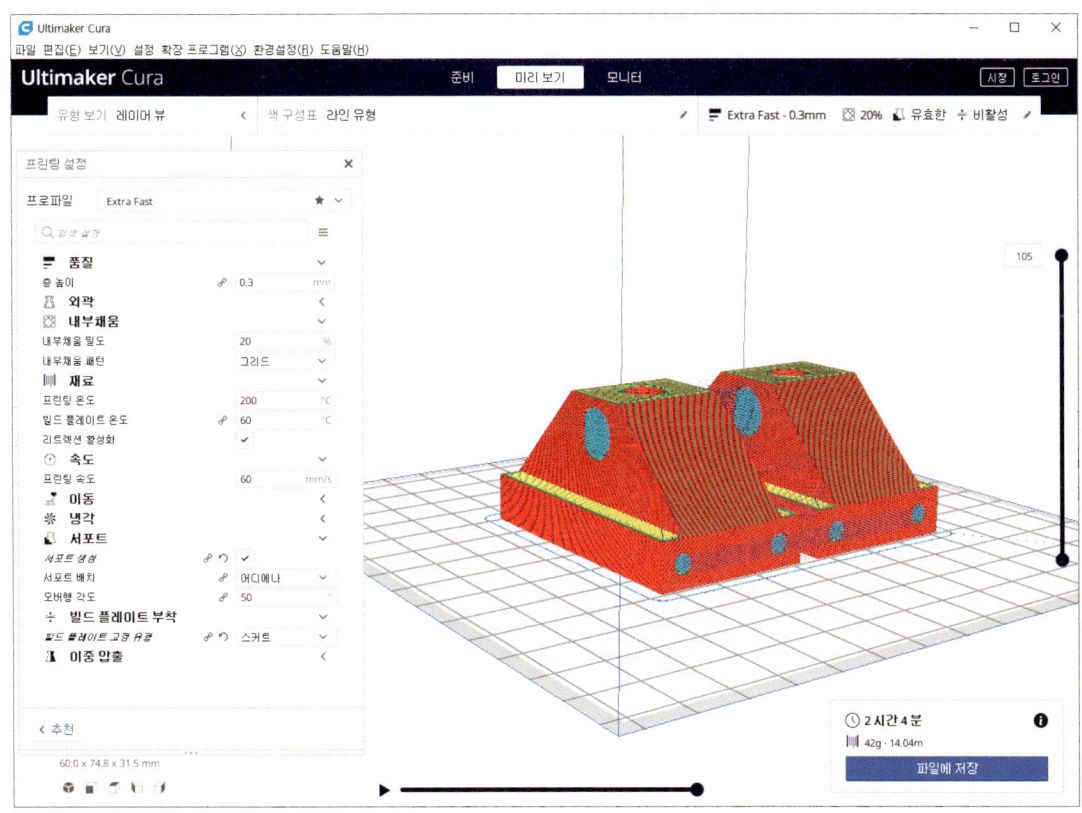

4. 부품

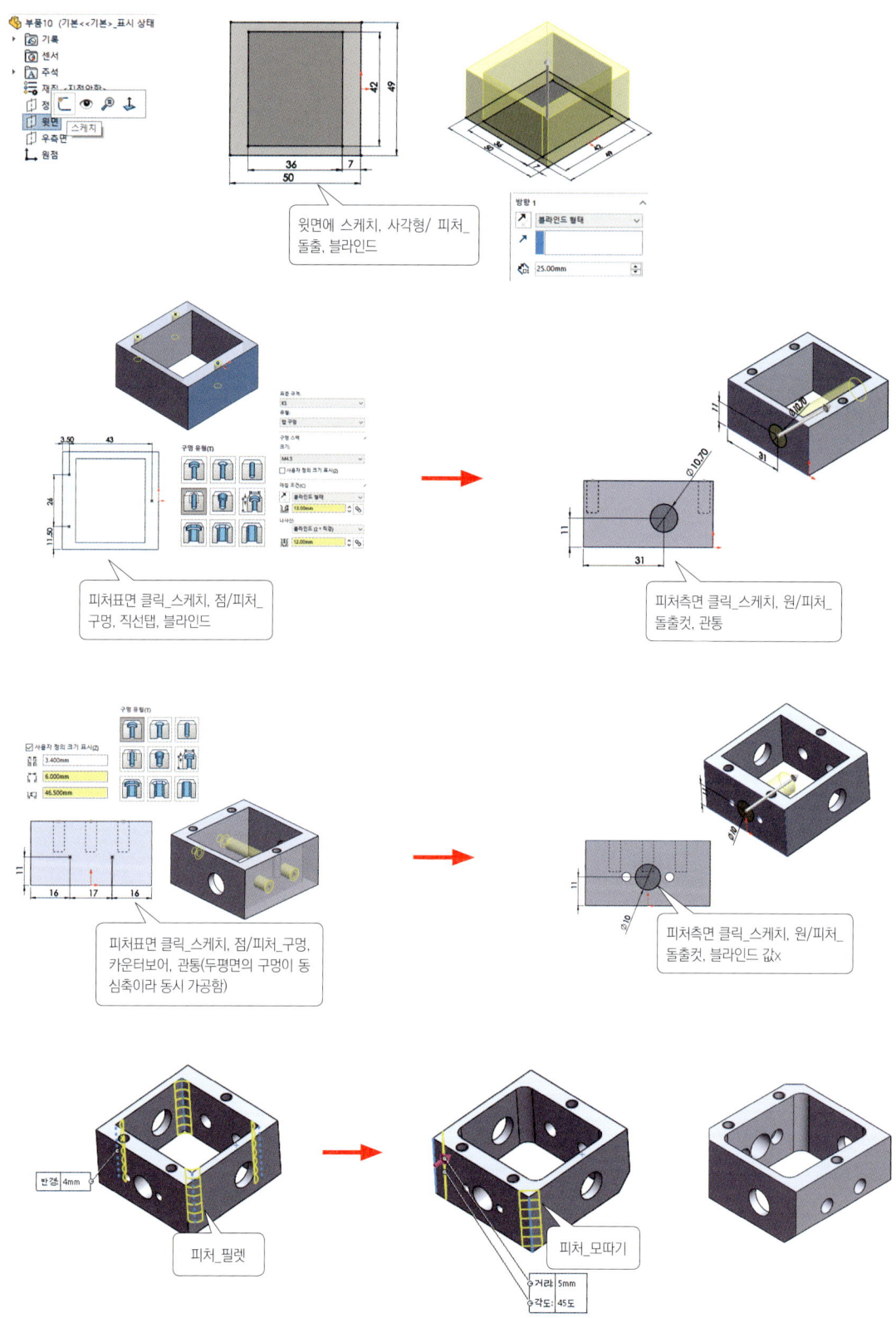

STL 파일로 저장하기

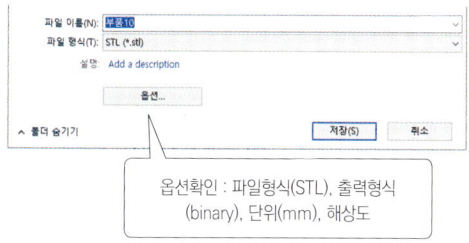

옵션확인 : 파일형식(STL), 출력형식 (binary), 단위(mm), 해상도

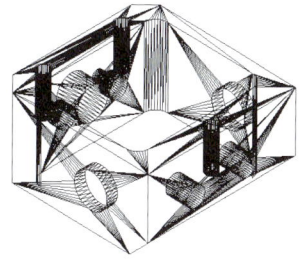

STL 파일 슬라이싱 및 G-code 파일로 저장하기

[프린터 설정 : Cubicon Style Plus-A15]

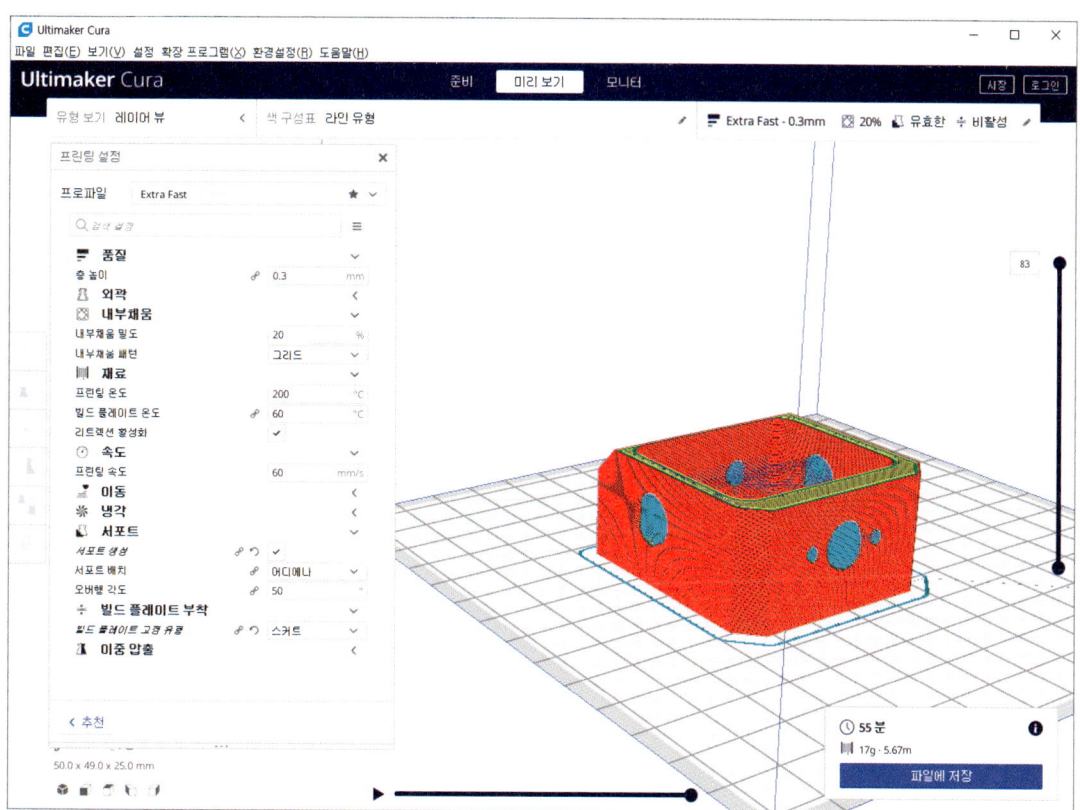

5. 부품

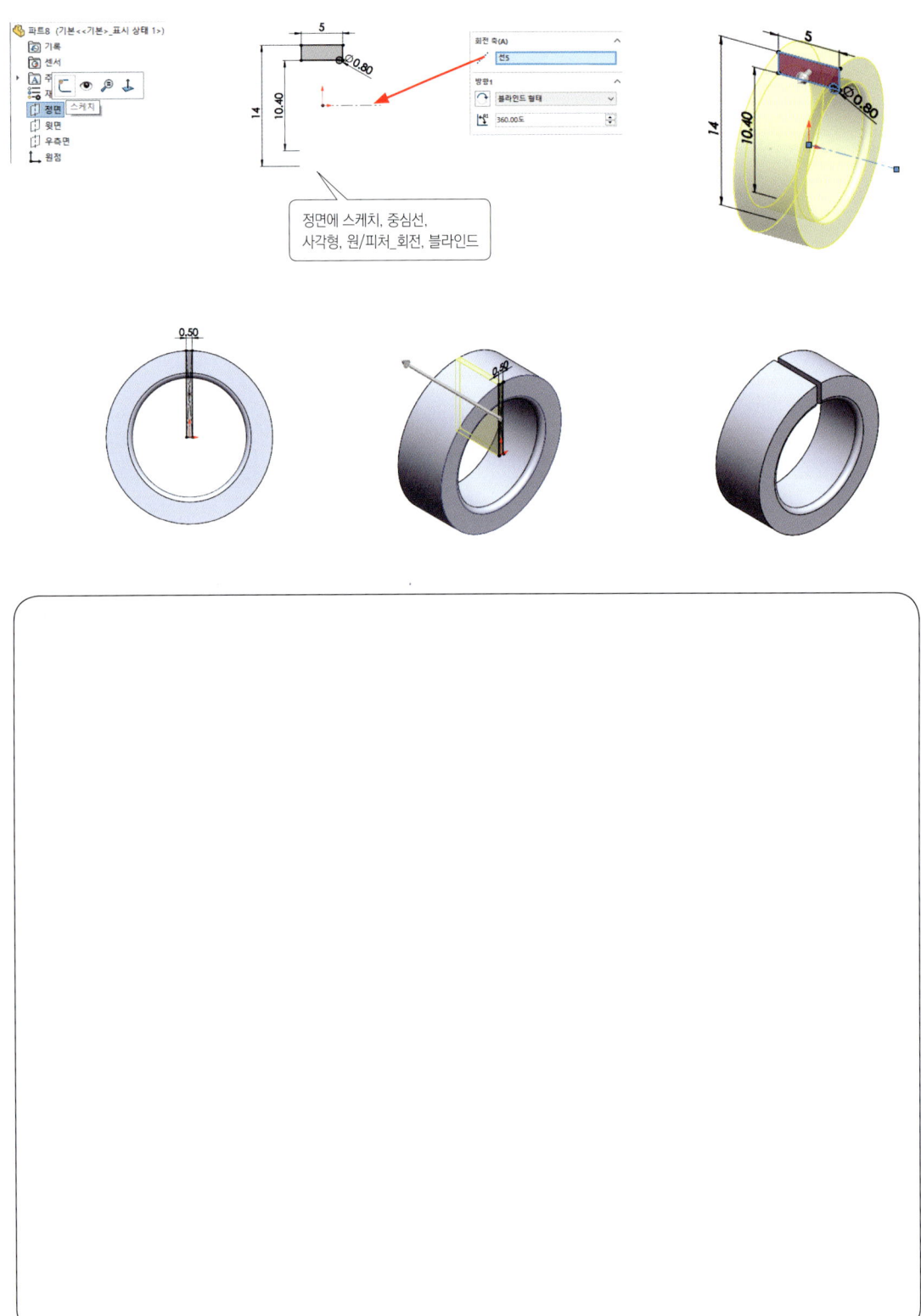

STL 파일로 저장하기

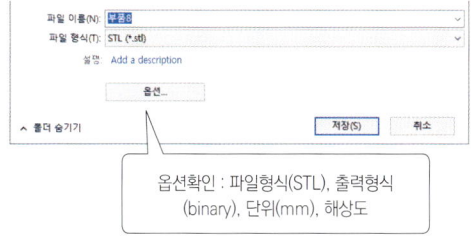

옵션확인 : 파일형식(STL), 출력형식 (binary), 단위(mm), 해상도

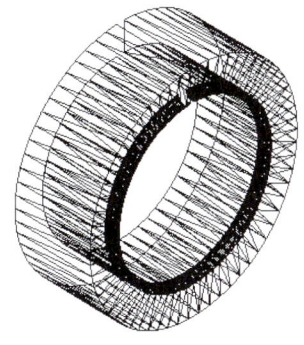

STL 파일 슬라이싱 및 G-code 파일로 저장하기

[프린터 설정 : Cubicon Style Plus-A15]

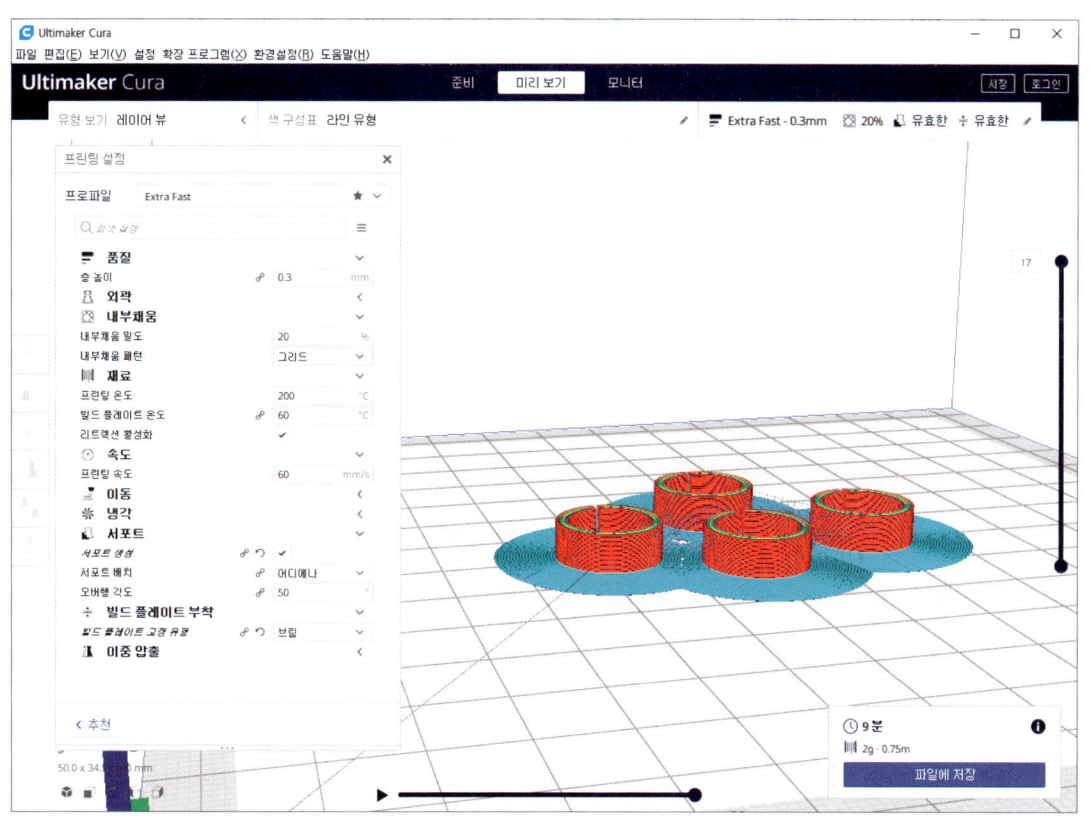

6. 부품

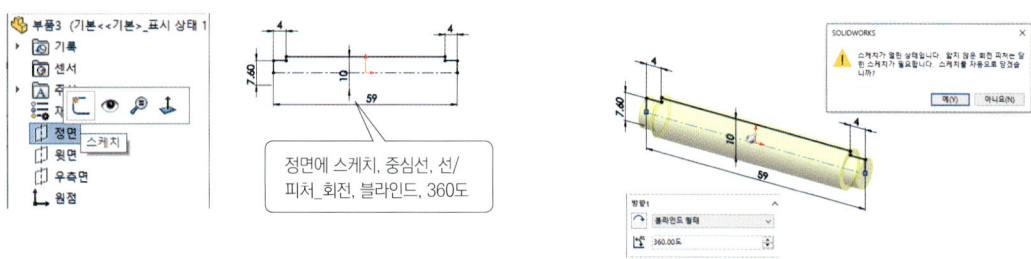

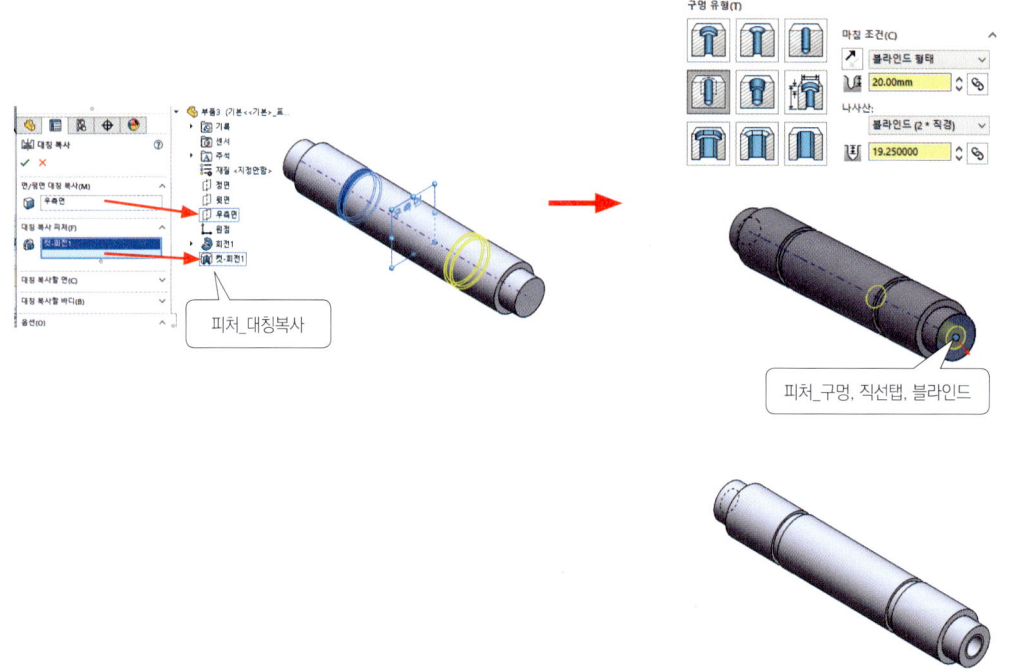

STL 파일로 저장하기

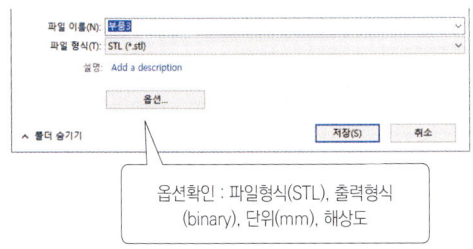

옵션확인 : 파일형식(STL), 출력형식
(binary), 단위(mm), 해상도

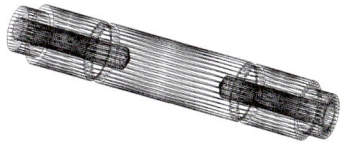

STL 파일 슬라이싱 및 G-code 파일로 저장하기

[프린터 설정 : Cubicon Style Plus-A15]

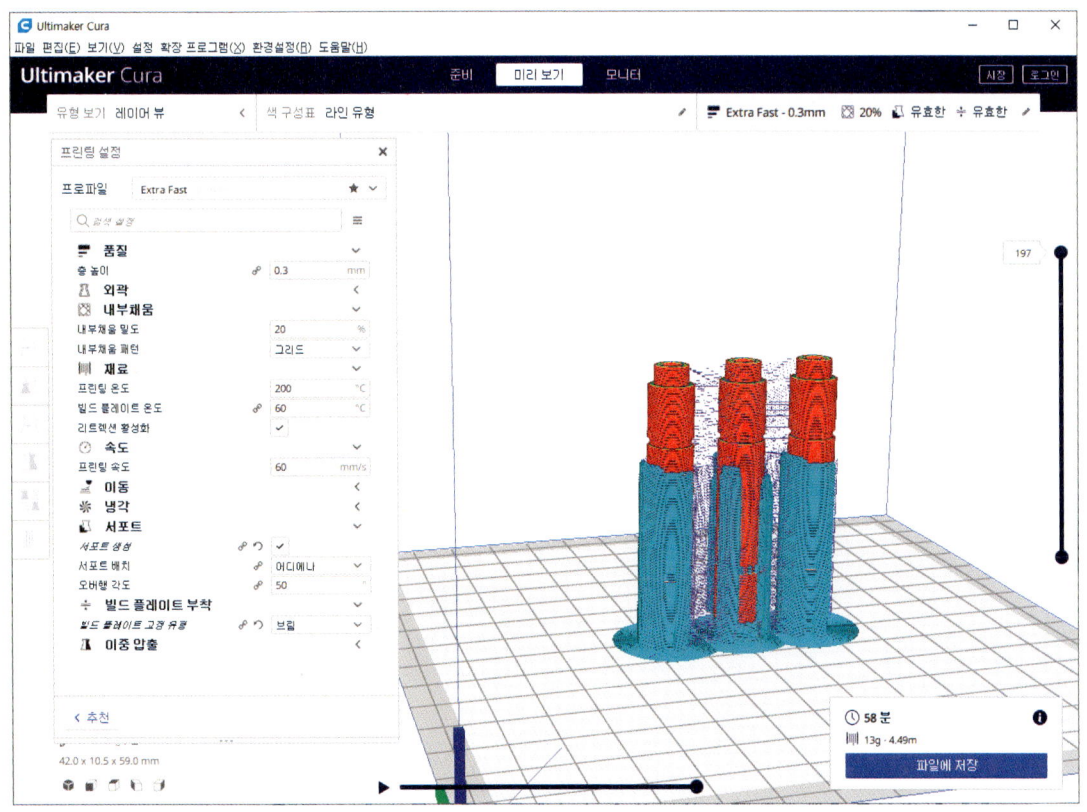

7. 부품

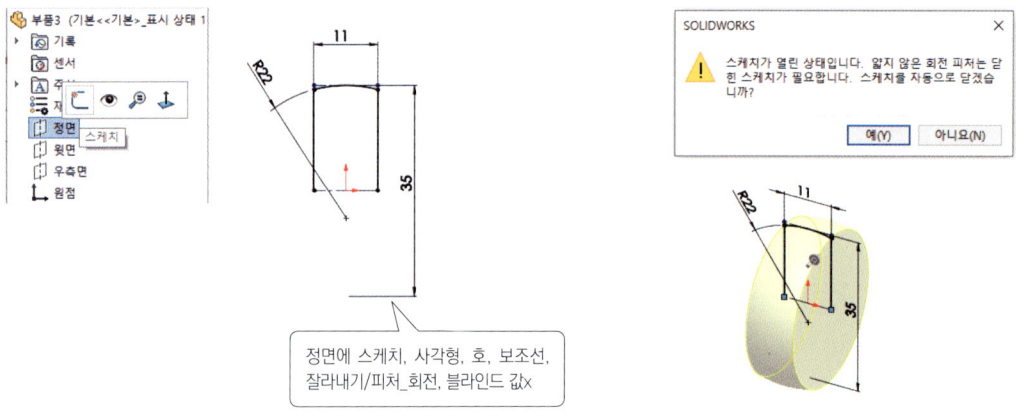

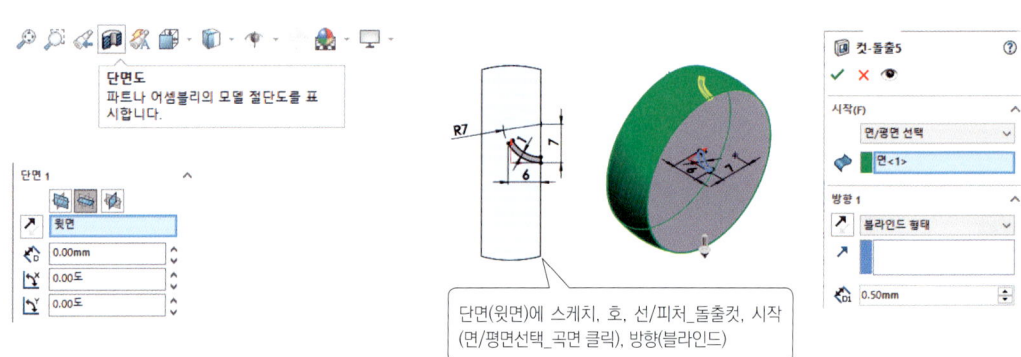

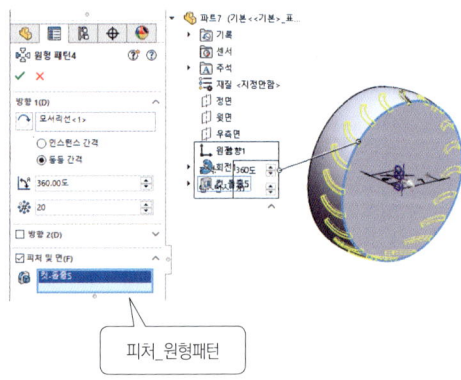

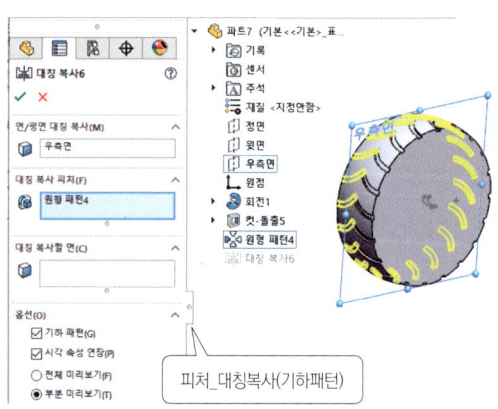

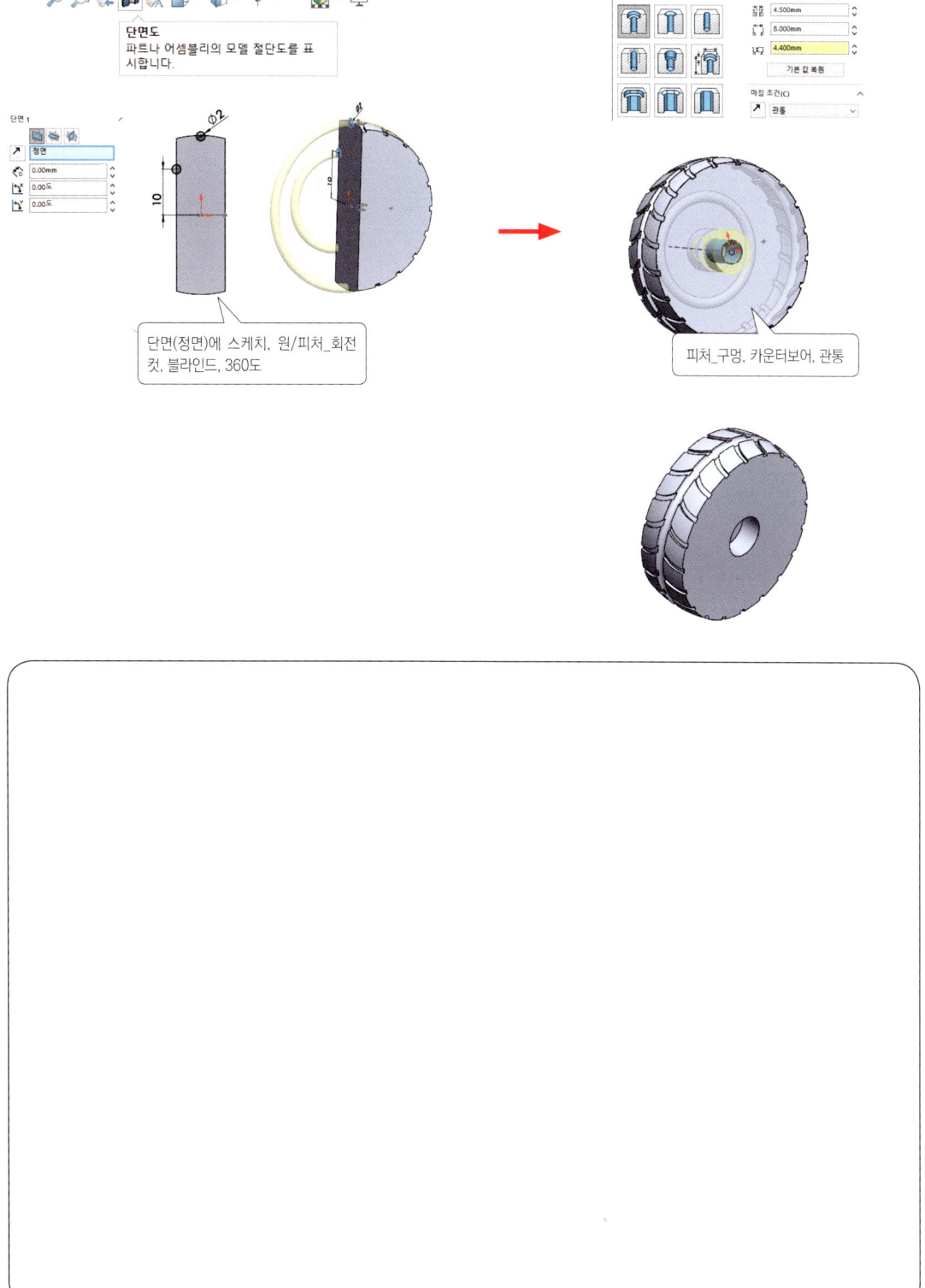

STL 파일로 저장하기

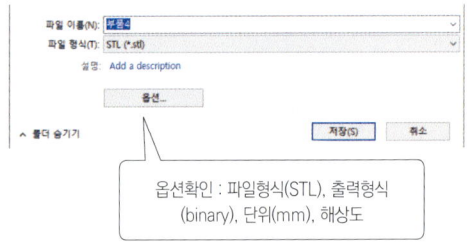

옵션확인 : 파일형식(STL), 출력형식 (binary), 단위(mm), 해상도

STL 파일 슬라이싱 및 G-code 파일로 저장하기

[프린터 설정 : Cubicon Style Plus-A15]

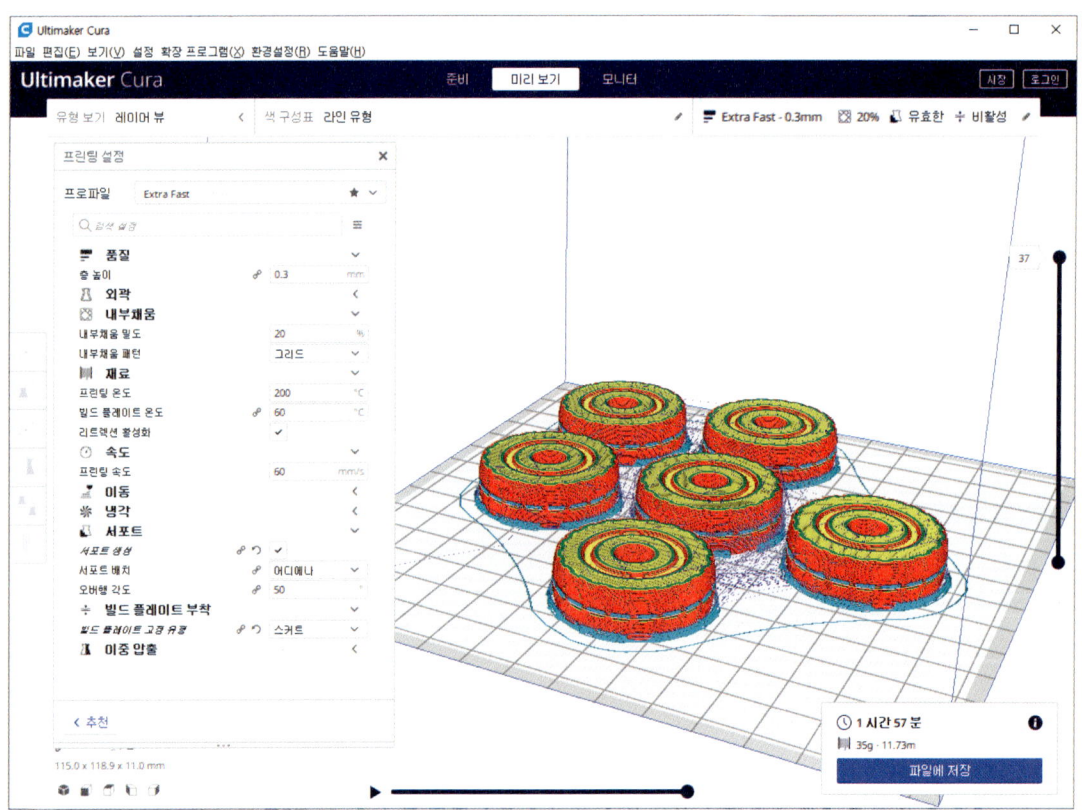

2. 부품

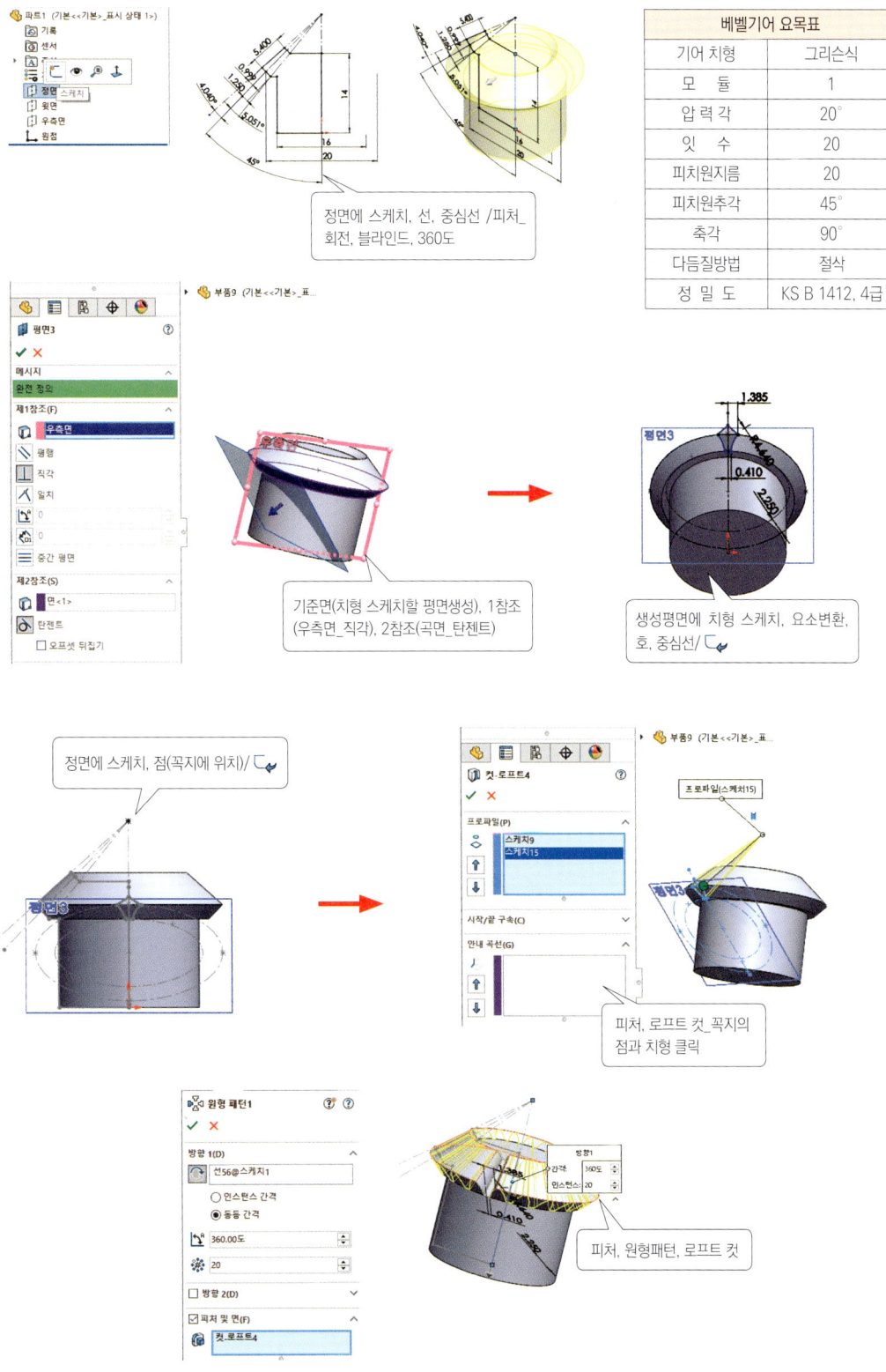

베벨기어 요목표	
기어 치형	그리스식
모 듈	1
압 력 각	20°
잇 수	20
피치원지름	20
피치원추각	45°
축각	90°
다듬질방법	절삭
정 밀 도	KS B 1412, 4급

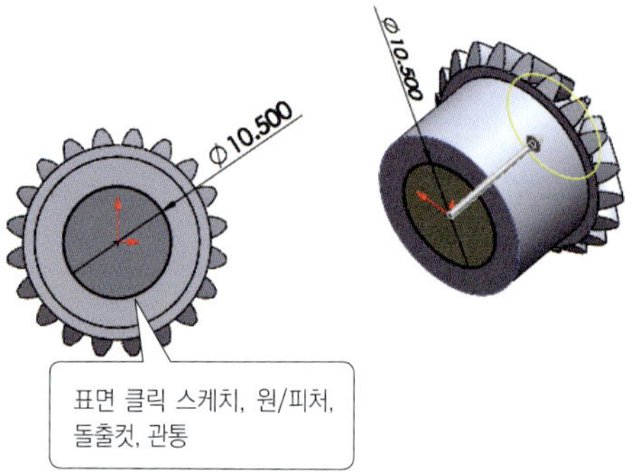

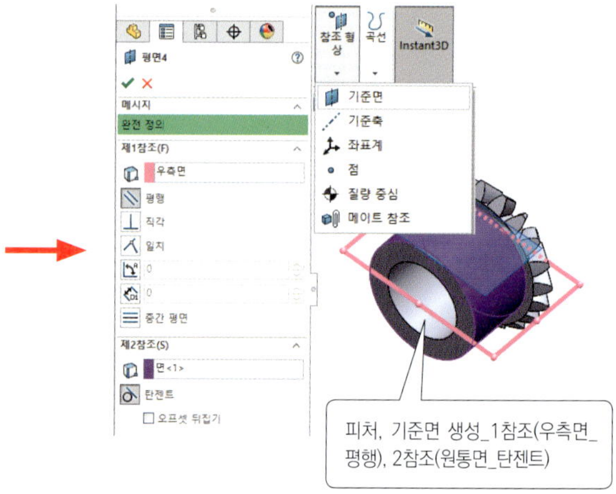

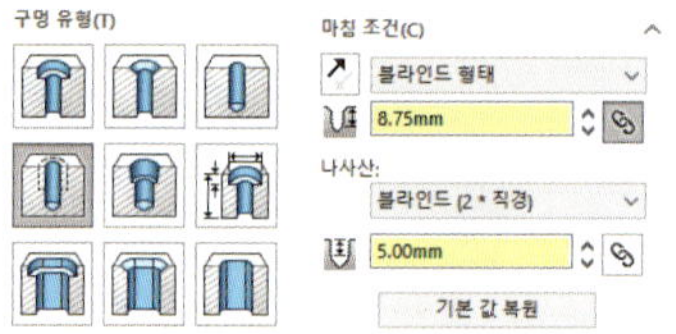

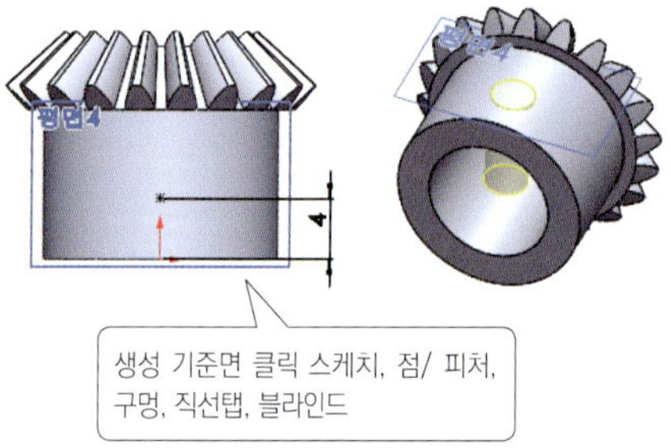

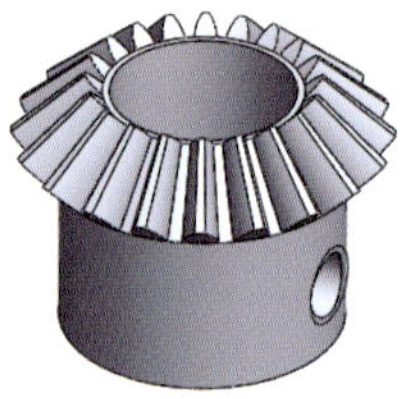

■ 베벨기어 치형 설계

스퍼기어 요목	값	계산	설명
모듈(M)	1	=20/20	피치원 지름(d) / 잇수(Z)
피치원지름(P.CD)	20	=1×20	모듈(M) × 잇수(Z)
이끝원지름	21.41	=20+(2×1×cos45°)	피치원 지름(PCD)+(2×M×cos피치원추각)
피치원추각	45°		결정값
이뿌리각	5.05	=$\tan^{-1}$(1.25/14.14)	$\tan^{-1}$(이뿌리높이/외단원추거리)
이끝각	4.04	=$\tan^{-1}$(1/14.14)	$\tan^{-1}$(이끝높이/외단원추거리)
잇수(Z)	20	=20/1	피치원 지름(PCD) / 모듈(M)
외단원추거리	14.14	=20×2/2×sin45°	피치원 지름(PCD)×2/2×sin피치원추각
이끝높이(D)	1	=1×1	1×모듈(M)
이뿌리높이	1.25	=1.25×1	1.25×모듈(M)
치폭	5.4	=60.1/3	결정값 또는 약 외단원추거리 1/3
수직선의 간격 (C)	0.25	=1/4	모듈(M) / 4
수직선의 간격 (B)	0.5	=1/2	모듈(M) / 2
수직선의 간격 (A)	0.785	=1×0.785	모듈(M) × 0.785 (π/4)

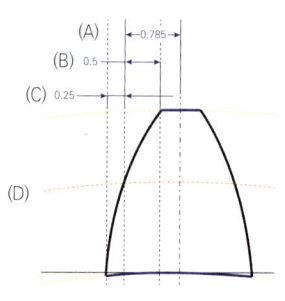

66 • 융합기술 프로젝트 [2] 전기 자동차 만들기

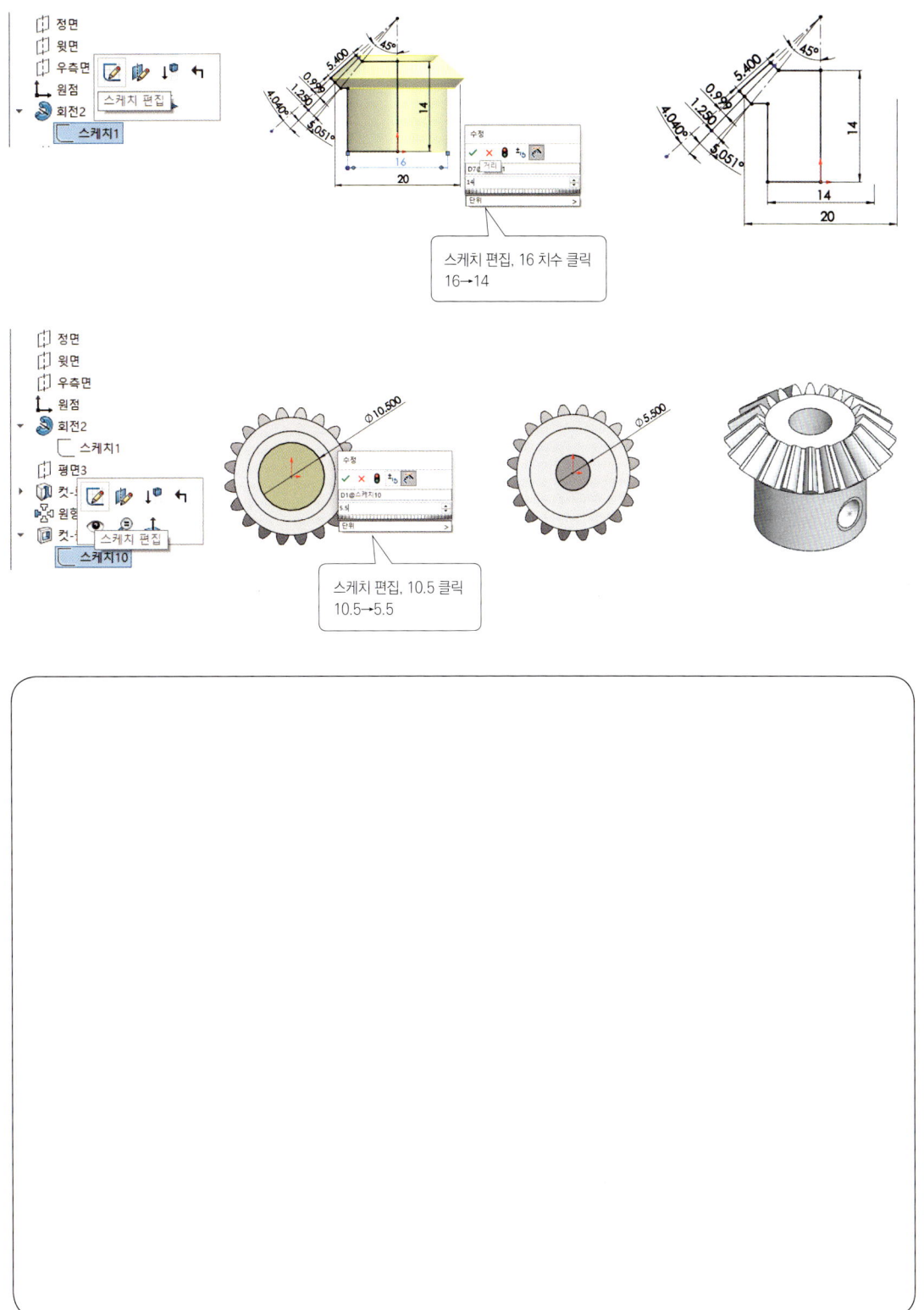

STL 파일로 저장하기

옵션확인 : 파일형식(STL), 출력형식 (binary), 단위(mm), 해상도

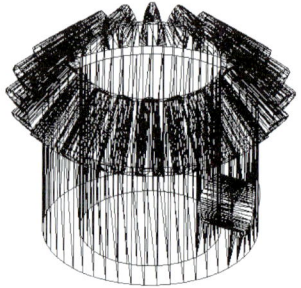

STL 파일 슬라이싱 및 G-code 파일로 저장하기

[프린터 설정 : Cubicon Style Plus-A15]

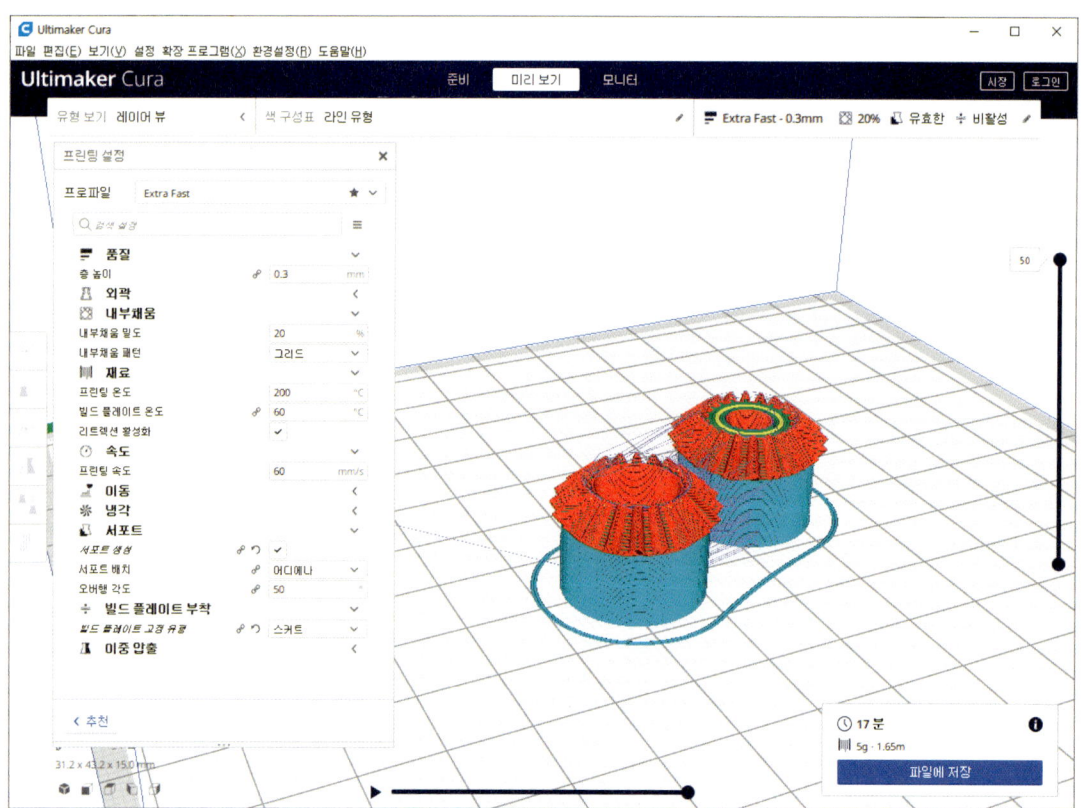

3. 부품

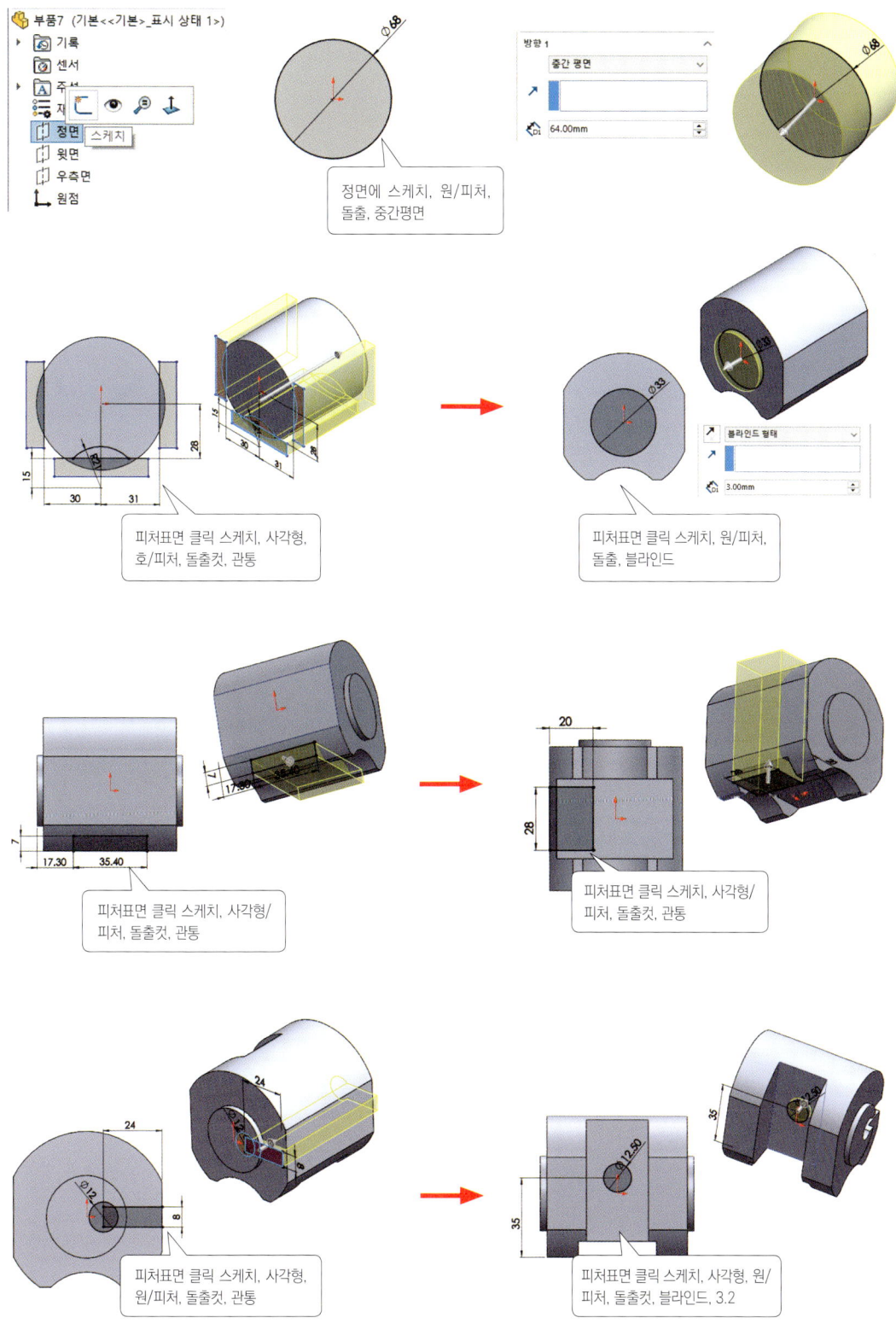

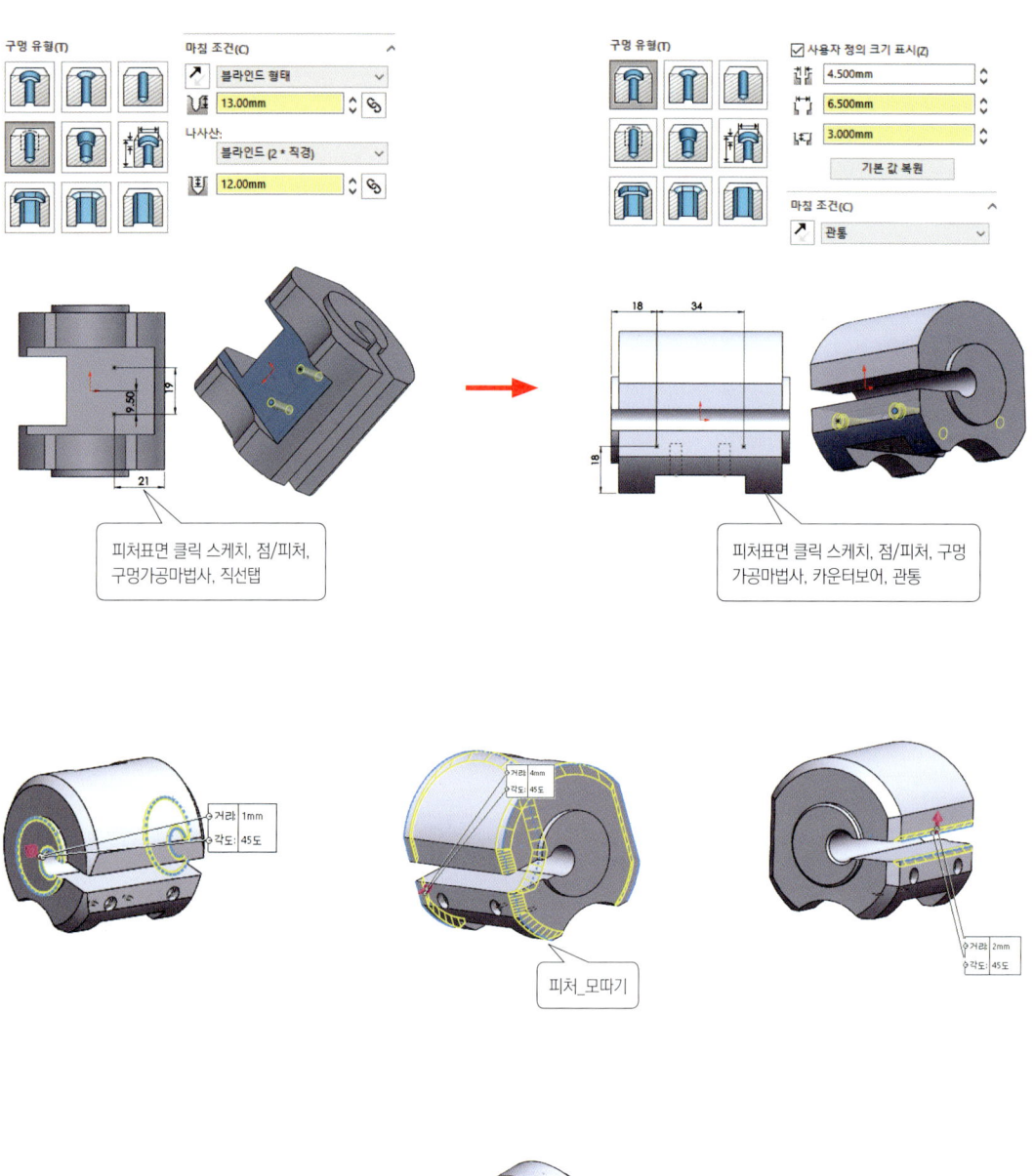

STL 파일로 저장하기

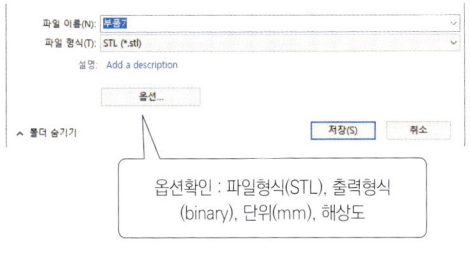

옵션확인 : 파일형식(STL), 출력형식 (binary), 단위(mm), 해상도

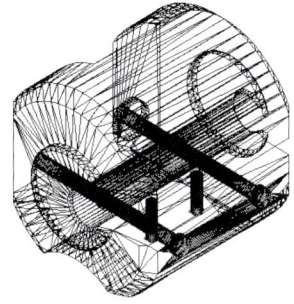

STL 파일 슬라이싱 및 G-code 파일로 저장하기

[프린터 설정 : Cubicon Style Plus-A15]

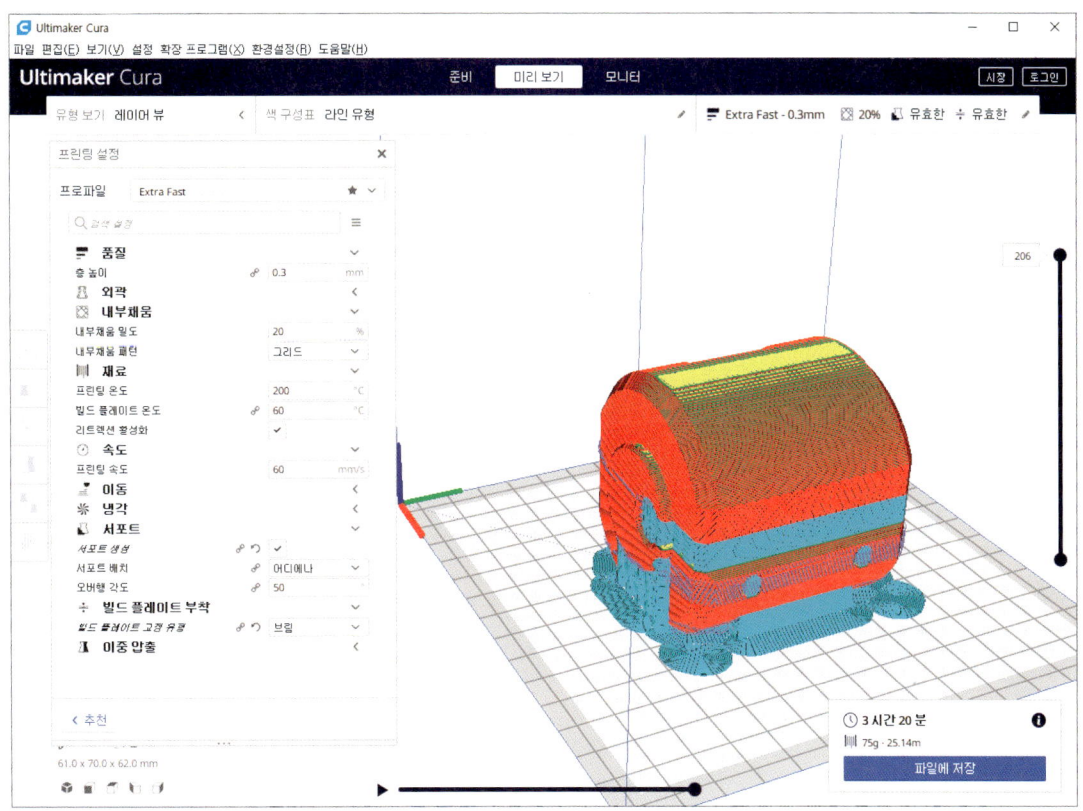

4. 부품

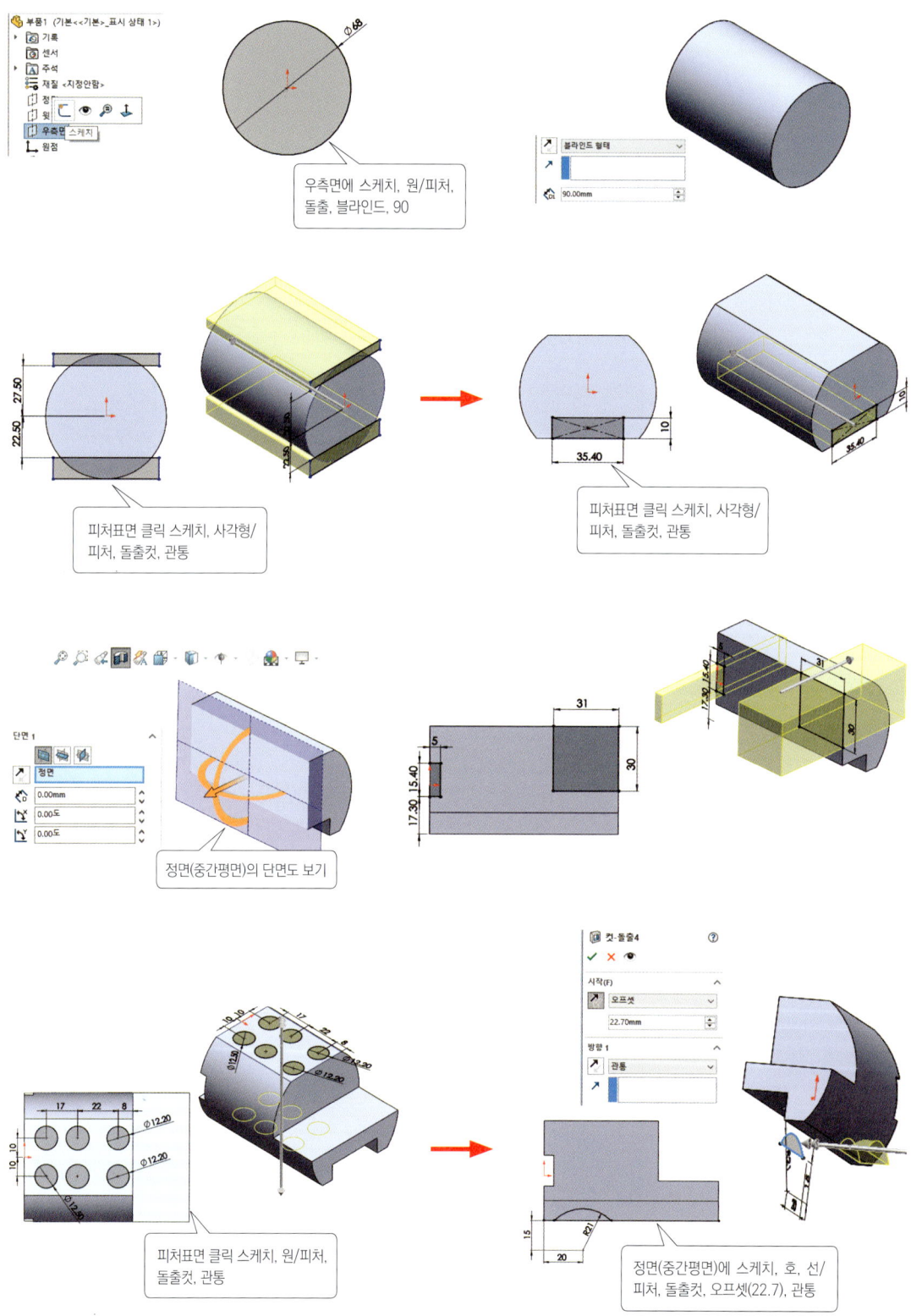

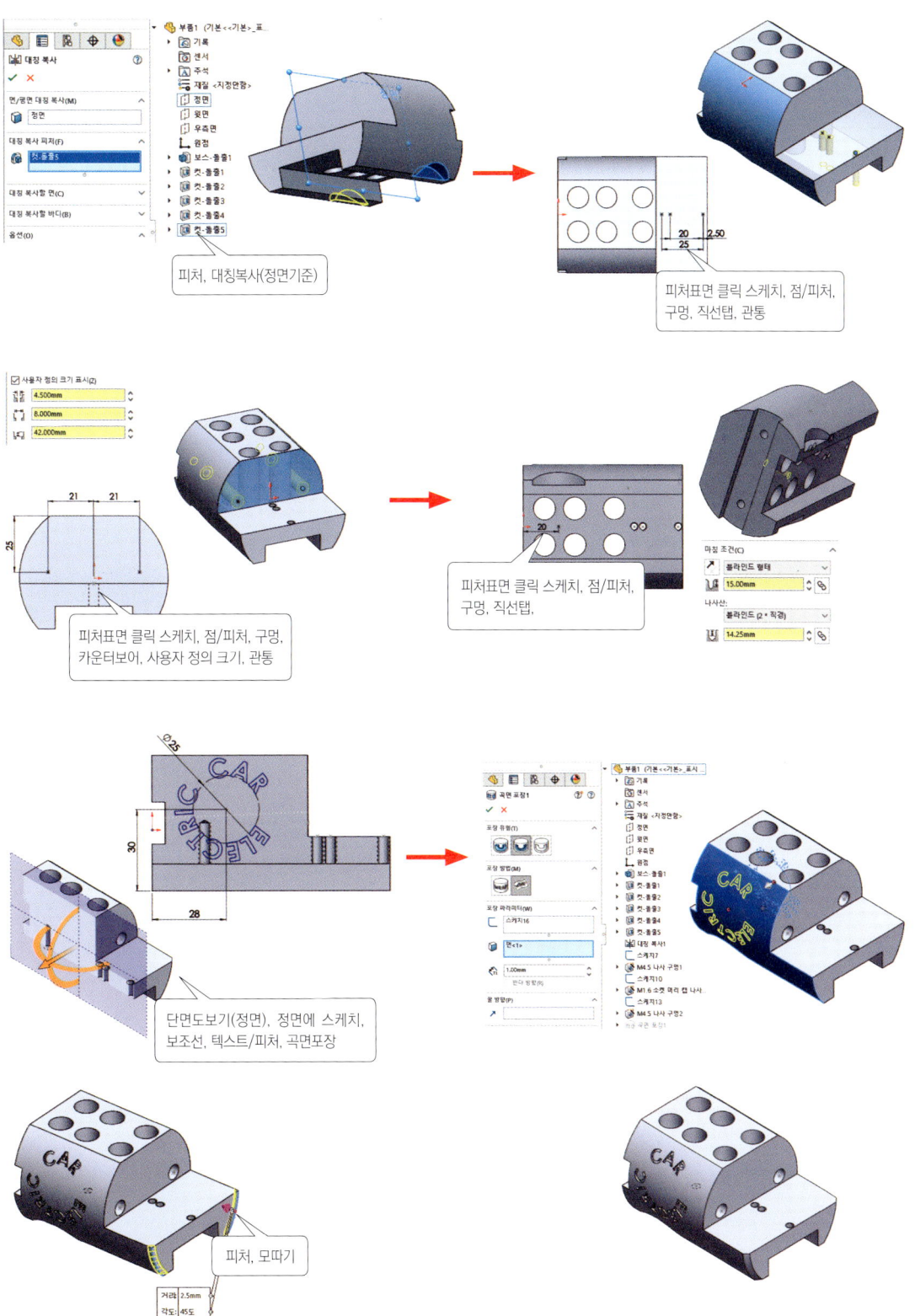

II. 릴레이 제어 전기자동차 – 컨테이너형

STL 파일로 저장하기

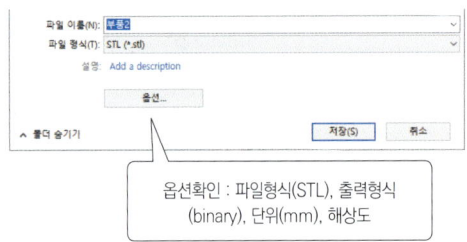

옵션확인 : 파일형식(STL), 출력형식 (binary), 단위(mm), 해상도

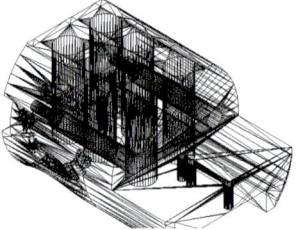

STL 파일 슬라이싱 및 G-code 파일로 저장하기

[프린터 설정 : Cubicon Style Plus-A15]

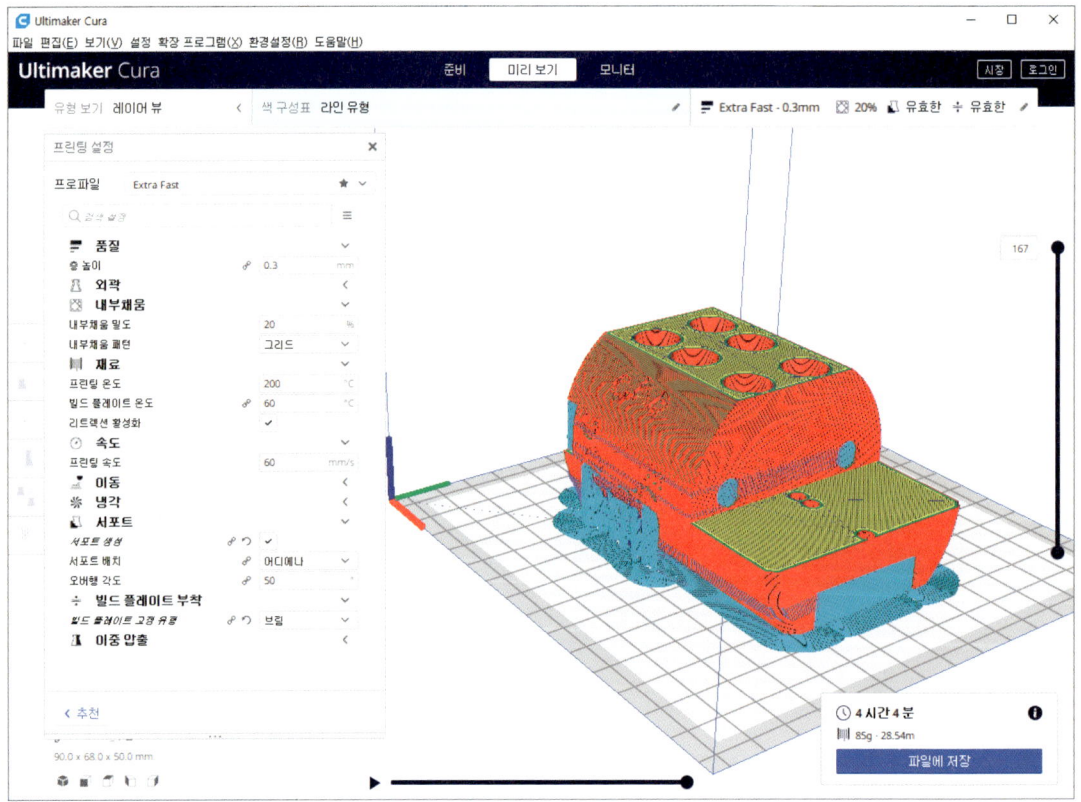

5. 부품

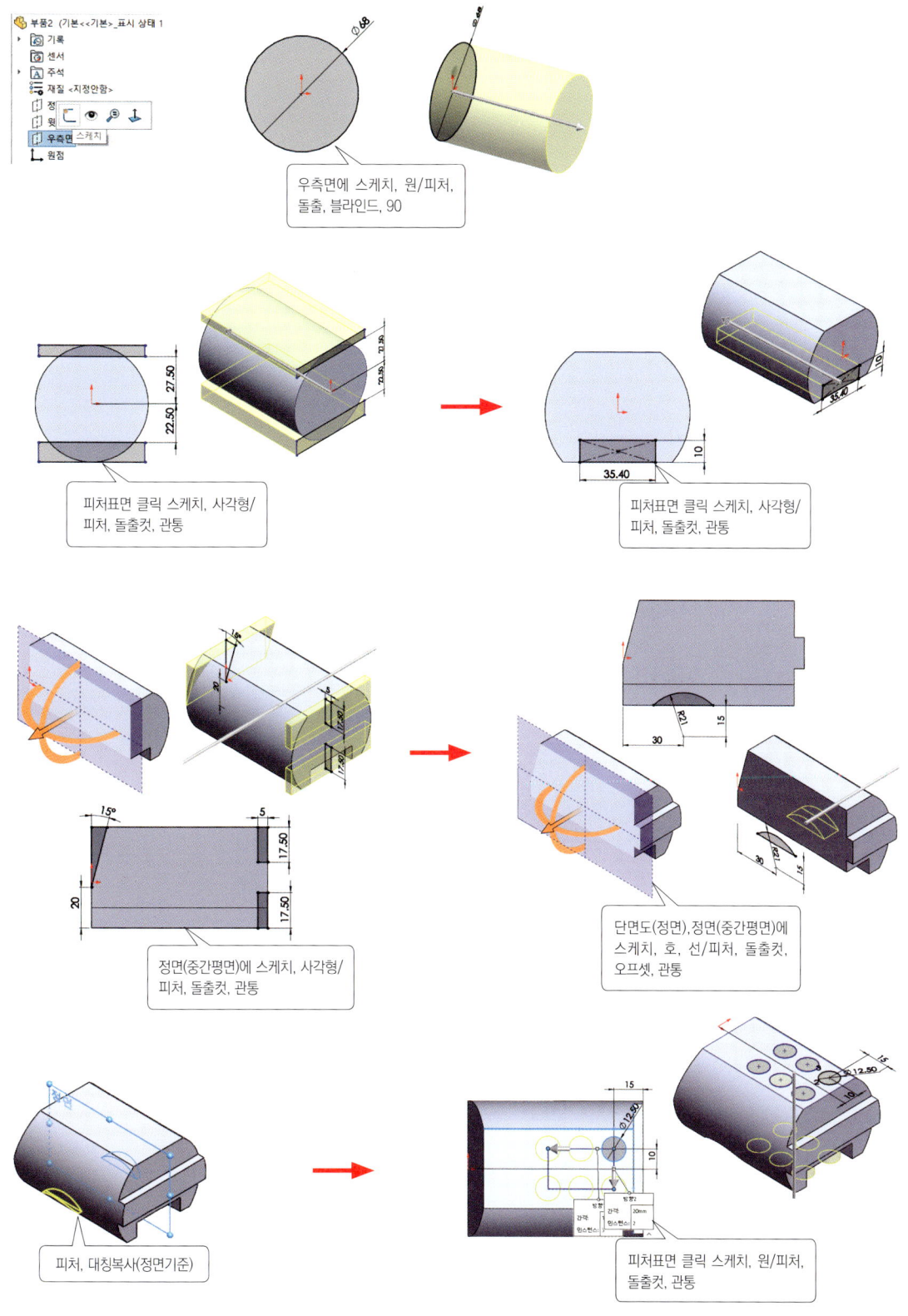

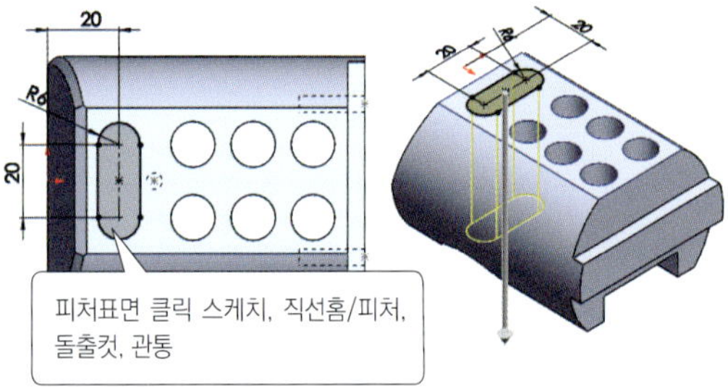
20
R6
20
피처표면 클릭 스케치, 직선홈/피처,
돌출컷, 관통

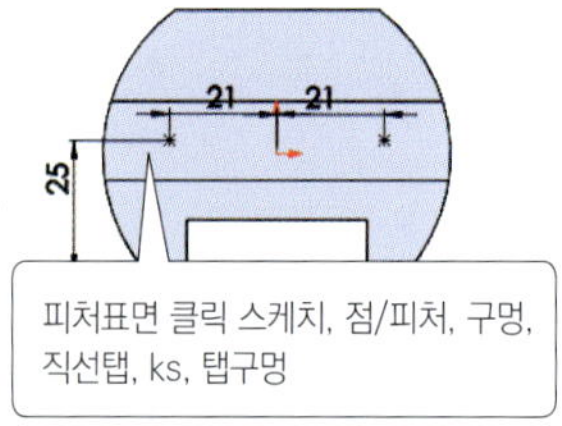
21
21
25
피처표면 클릭 스케치, 점/피처, 구멍,
직선탭, ks, 탭구멍

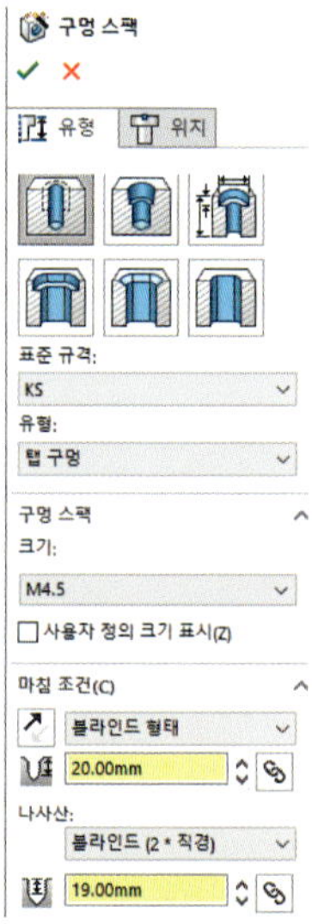
구멍 스펙
유형
위치
표준 규격:
KS
유형:
탭 구멍
구멍 스펙
크기:
M4.5
사용자 정의 크기 표시(Z)
마침 조건(C)
블라인드 형태
20.00mm
나사산:
블라인드 (2 * 직경)
19.00mm

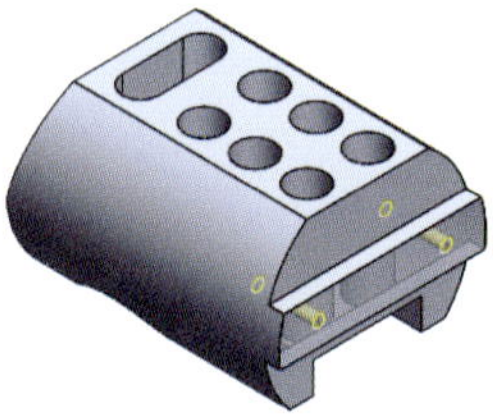

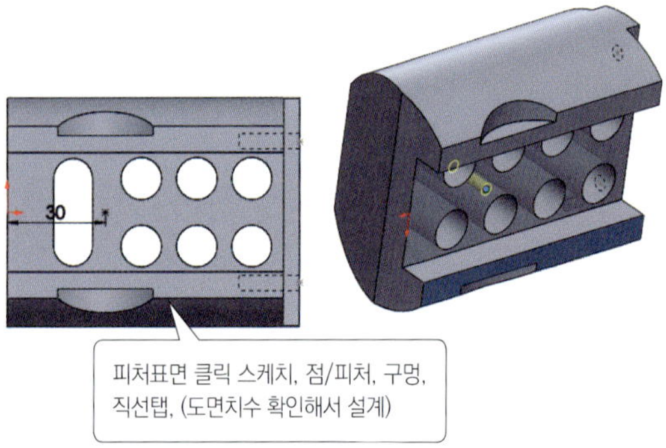
30
피처표면 클릭 스케치, 점/피처, 구멍,
직선탭, (도면치수 확인해서 설계)

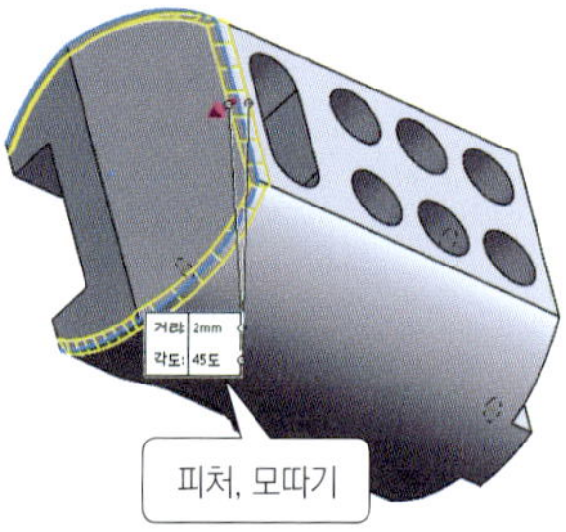
거리: 2mm
각도: 45도
피처, 모따기

곡면 포장1
포장 유형(T)
포장 방법(M)
포장 파라미터(W)
스케치15
면<1>
1.00mm
반대 방향(R)
SWS
단면도보기(정면), 정면에 스케치,
보조선, 텍스트/피처, 곡면포장

SWS

SWS

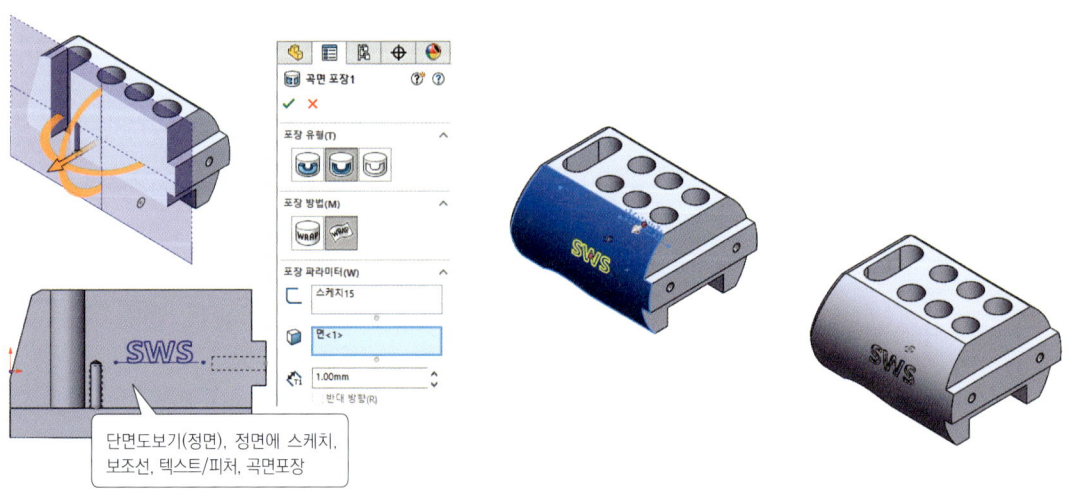

STL 파일로 저장하기

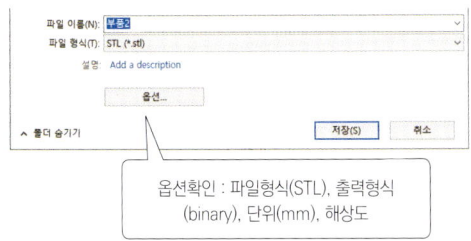

옵션확인 : 파일형식(STL), 출력형식
(binary), 단위(mm), 해상도

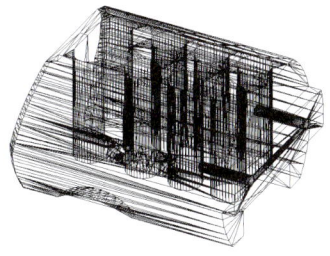

STL 파일 슬라이싱 및 G-code 파일로 저장하기

[프린터 설정 : Cubicon Style Plus-A15]

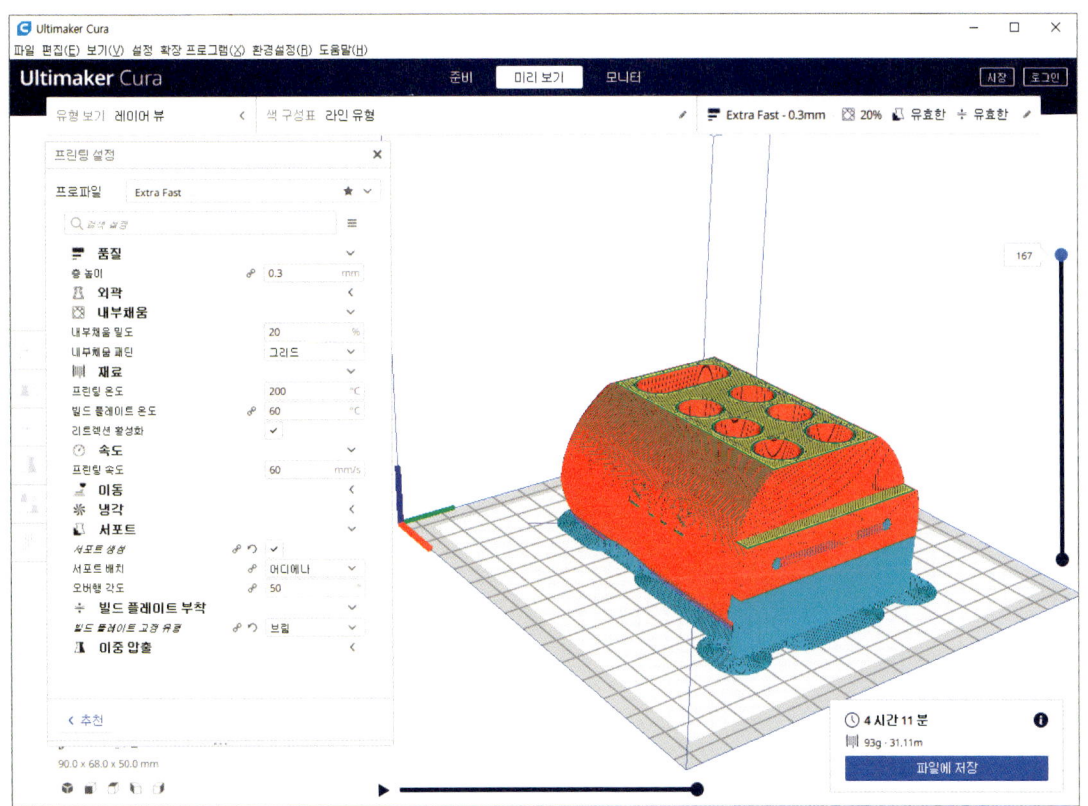

Ⅲ

릴레이 제어 전기자동차
- 지프형 -

- 본 서에 수록된 전기자동차 STL 파일 다운로드 안내입니다.

- 3D프린터로 출력 가능한 stl 파일이 도서출판 메카피아의 네이버 카페에 업로드 되어 있으니 본 서를 구입하신 독자 여러분께서는 자유롭게 다운로드 하시어 학습에 활용하시기 바랍니다.

〈도서출판 메카피아 네이버 카페〉
https://cafe.naver.com/mechabooks

A. 조립품 및 각 부품

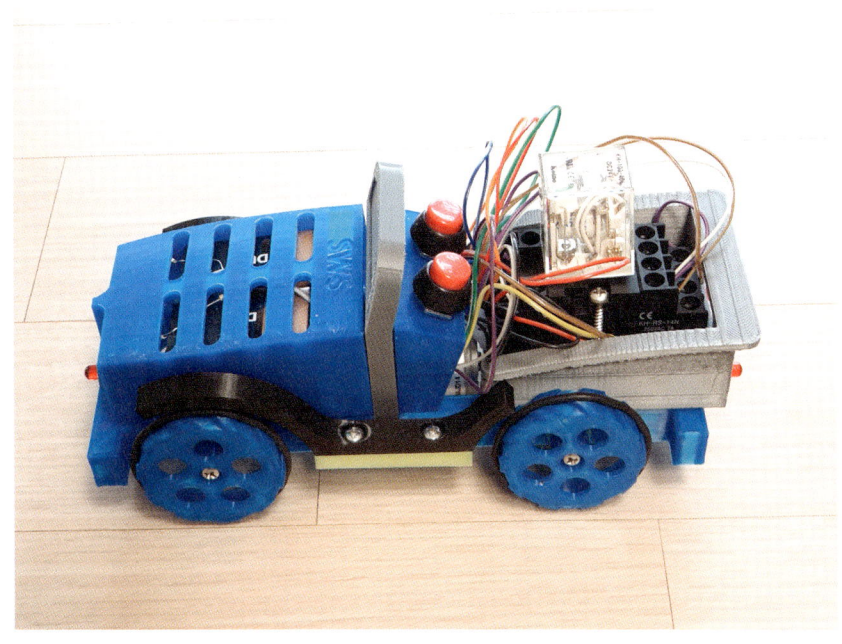

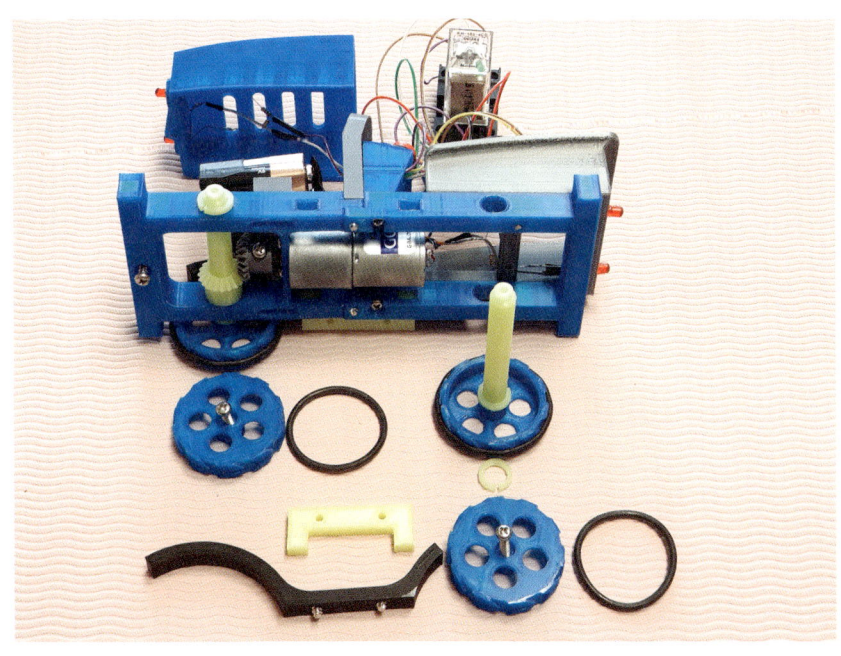

B. 재료목록

[표 8] 릴제이 제어 전기자동차_지프형 재료

	품명	규격	수량	예상단가(원)	비고(쇼핑몰)
1	십자둥근머리 볼트	M3×6	2	33	www.boltmall2.com/
2	둥근머리탭핑 2종 나사	M4×6	2	70	www.boltmall2.com/
3	둥근머리탭핑 3종 나사	M3×10	13	79	www.boltmall2.com/
4	둥근머리탭핑 2종 나사	M4×30	2	151	www.boltmall2.com/
5	DC모터	K262W 26Ø DC24V,	1	20,900	신용모터 http://sym.or.kr/
6	건전지	기어비1/60~1/120	2	2,000	www.ic114.com/ 제품 ID: P0087166
7	건전지 스냅 홀더	9V(알카라인)	2	100	www.ic114.com/ 제품 ID: P0036127
8	원형 푸쉬락 스위치	9V	2	850	www.ic114.com/ 제품 ID: P0035602
9	발광다이오드	LOCK TYPE(□10), 적색	4	40	www.ic114.com/ 제품 ID: P0046195
10	저항	COLOR LED 5mm-RD	4	10	www.ic114.com/ 제품 ID: P0039395
11	칼라 리본케이블	2kΩF 1/4W	1	2,500	www.ic114.com/ 제품 ID: P0031791
12	원형자석	무지개 30선×300, 1.27mm	1	200	www.ic114.com/ 제품 ID: P1040435
13	릴레이	네오디움 □10×3	1	9,000	www.auction.co.kr/ 상품번호: C607974117
14	릴레이 소켓	KH-103-4CL,	1	2,900	www.auction.co.kr/ 상품번호: B643848674
15	고무 오링	DC24V-14P	4	1,300	www.auction.co.kr/ 상품번호: C644109610
16	필라멘트	KH-RS-14N-14	3인1롤		보유기종용 구입
	계				

C. 회로도

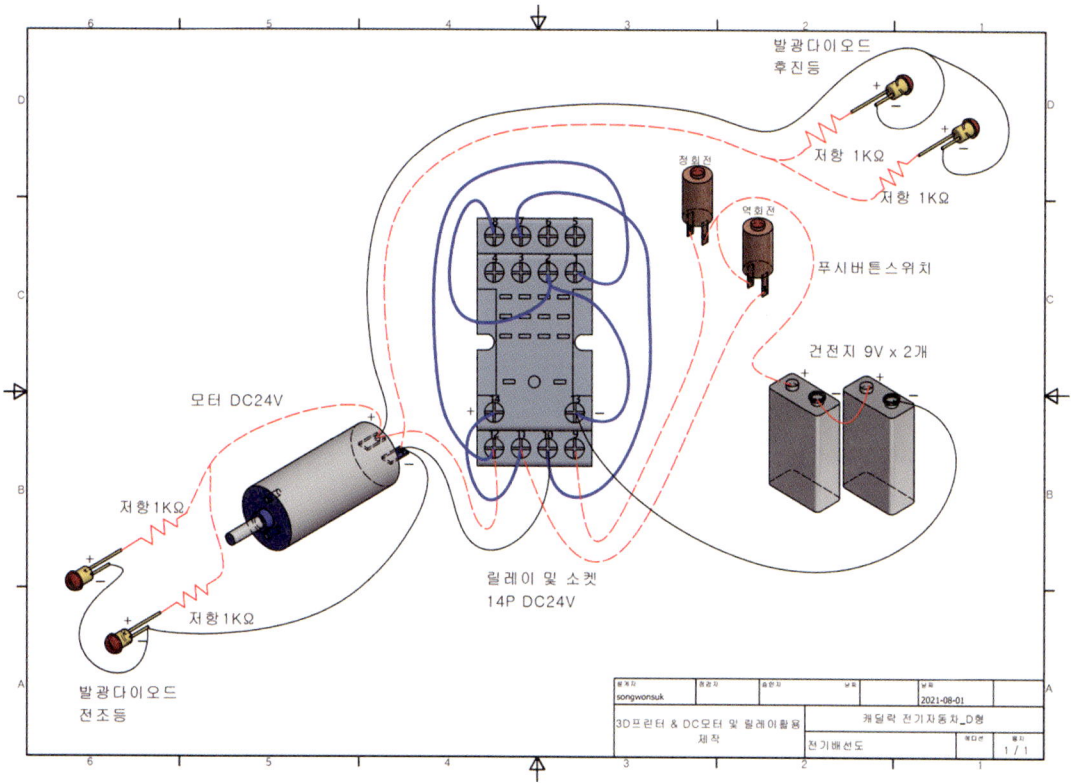

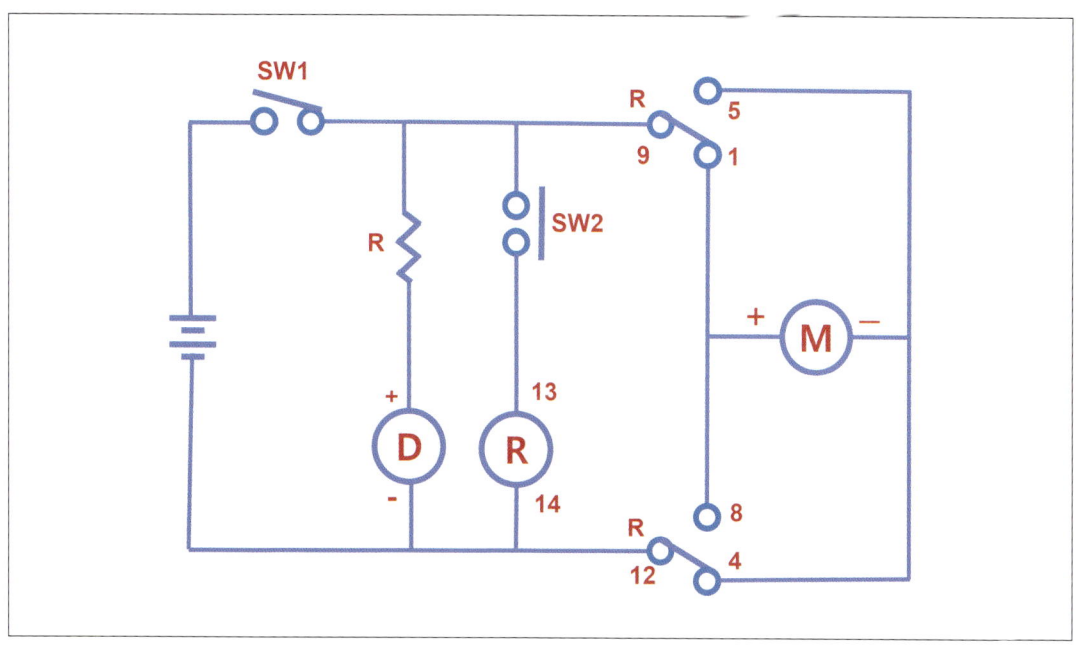

D. 설계 도면

1. 조립 등각도

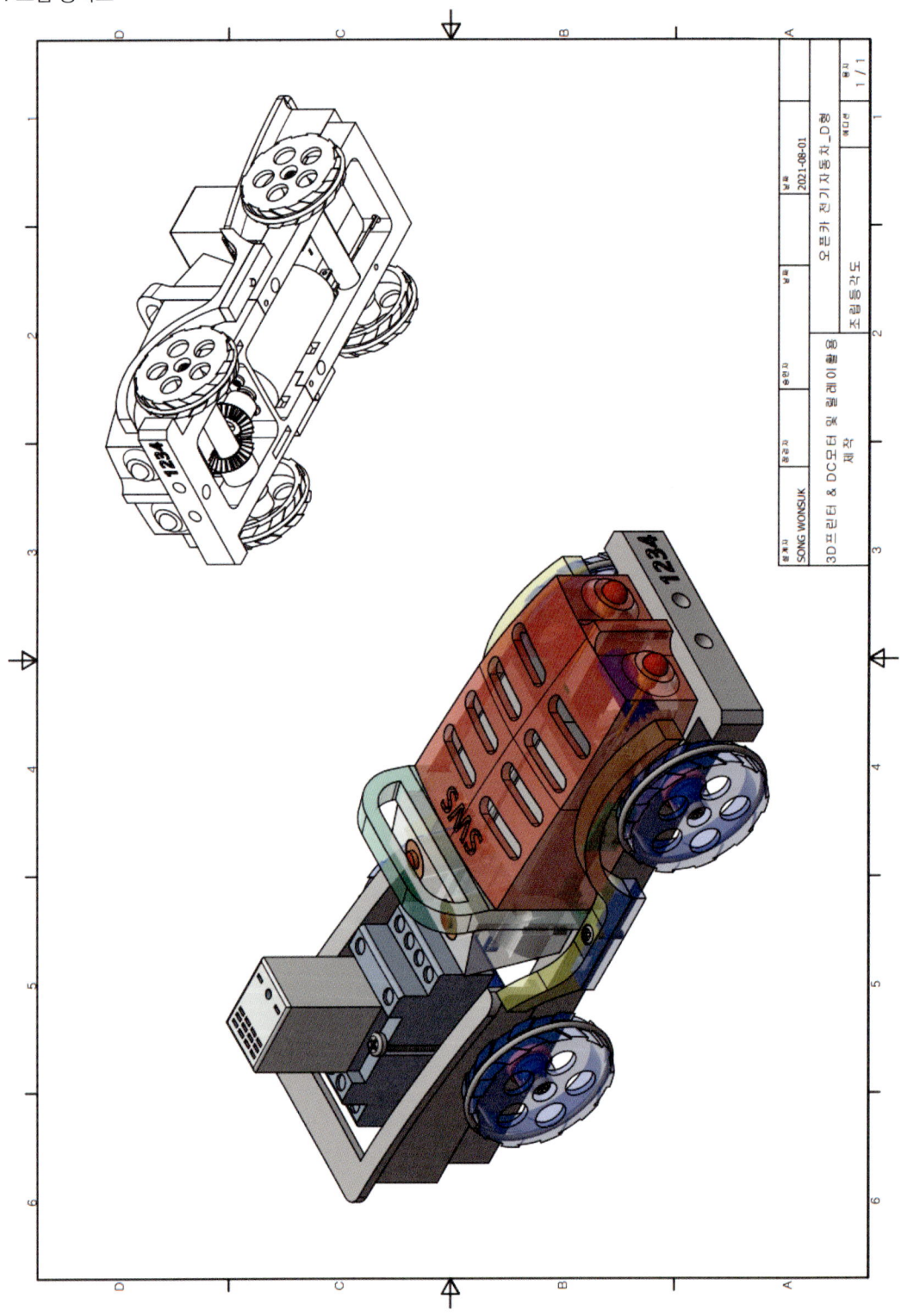

2. 분해도

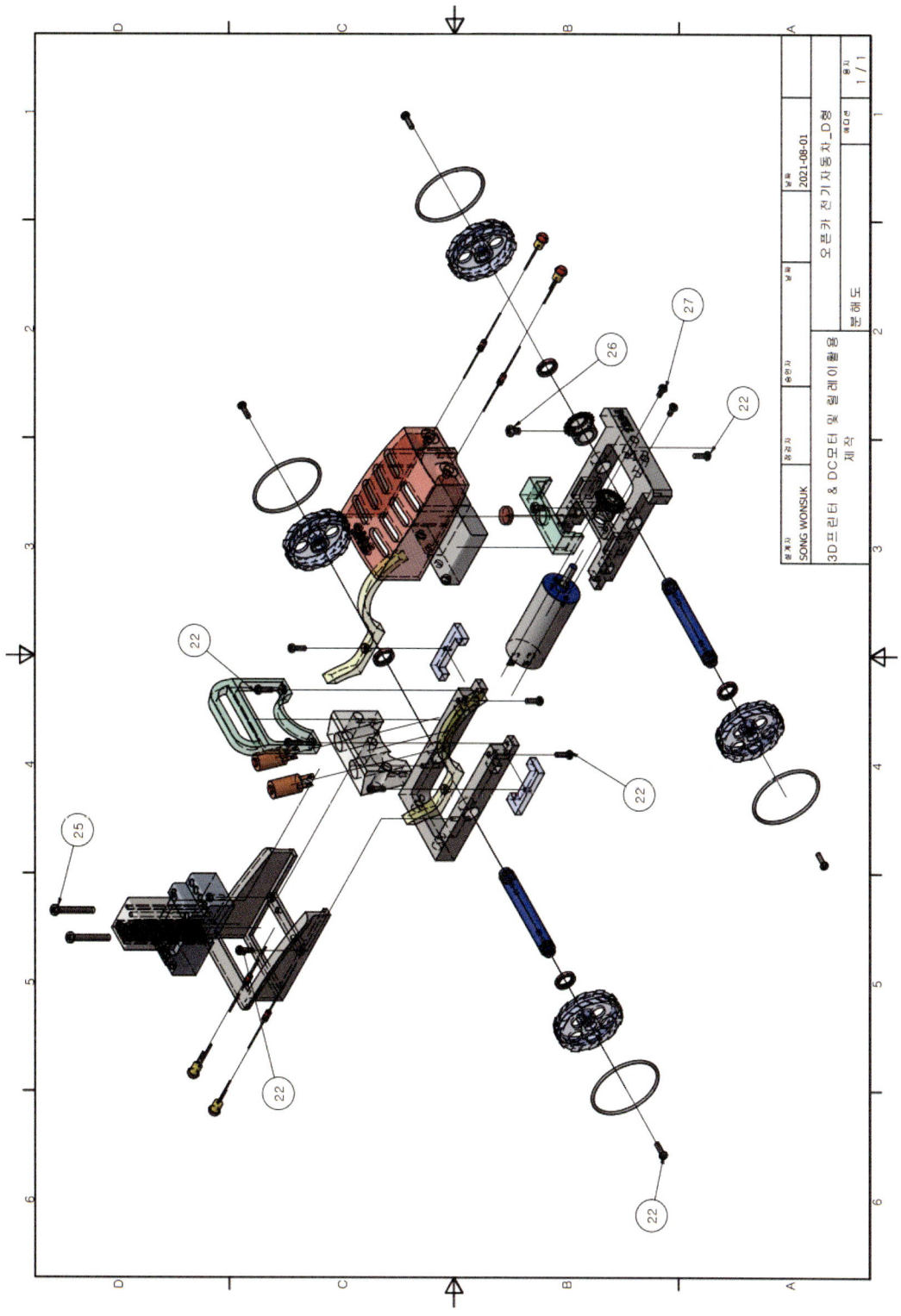

3. 조립도

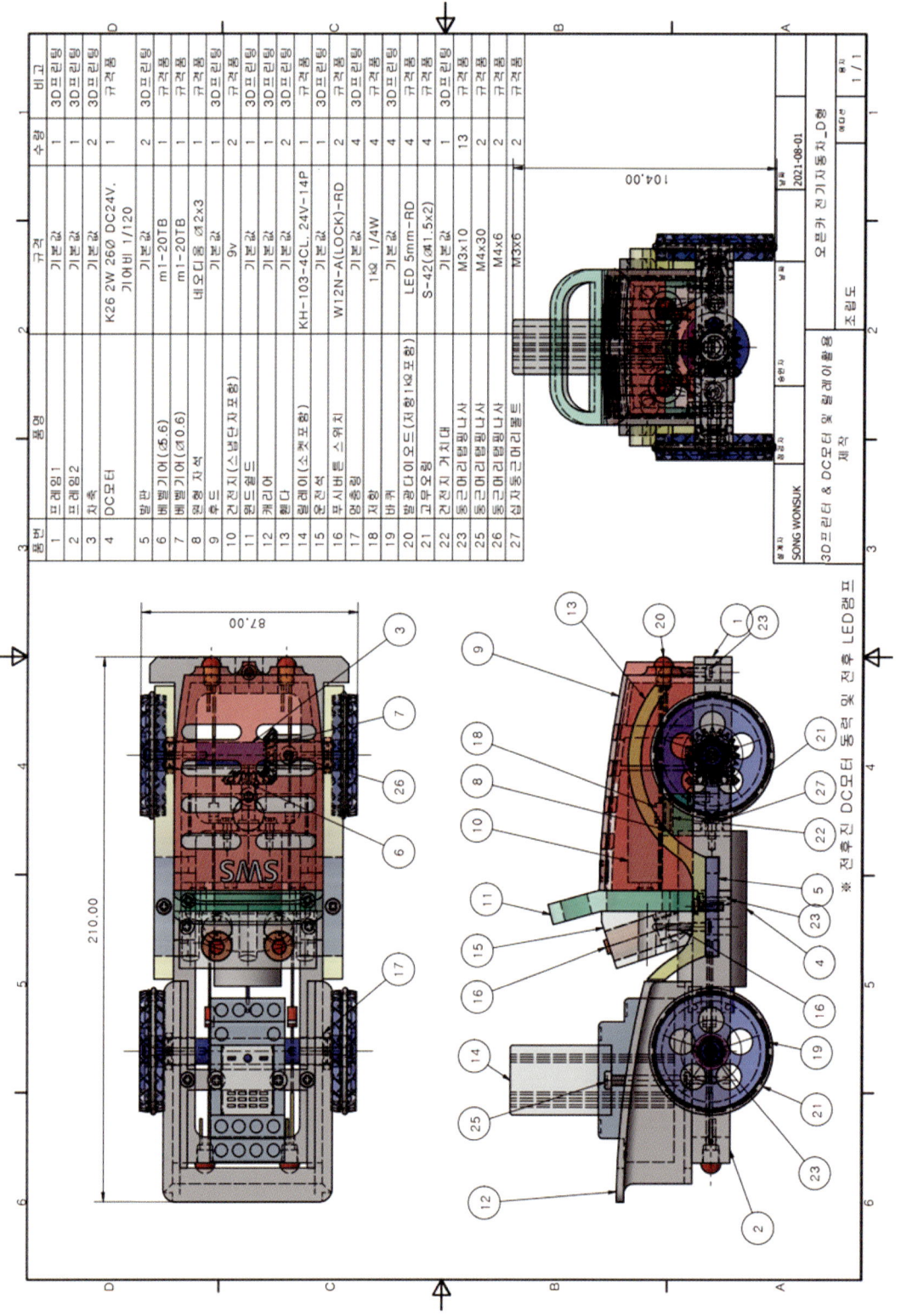

4. 부품도

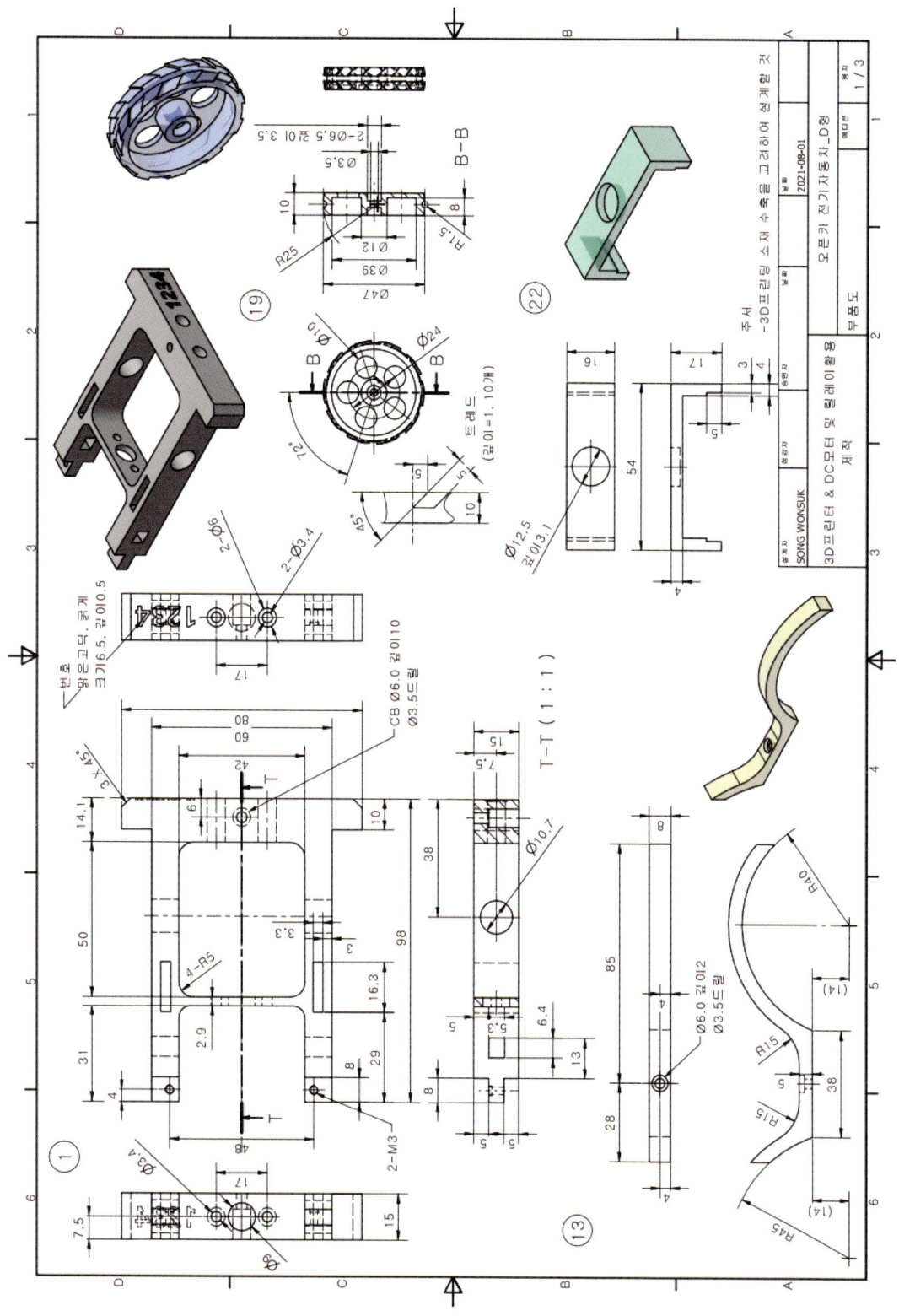

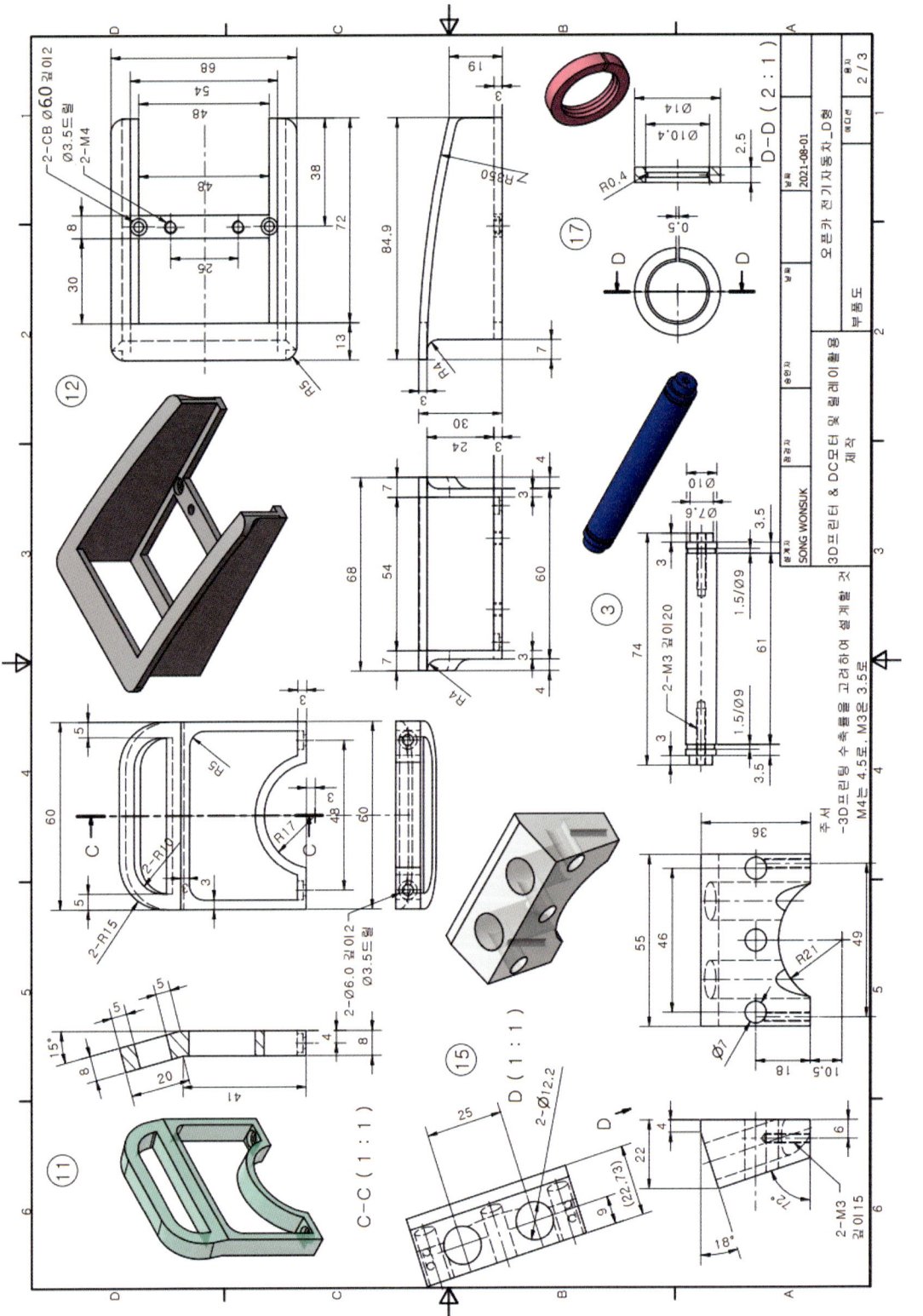

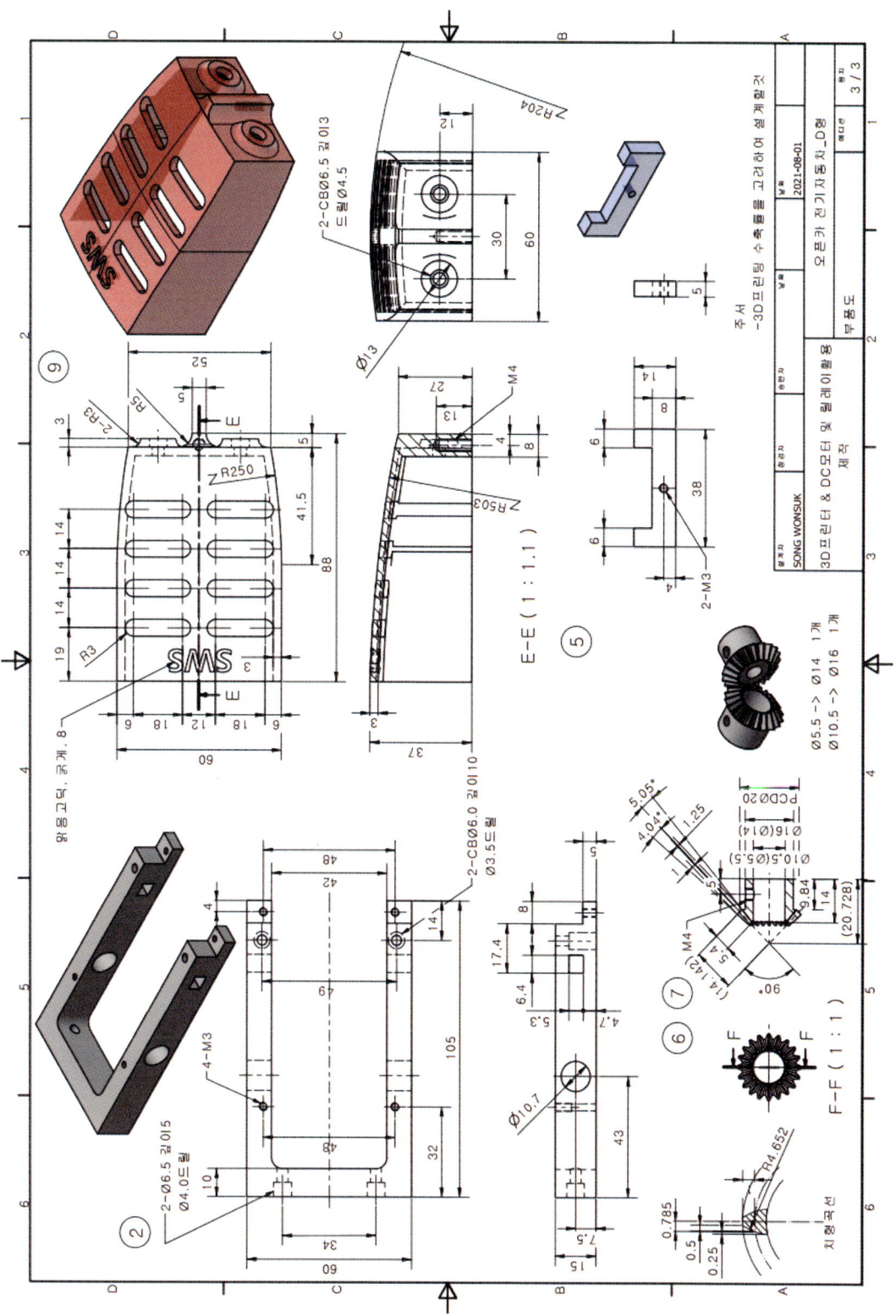

E. 모델링 방법

1. 부품

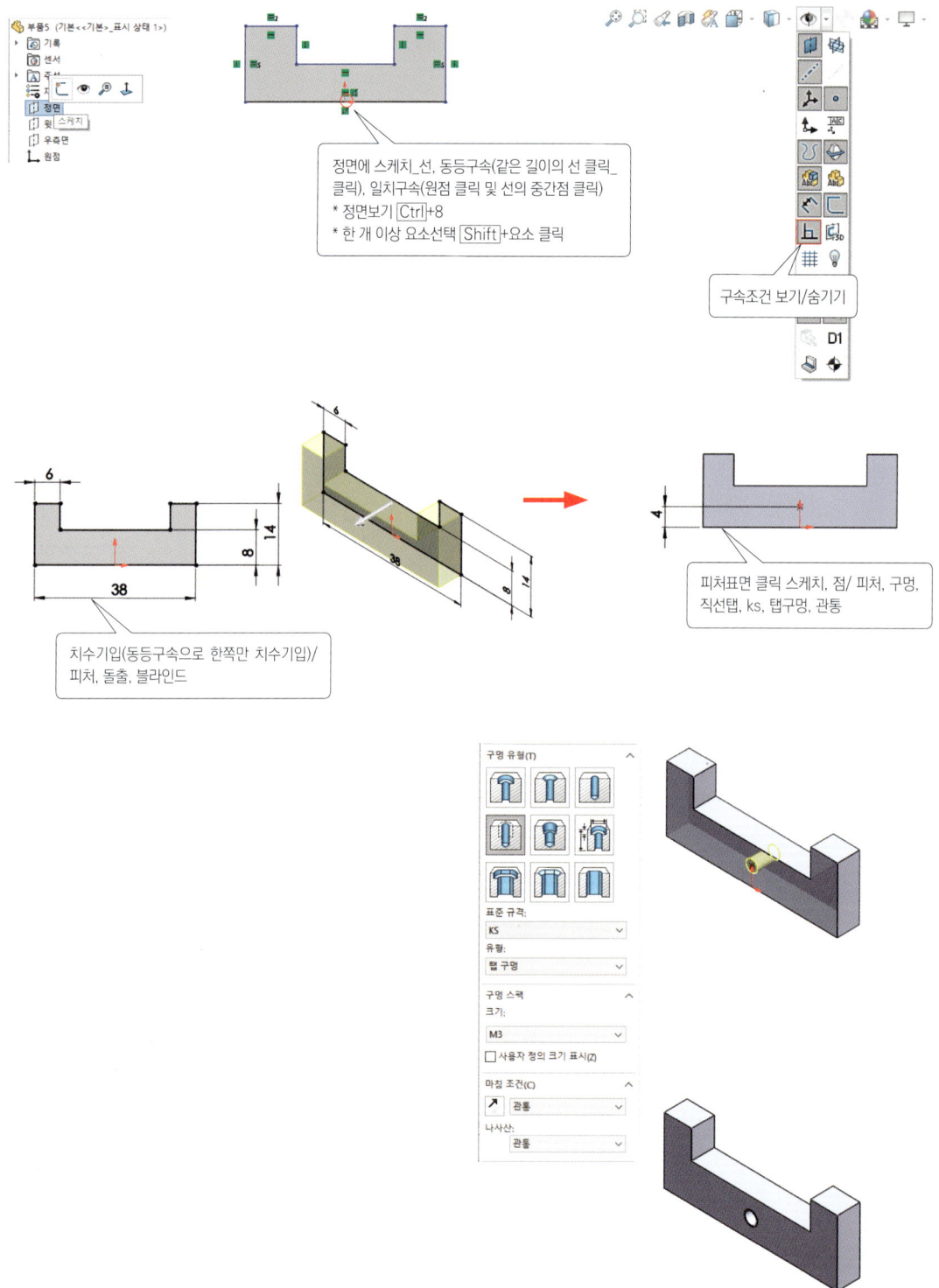

STL 파일로 저장하기

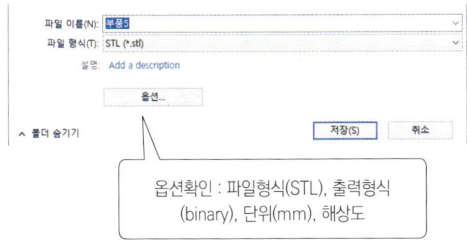

옵션확인 : 파일형식(STL), 출력형식
(binary), 단위(mm), 해상도

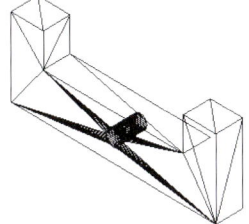

STL 파일 슬라이싱 및 G-code 파일로 저장하기

[프린터 설정 : Cubicon Style Plus-A15]

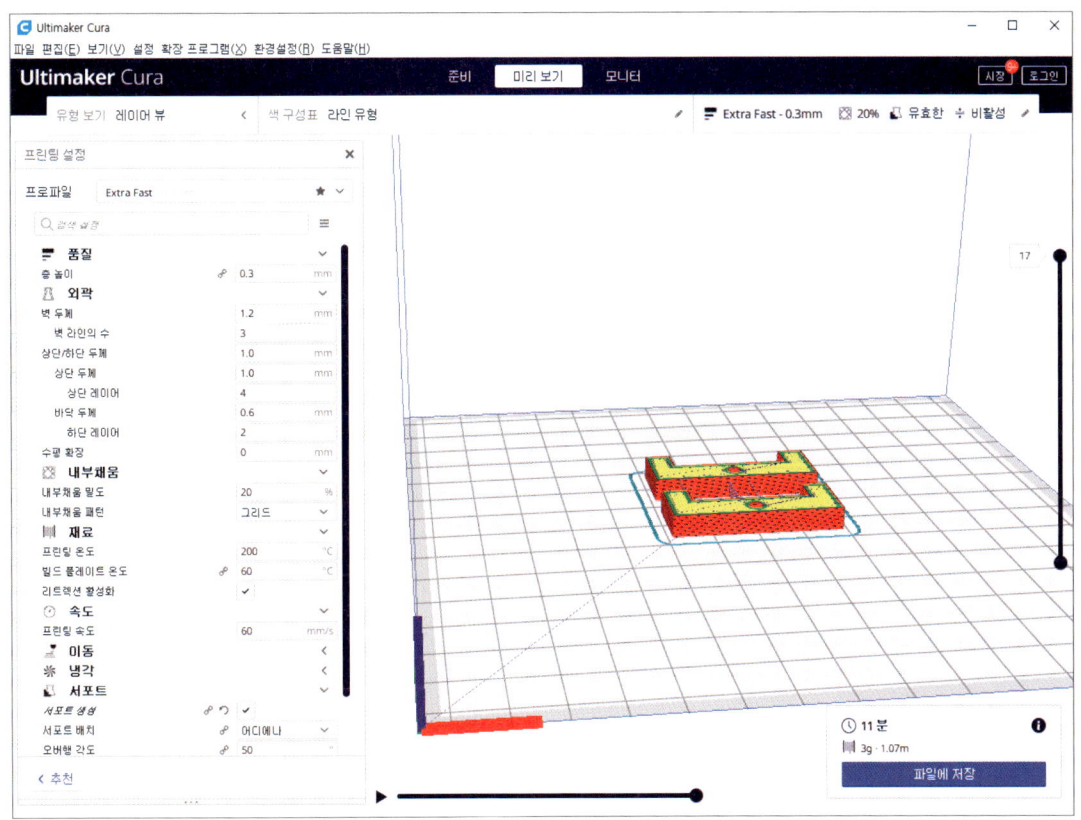

2. 부품

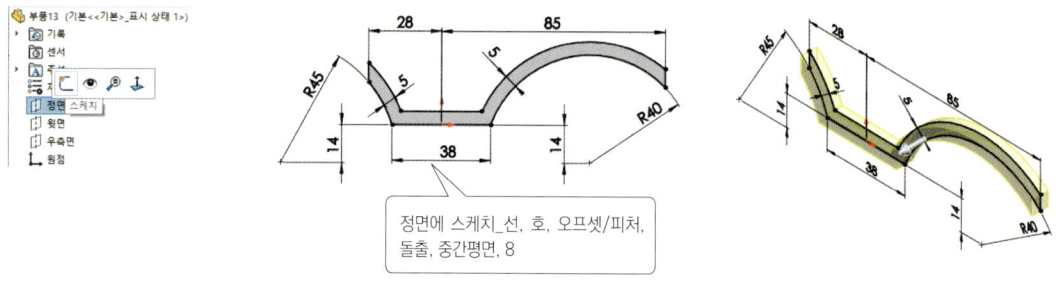

정면에 스케치_선, 호, 오프셋/피처, 돌출, 중간평면, 8

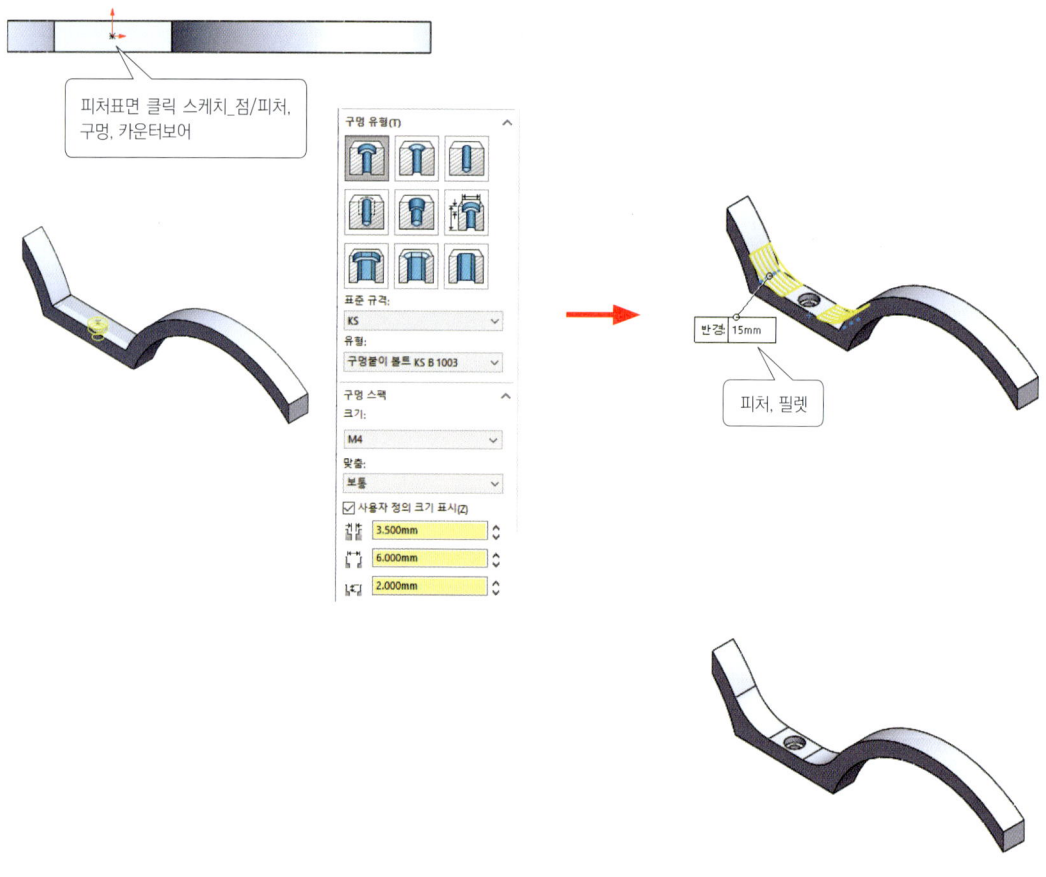

피처표면 클릭 스케치_점/피처, 구멍, 카운터보어

피처, 필렛

STL 파일로 저장하기

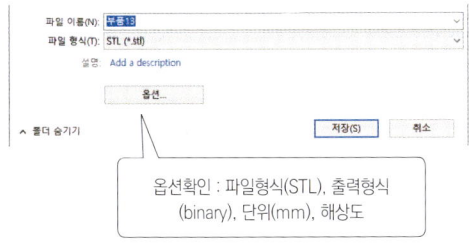
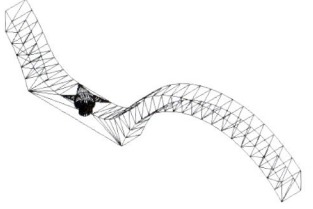

옵션확인 : 파일형식(STL), 출력형식 (binary), 단위(mm), 해상도

STL 파일 슬라이싱 및 G-code 파일로 저장하기

[프린터 설정 : Cubicon Style Plus-A15]

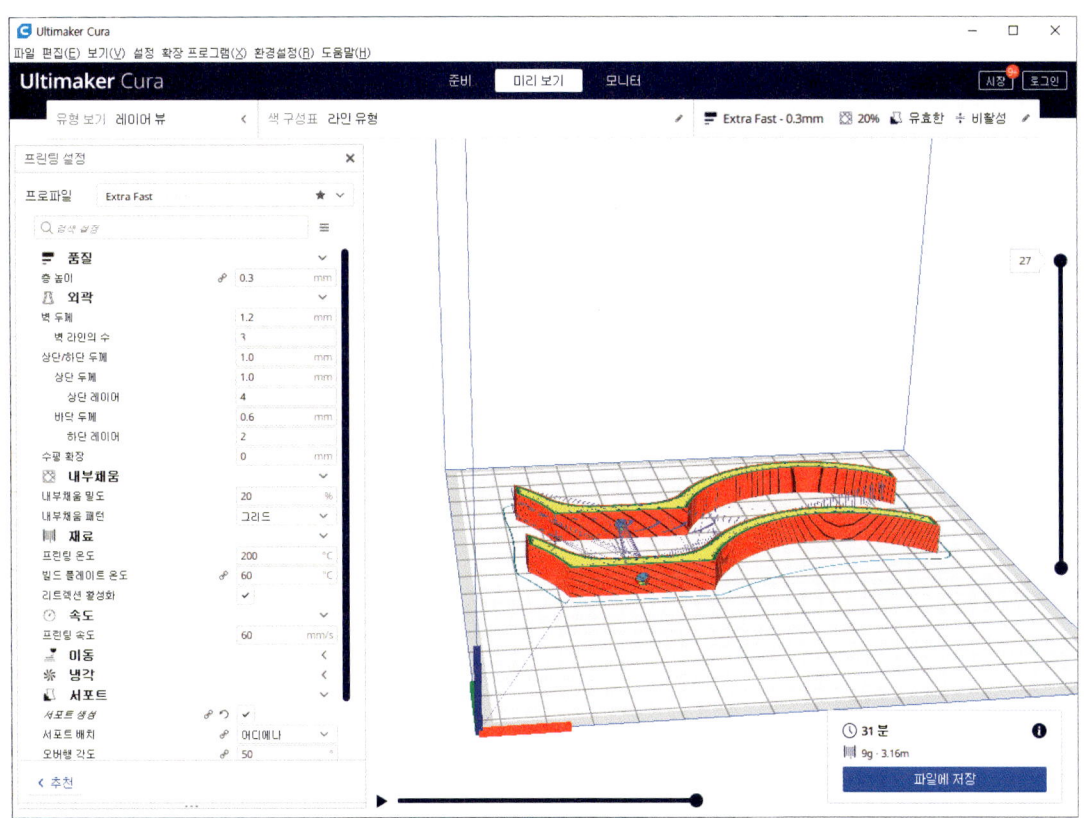

3. 부품

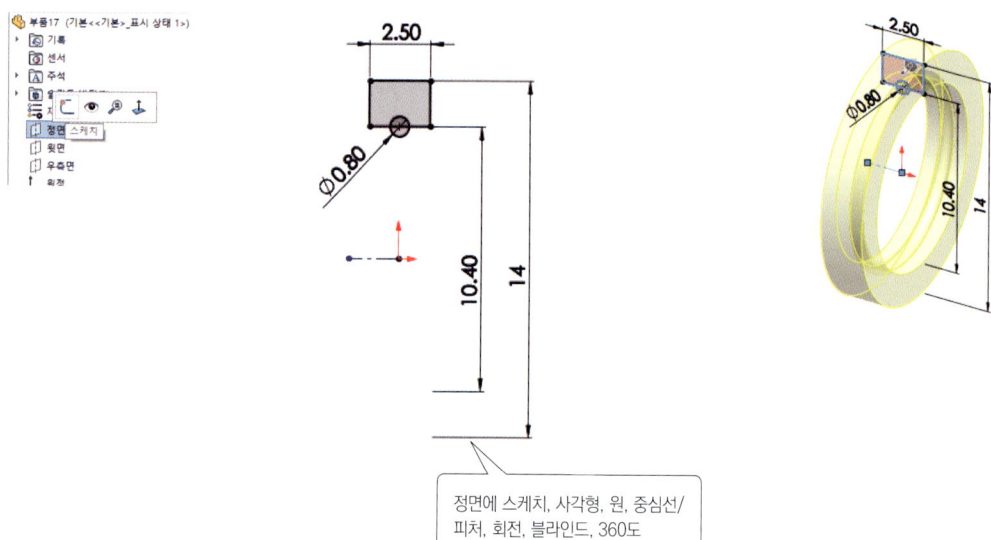

정면에 스케치, 사각형, 원, 중심선/
피처, 회전, 블라인드, 360도

피처표면 클릭_스케치, 사각형/
피처, 돌출컷, 관통

STL 파일로 저장하기

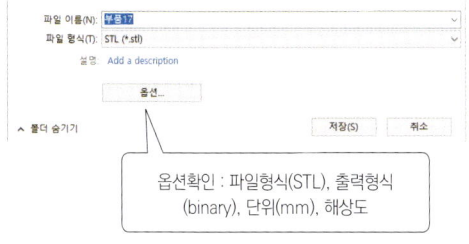

옵션확인 : 파일형식(STL), 출력형식
(binary), 단위(mm), 해상도

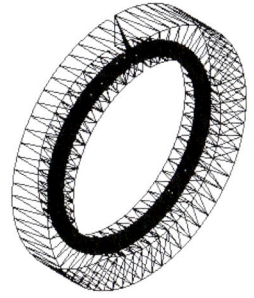

STL 파일 슬라이싱 및 G-code 파일로 저장하기

[프린터 설정 : Cubicon Style Plus-A15]

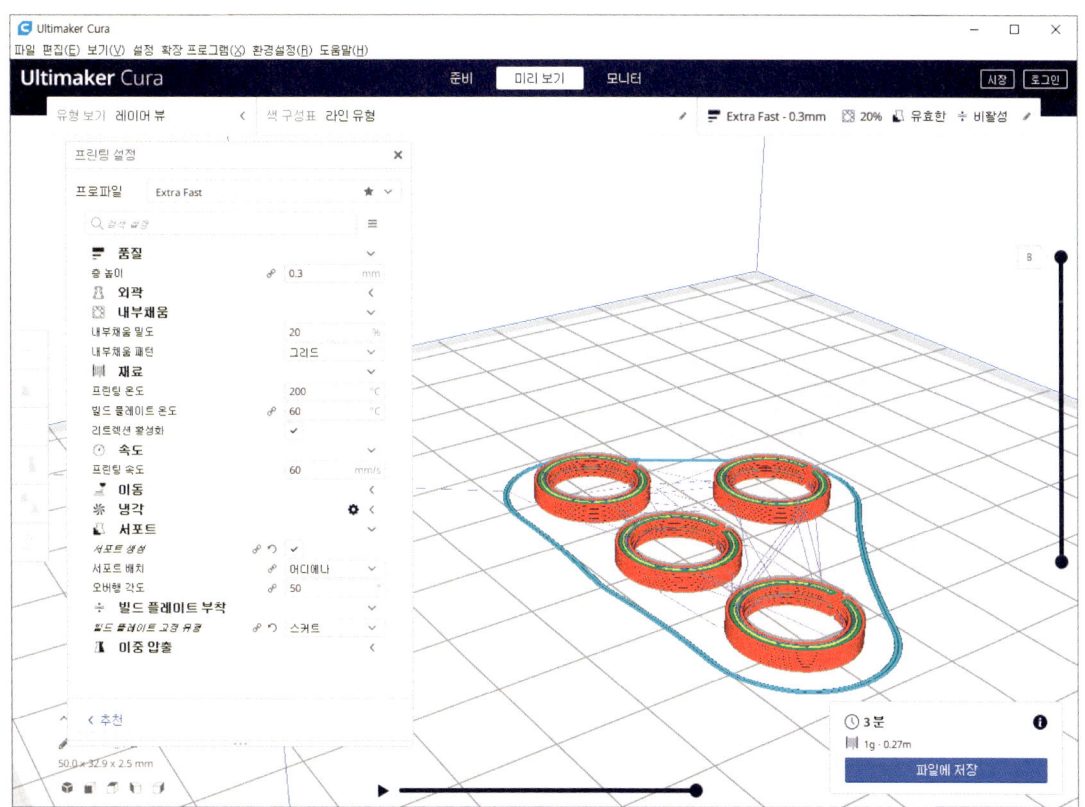

4. 부품

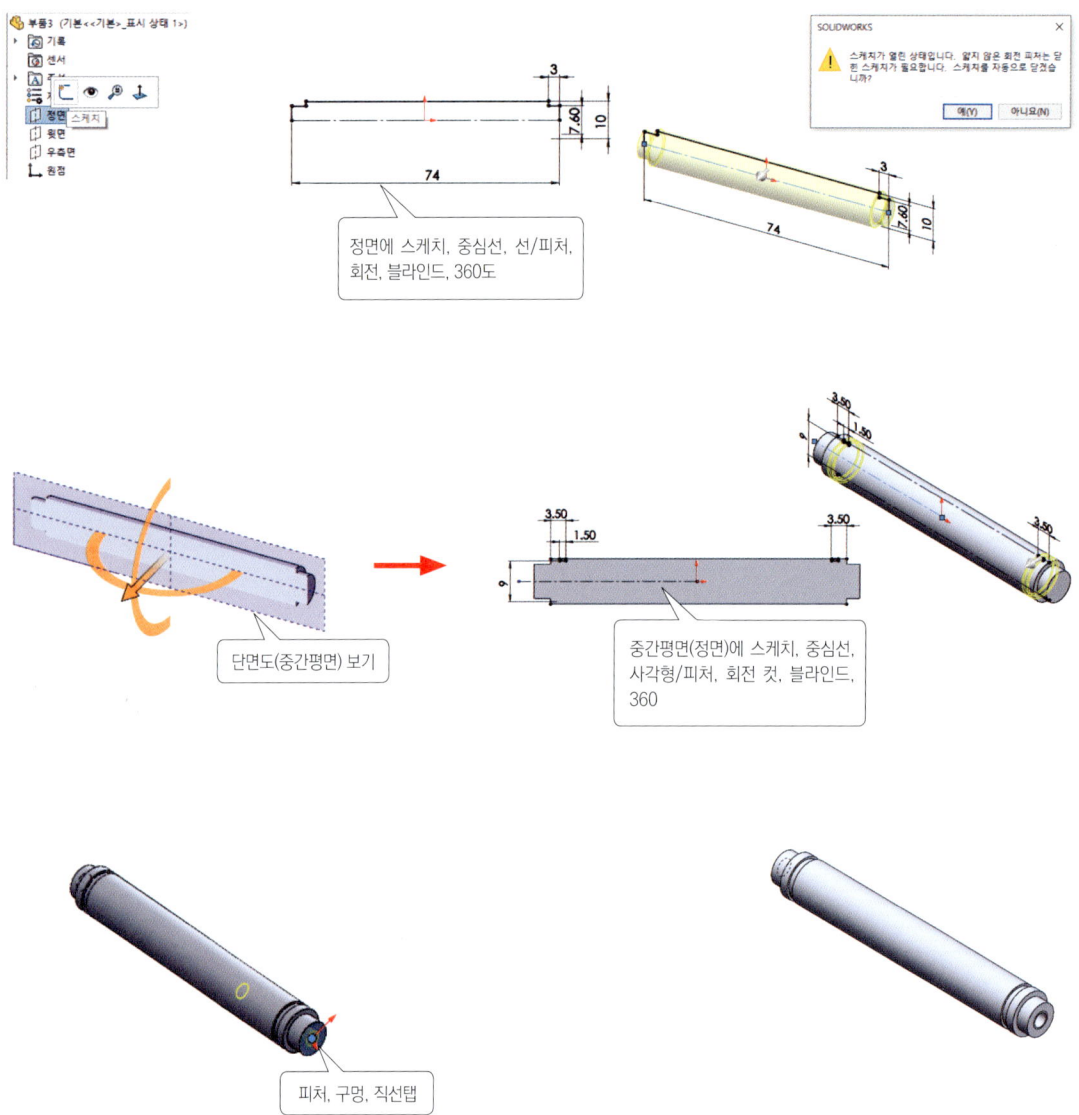

STL 파일로 저장하기

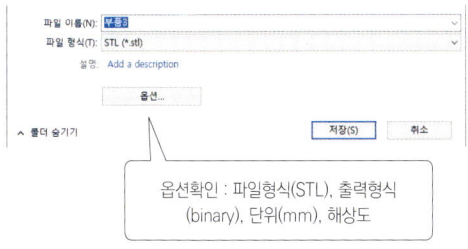

옵션확인 : 파일형식(STL), 출력형식 (binary), 단위(mm), 해상도

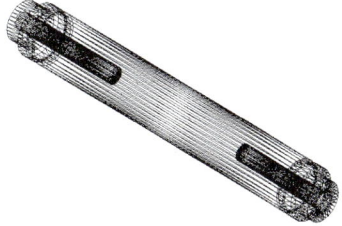

STL 파일 슬라이싱 및 G-code 파일로 저장하기

[프린터 설정 : Cubicon Style Plus-A15]

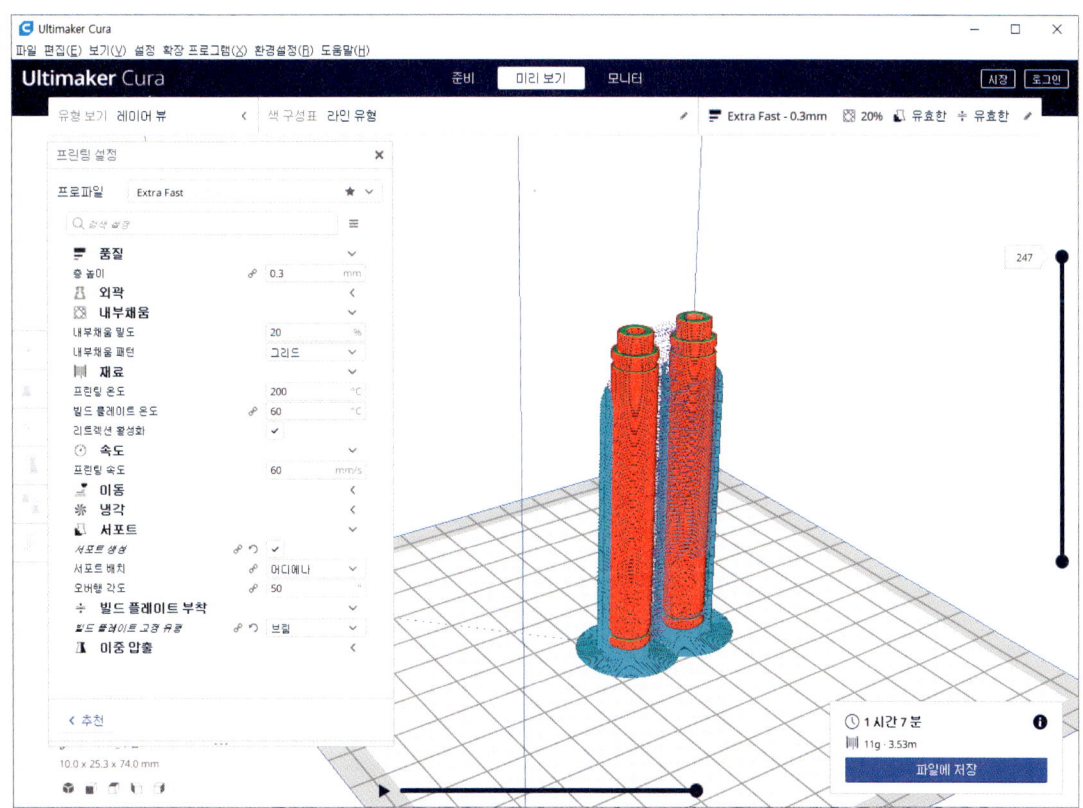

5. 부품

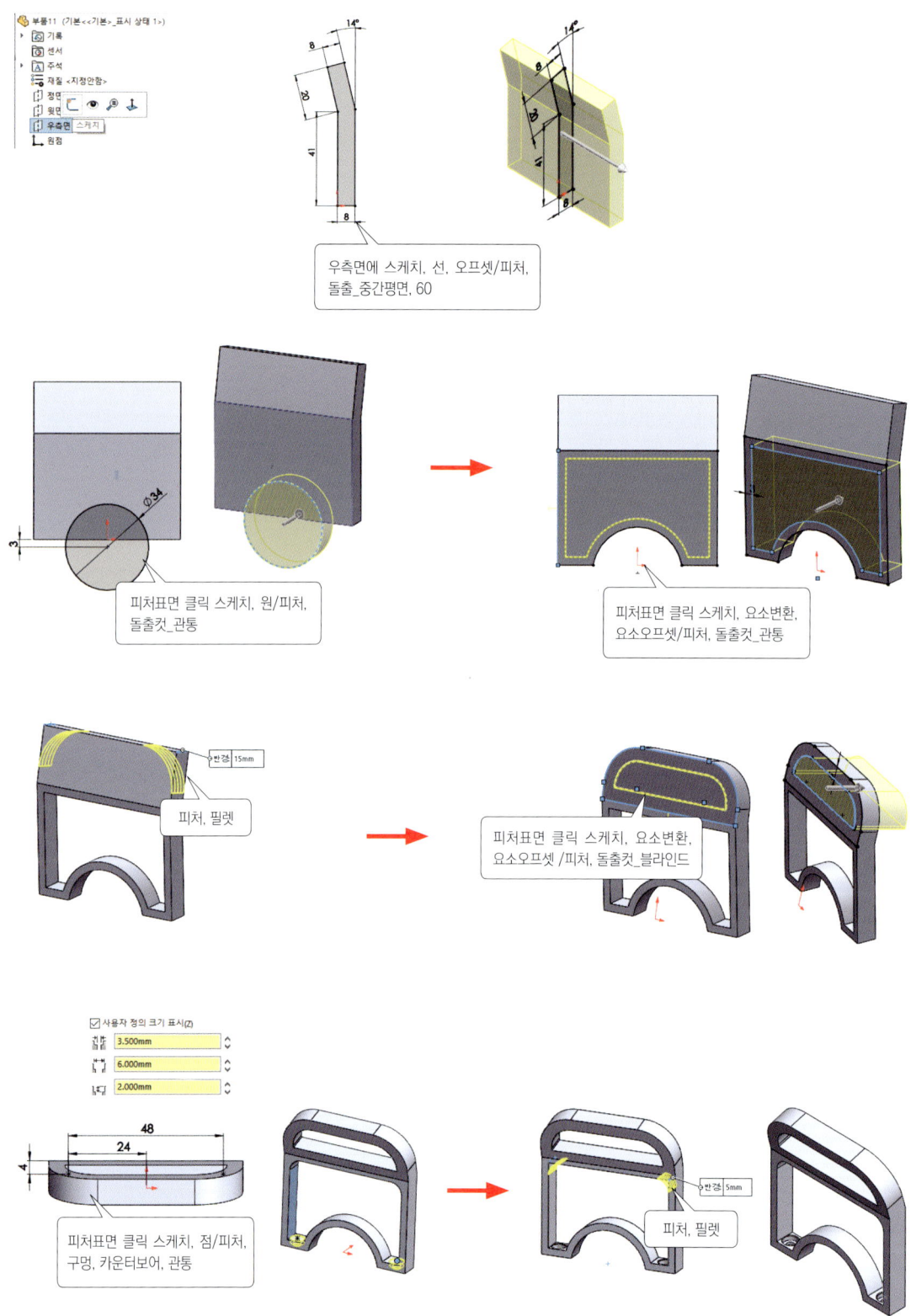

STL 파일로 저장하기

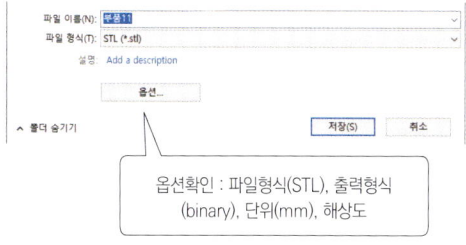

옵션확인 : 파일형식(STL), 출력형식 (binary), 단위(mm), 해상도

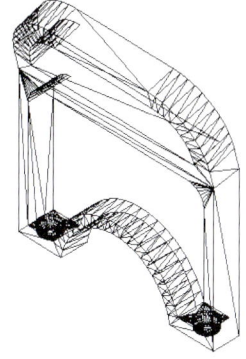

STL 파일 슬라이싱 및 G-code 파일로 저장하기

[프린터 설정 : Cubicon Style Plus-A15]

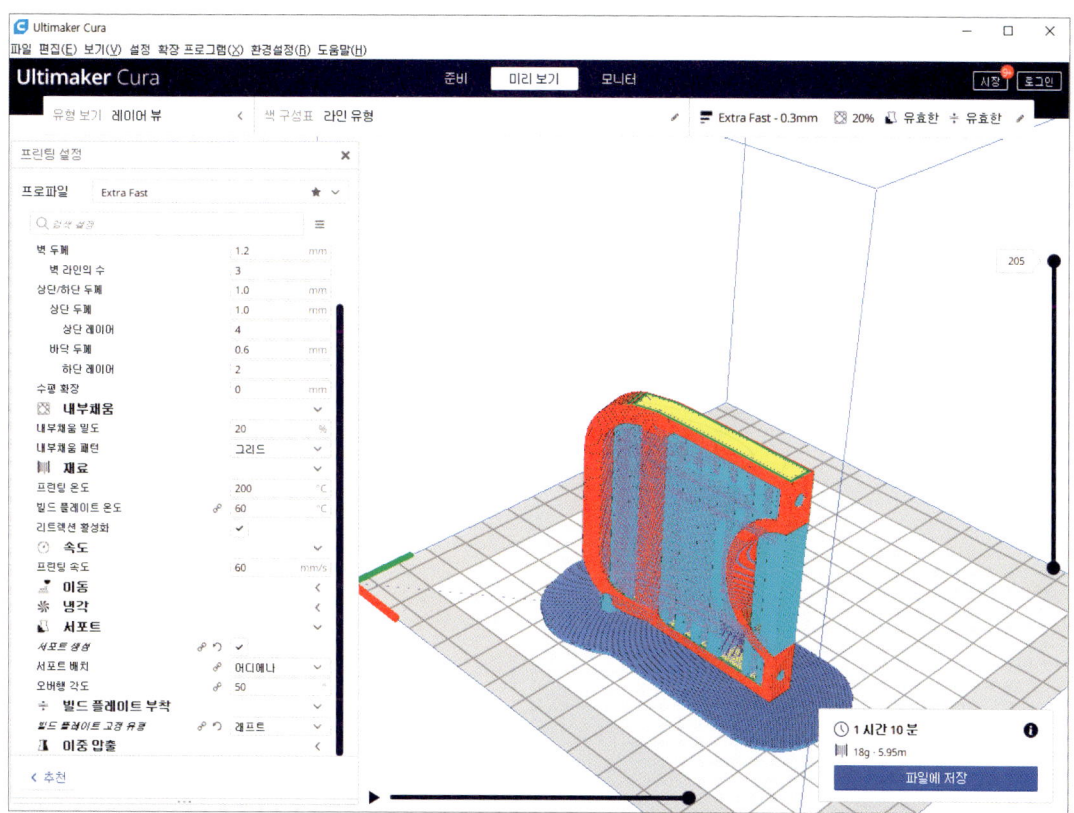

6. 부품

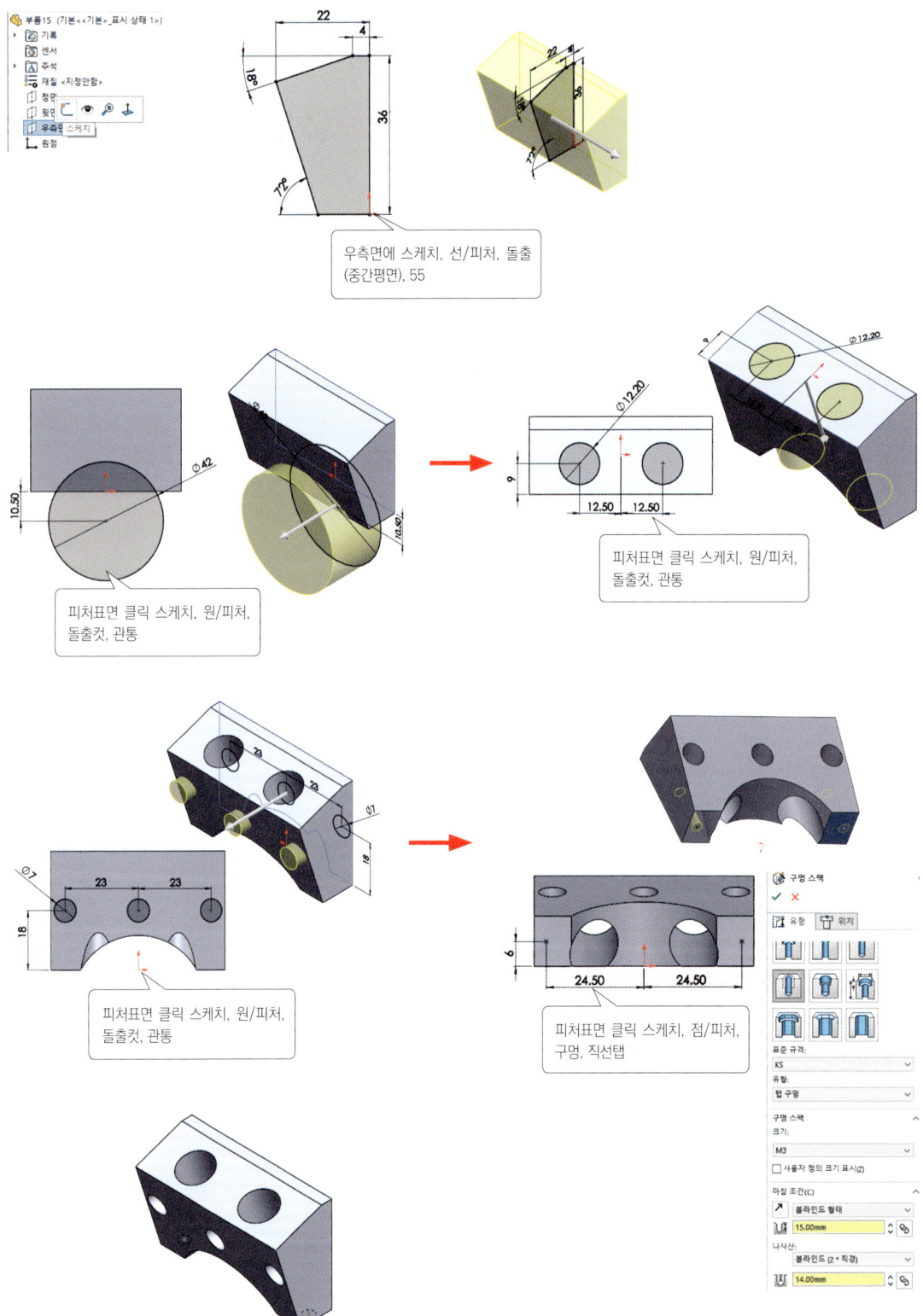

STL 파일로 저장하기

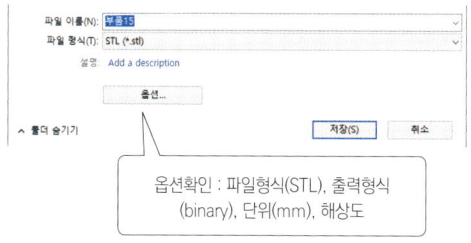

옵션확인 : 파일형식(STL), 출력형식 (binary), 단위(mm), 해상도

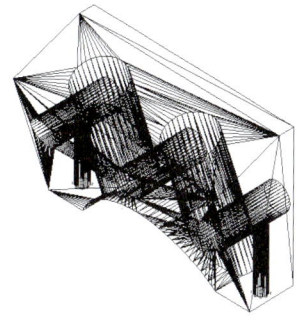

STL 파일 슬라이싱 및 G-code 파일로 저장하기

[프린터 설정 : Cubicon Style Plus-A15]

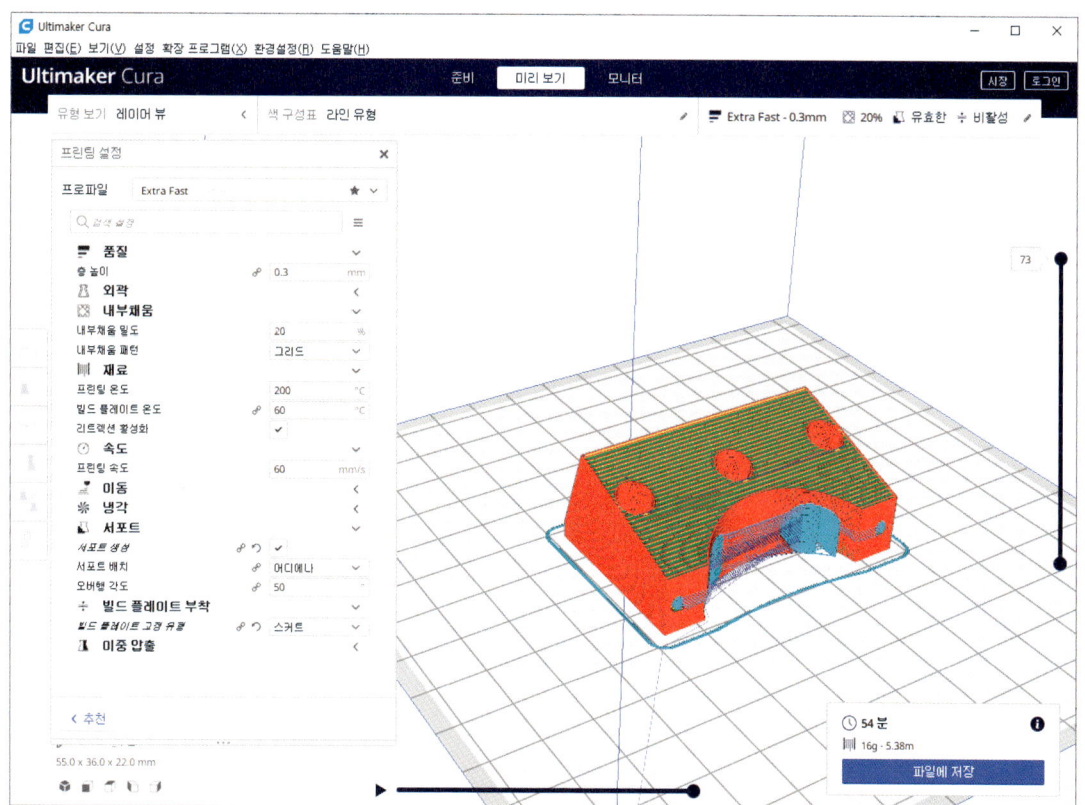

7. 부품

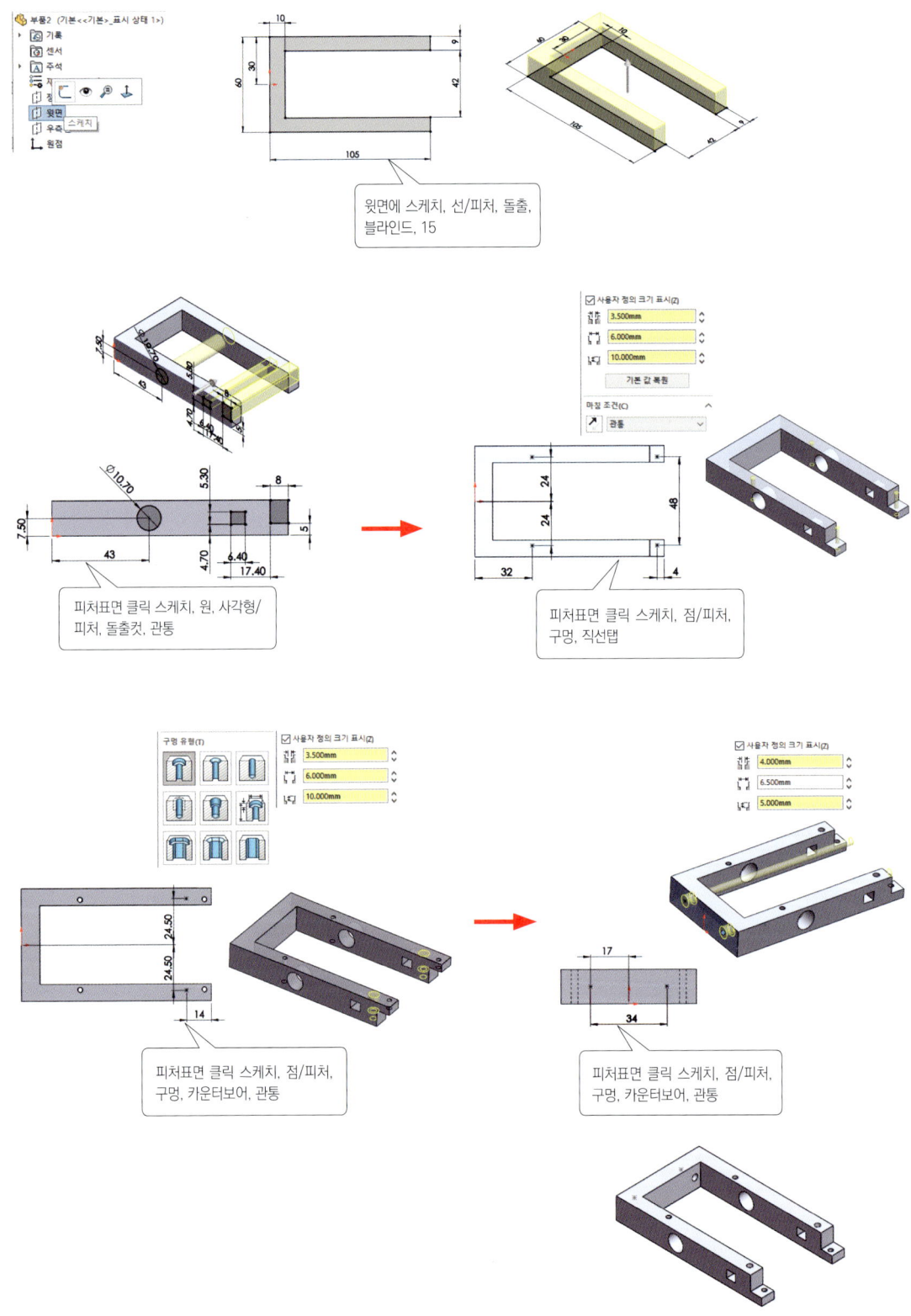

STL 파일로 저장하기

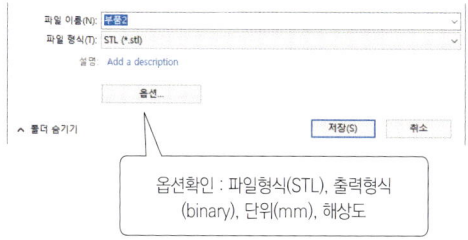

옵션확인 : 파일형식(STL), 출력형식
(binary), 단위(mm), 해상도

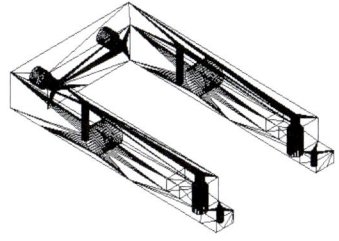

STL 파일 슬라이싱 및 G-code 파일로 저장하기

[프린터 설정 : Cubicon Style Plus-A15]

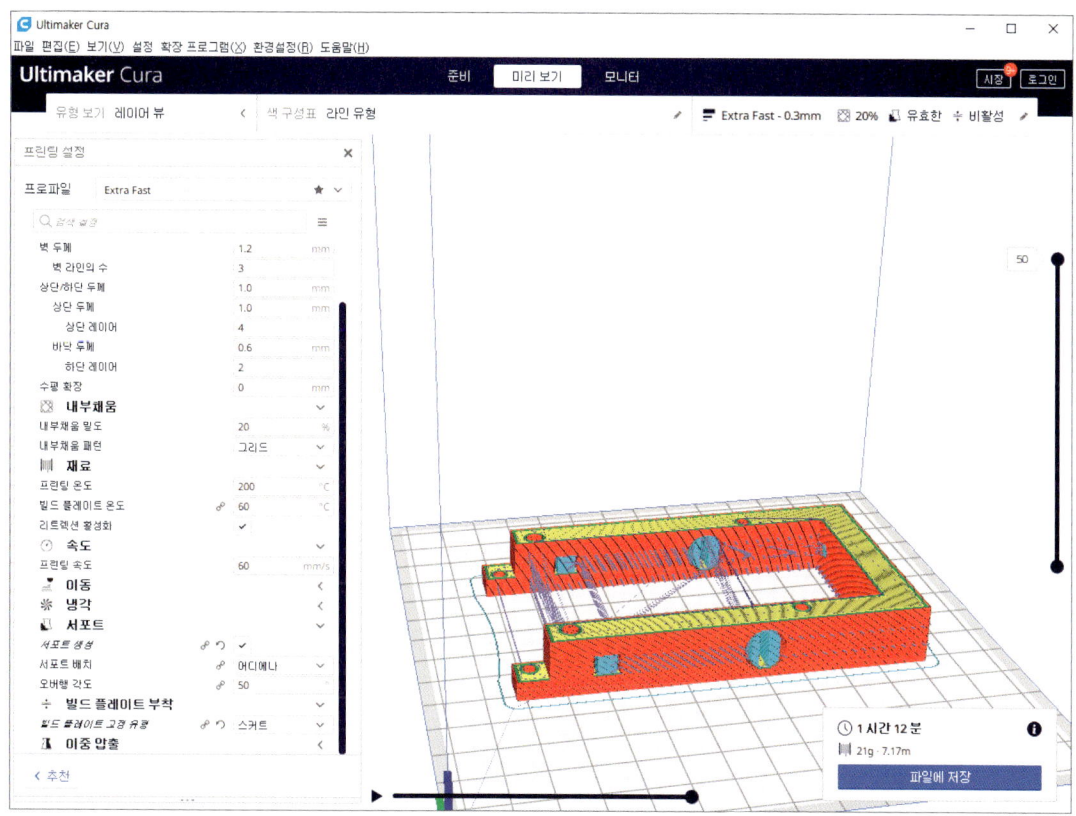

8. 부품

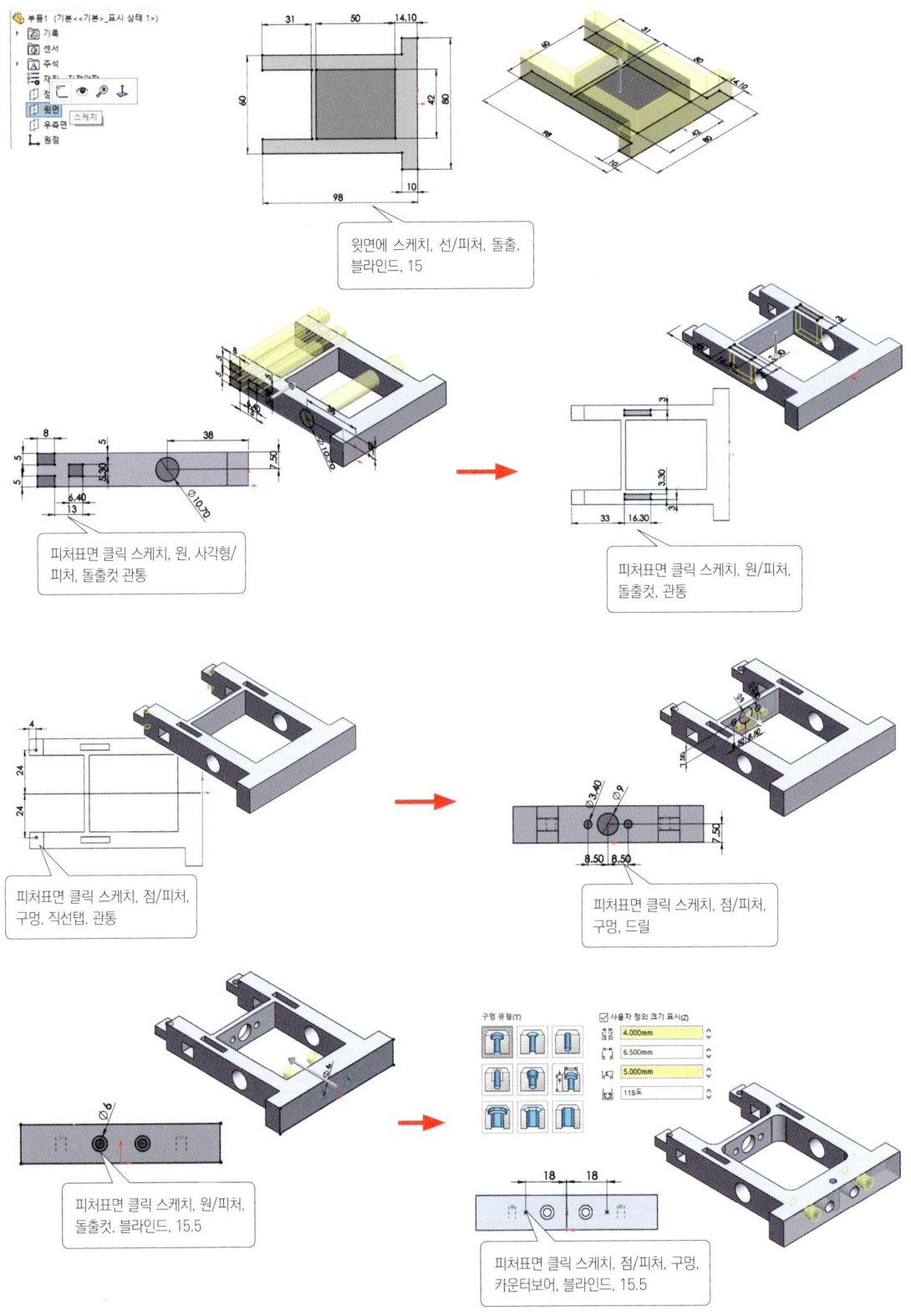

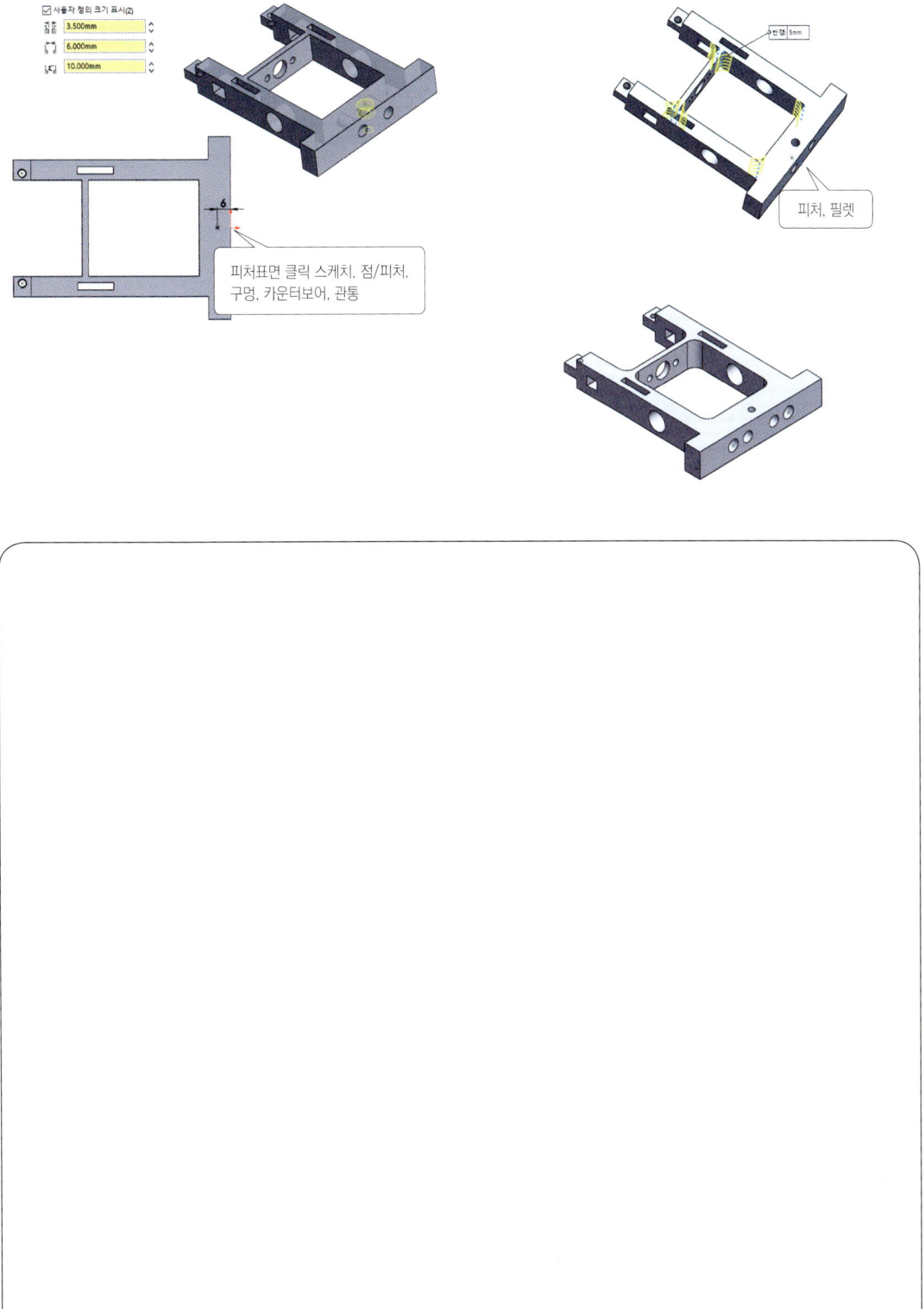

STL 파일로 저장하기

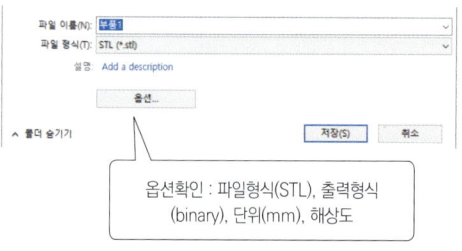

옵션확인 : 파일형식(STL), 출력형식 (binary), 단위(mm), 해상도

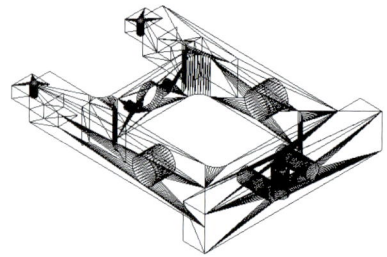

STL 파일 슬라이싱 및 G-code 파일로 저장하기

[프린터 설정 : Cubicon Style Plus-A15]

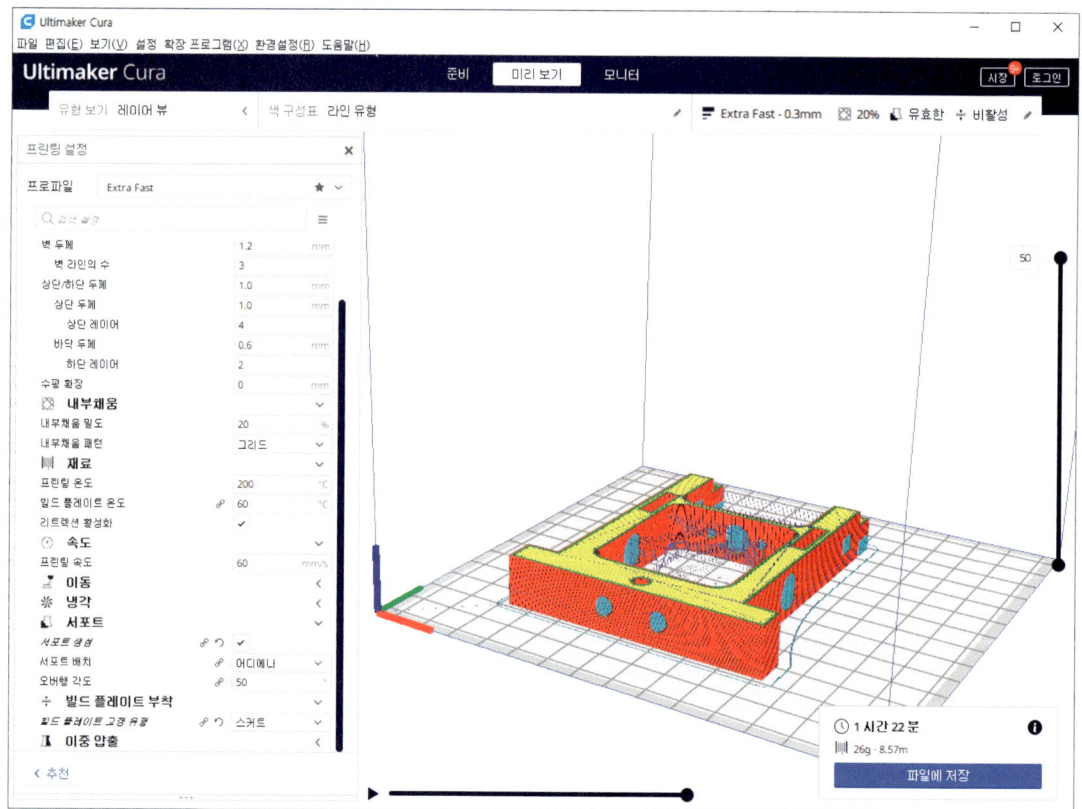

9. 부품

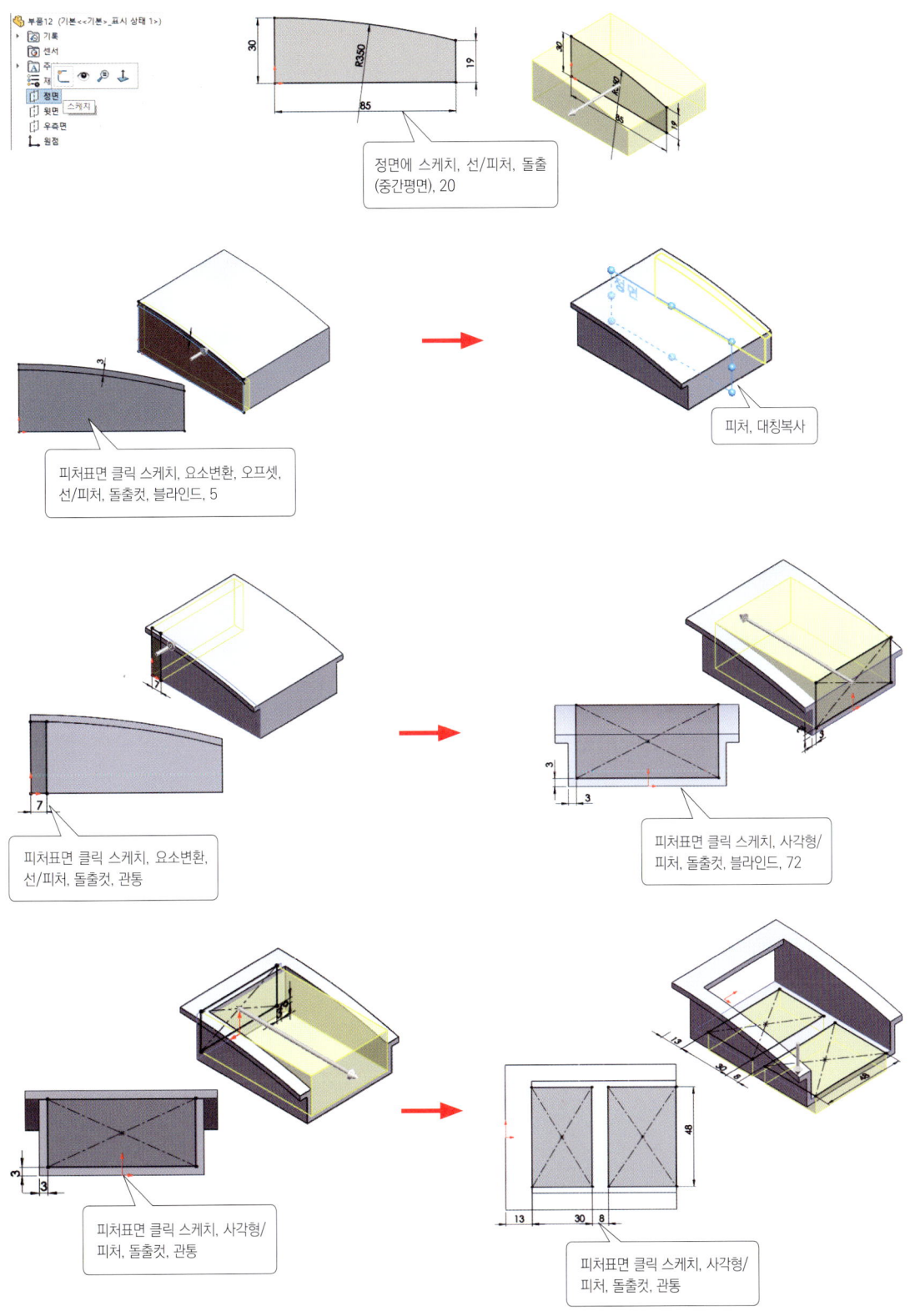

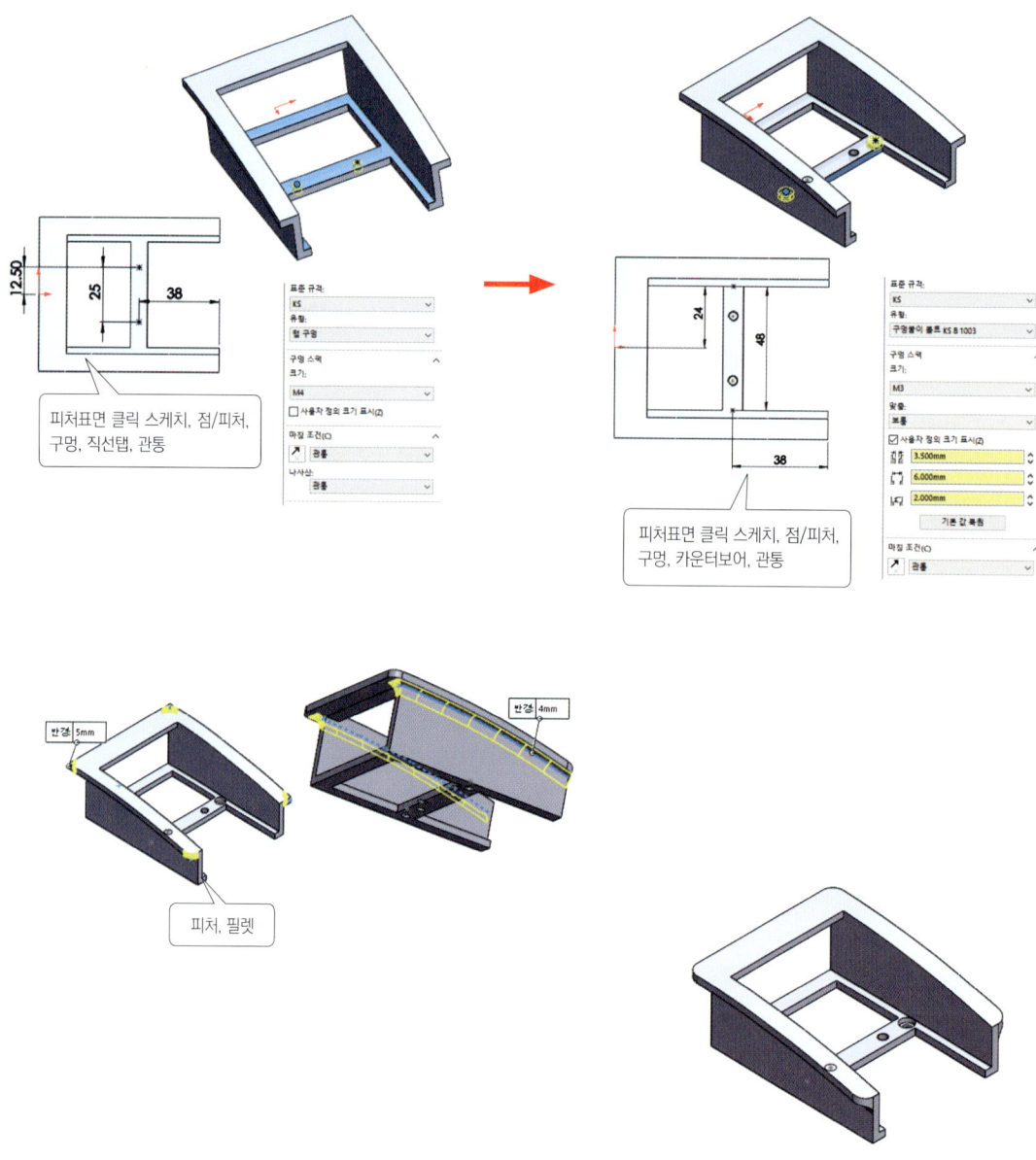

108 • 융합기술 프로젝트 [2] 전기 자동차 만들기

STL 파일로 저장하기

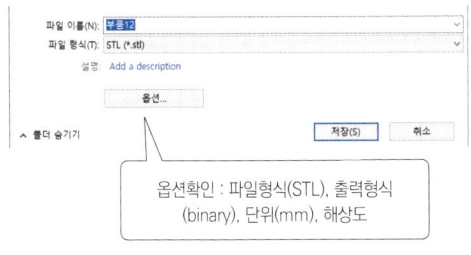

옵션확인 : 파일형식(STL), 출력형식
(binary), 단위(mm), 해상도

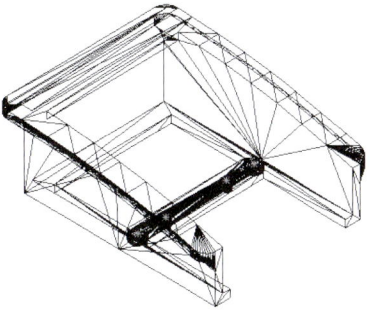

STL 파일 슬라이싱 및 G-code 파일로 저장하기

[프린터 설정 : Cubicon Style Plus-A15]

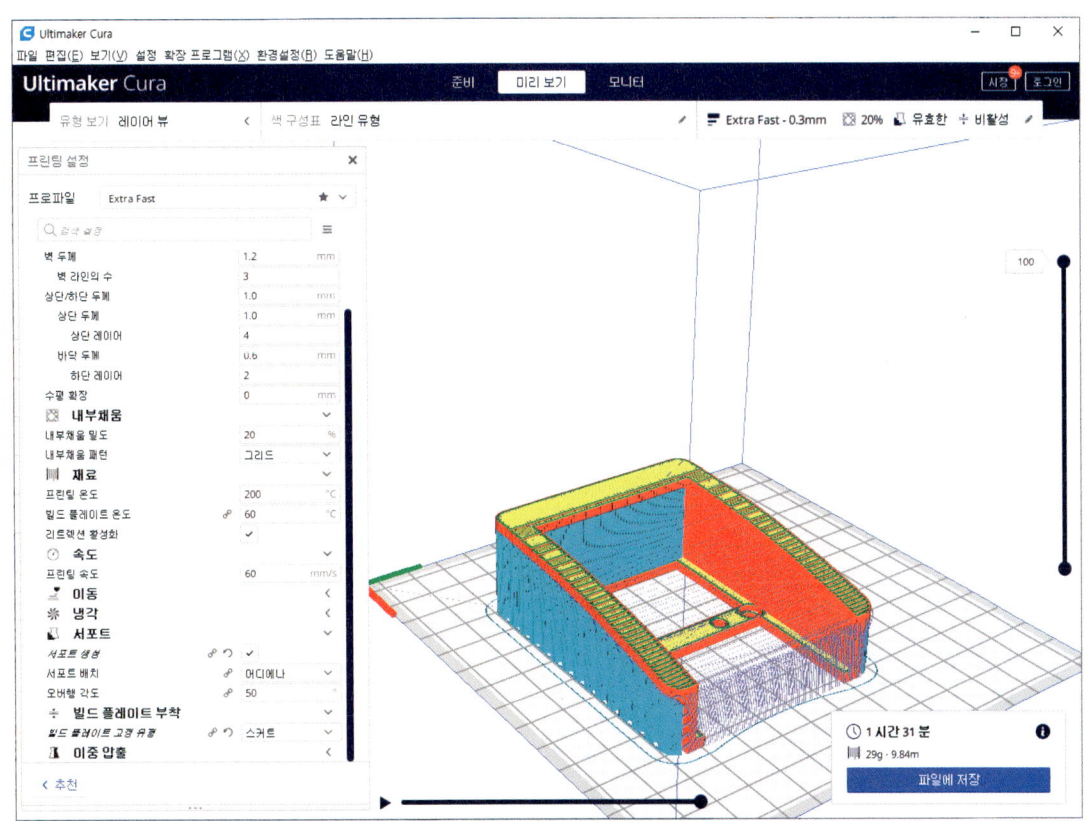

10. 부품

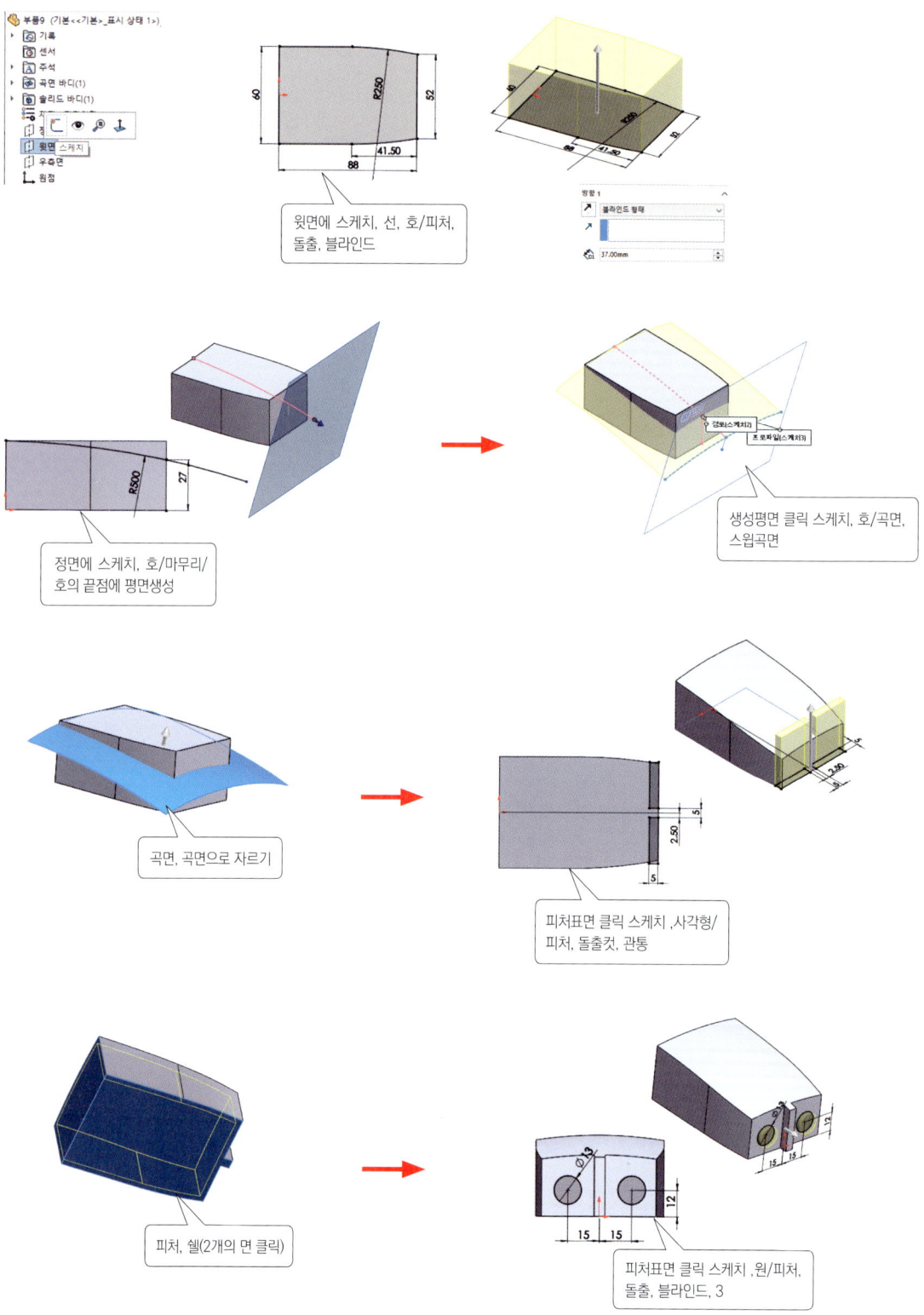

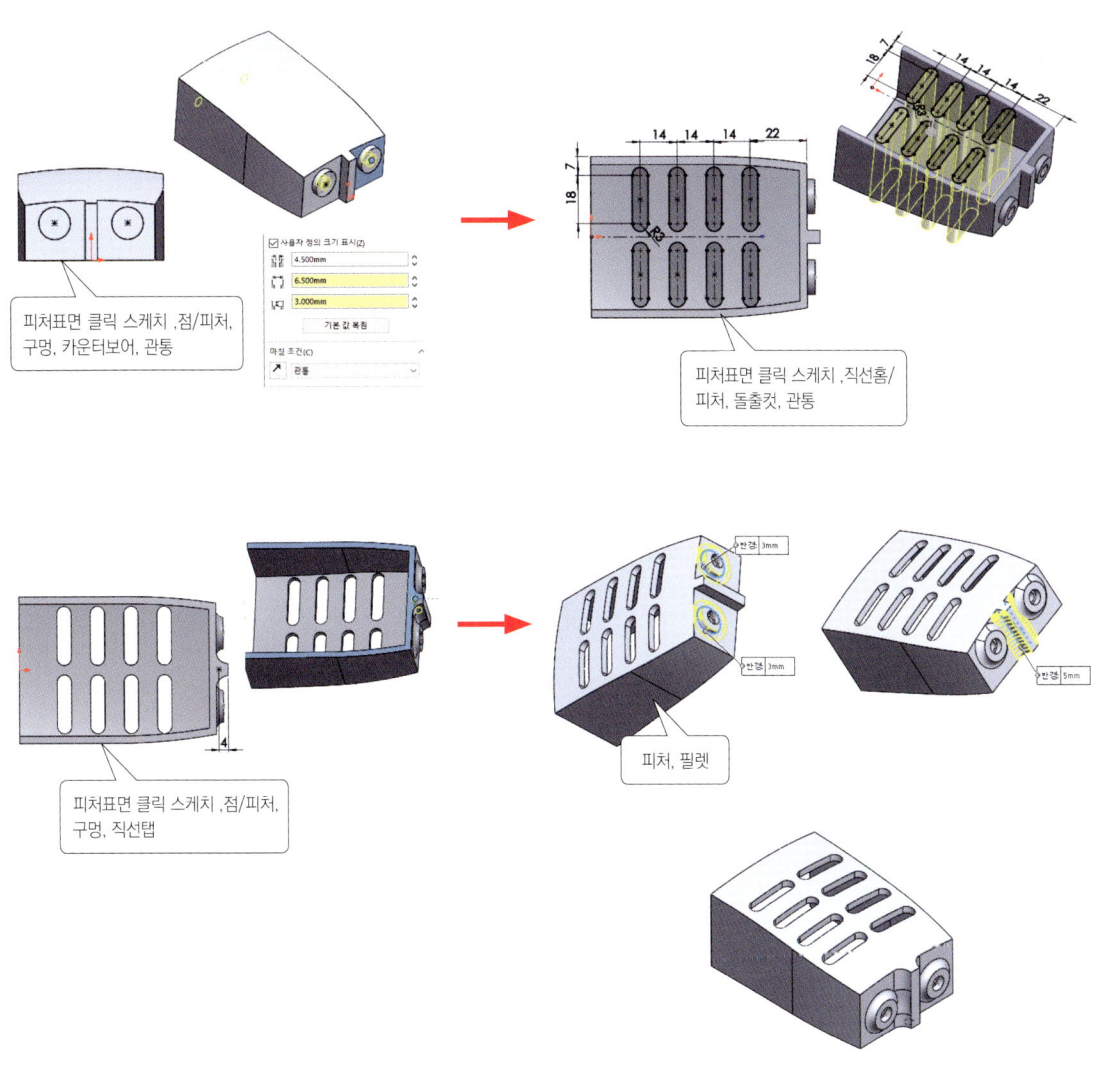

III. 릴레이 제어 전기자동차 - 지프형

STL 파일로 저장하기

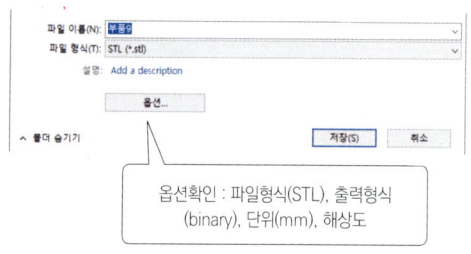

옵션확인 : 파일형식(STL), 출력형식
(binary), 단위(mm), 해상도

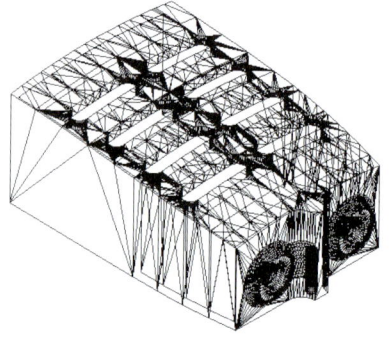

STL 파일 슬라이싱 및 G-code 파일로 저장하기

[프린터 설정 : Cubicon Style Plus-A15]

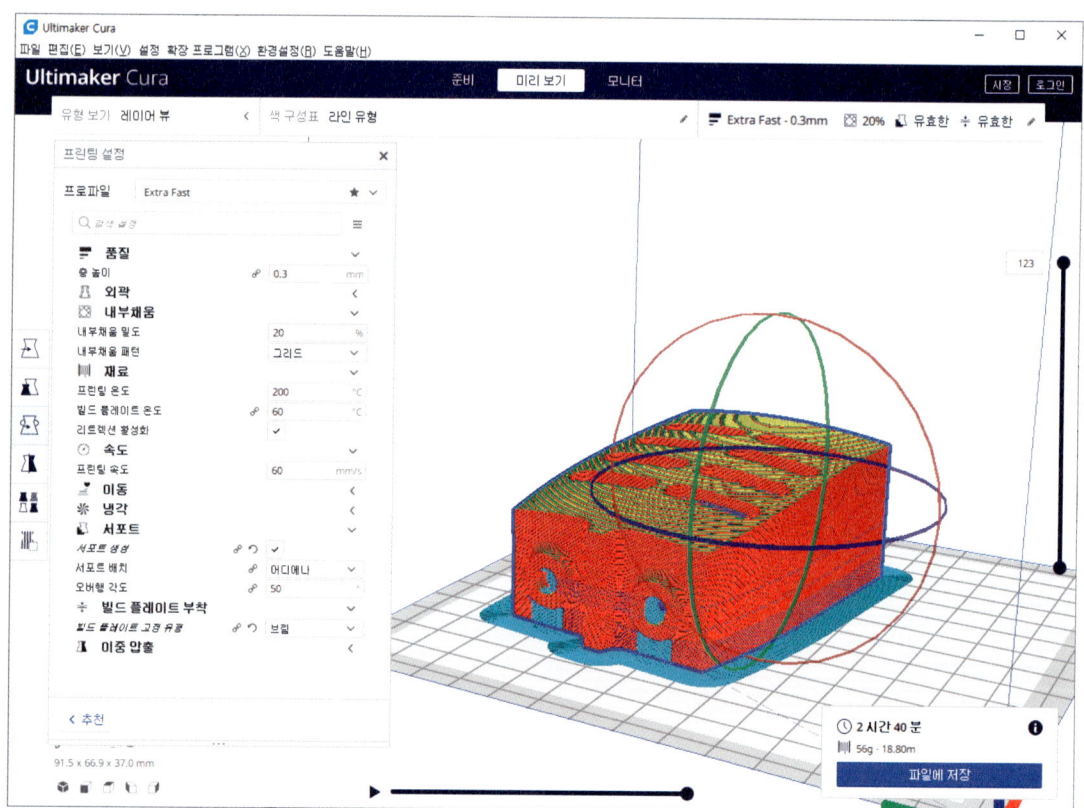

11. 부품

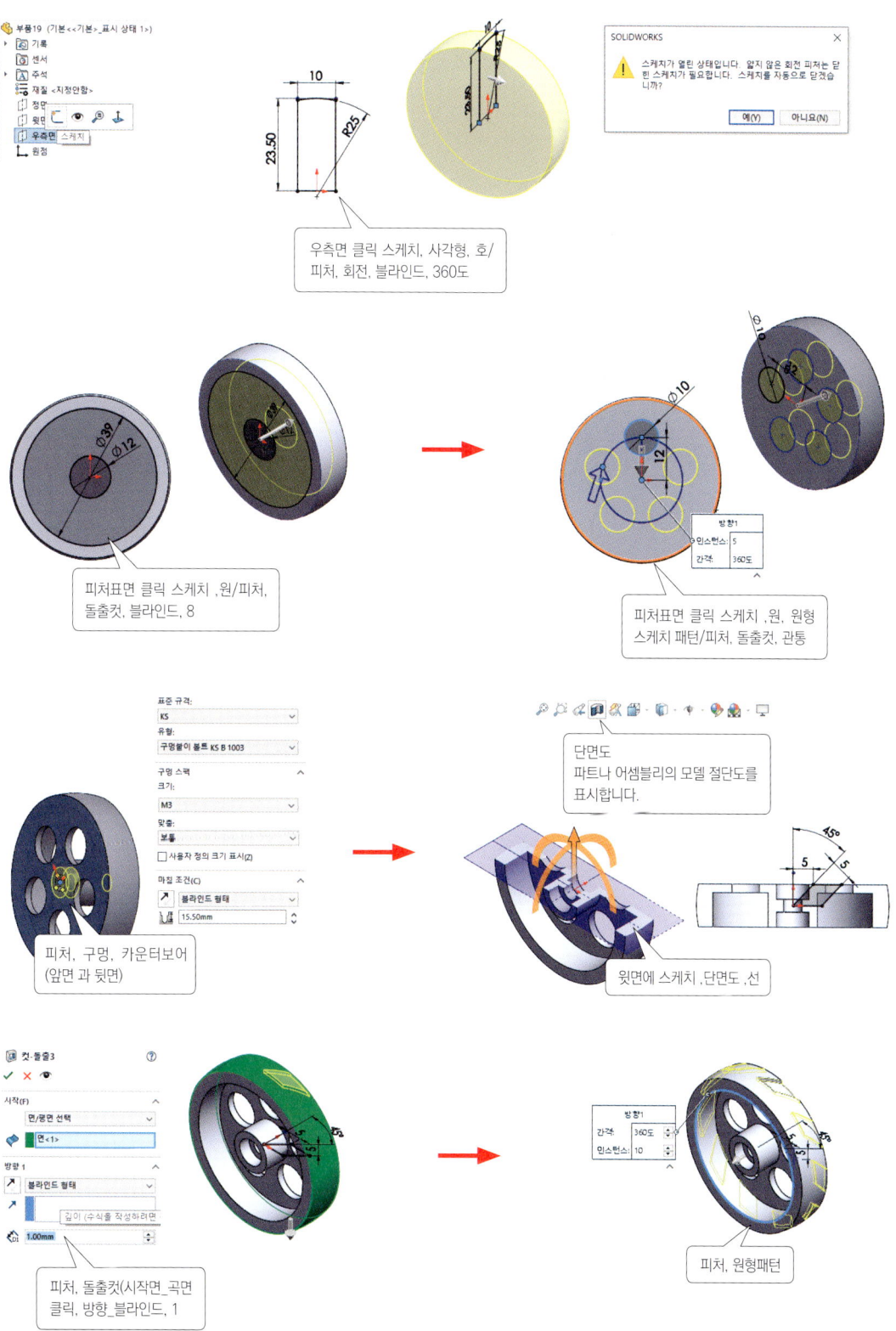

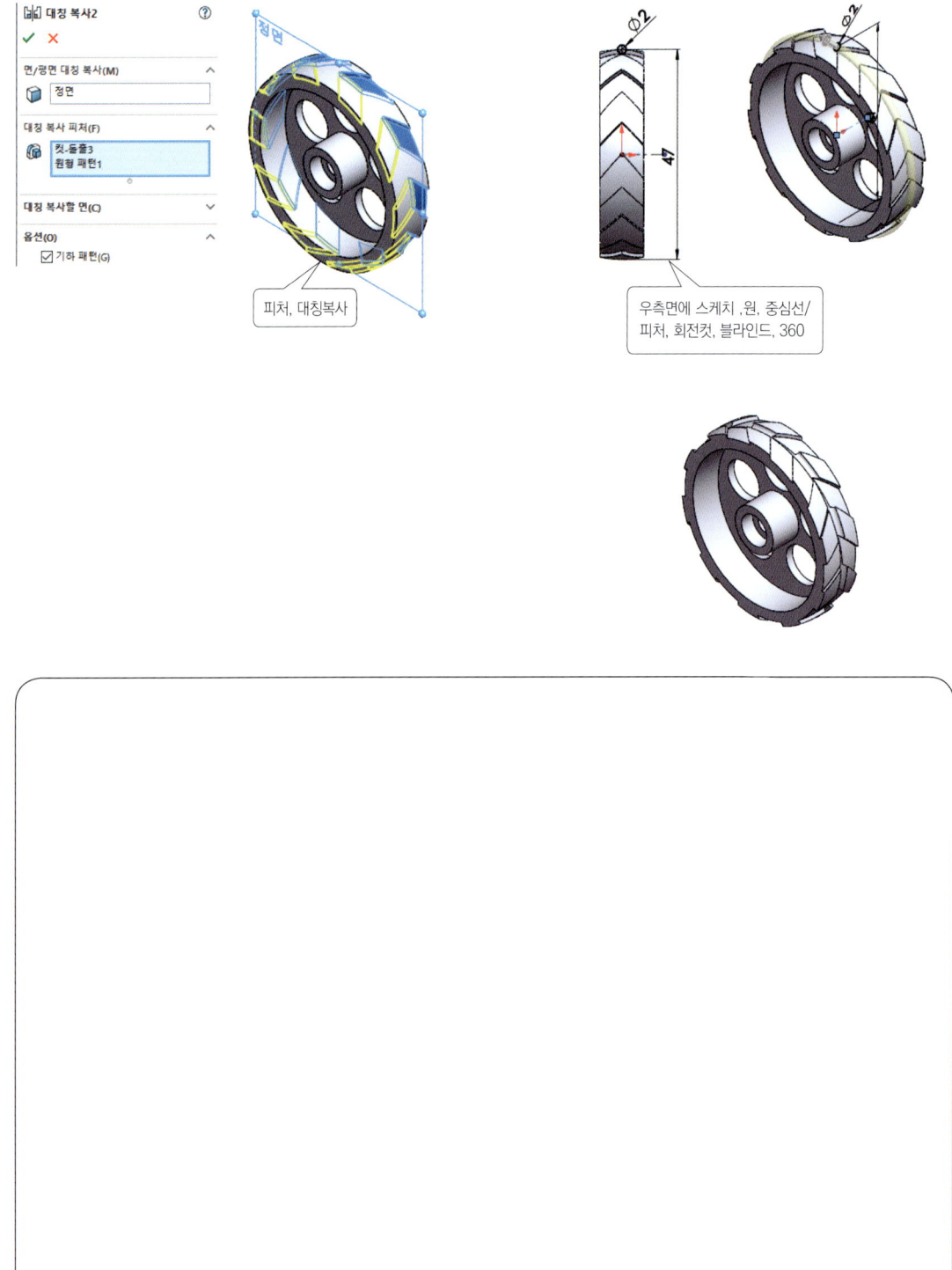

STL 파일로 저장하기

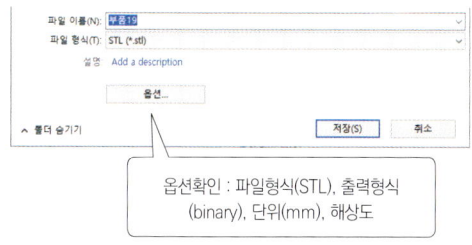

옵션확인 : 파일형식(STL), 출력형식 (binary), 단위(mm), 해상도

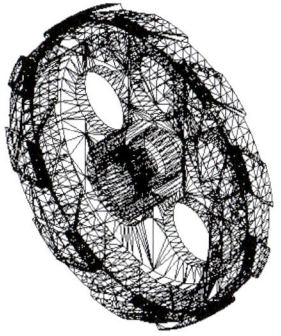

STL 파일 슬라이싱 및 G-code 파일로 저장하기

[프린터 설정 : Cubicon Style Plus-A15]

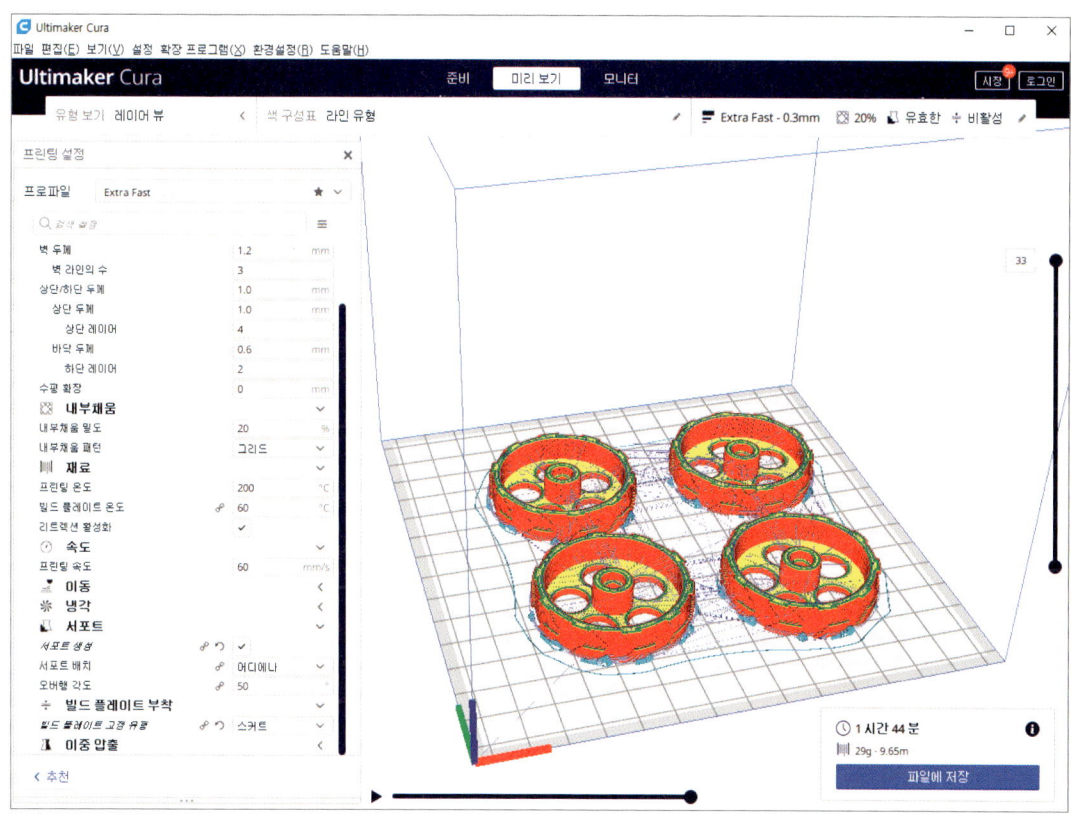

12. 부품

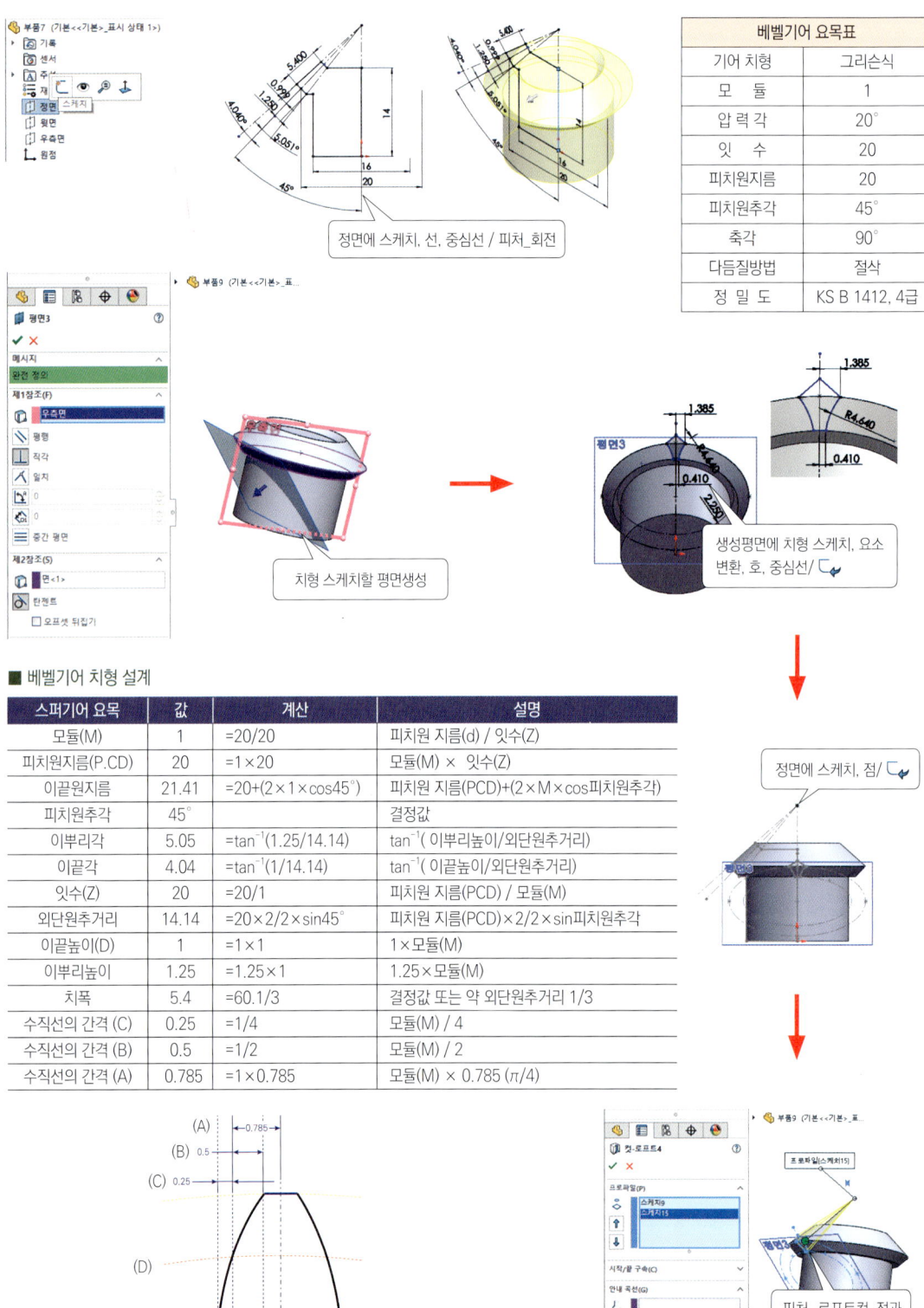

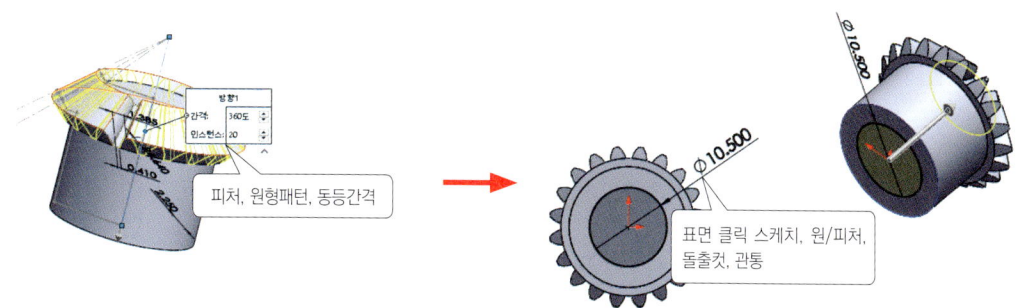

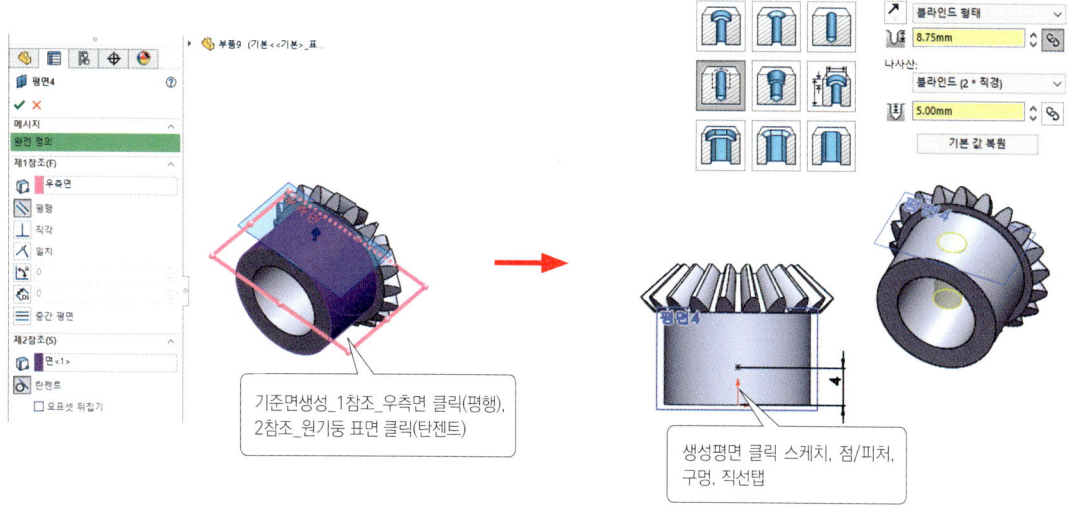

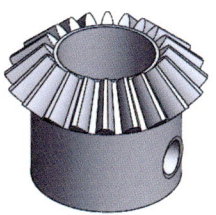

부품 ⑥은 부품 ⑤의 치수를 〃스케치 편집〃하여 수정

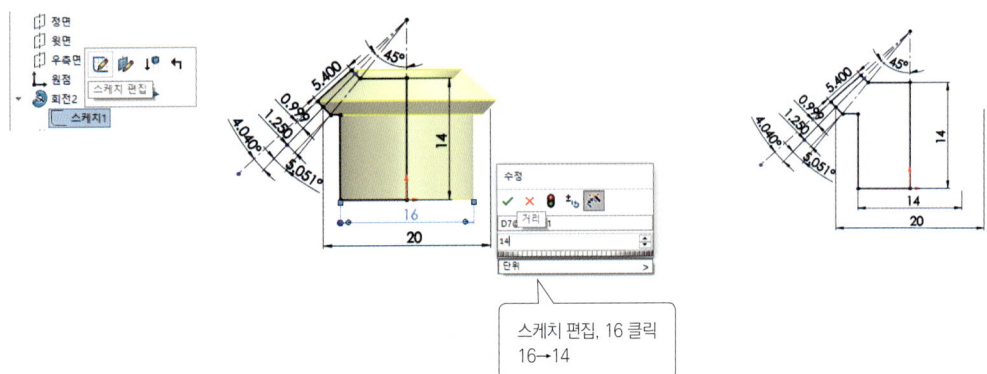

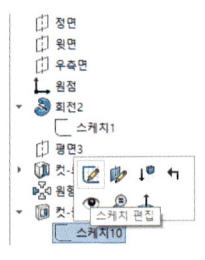 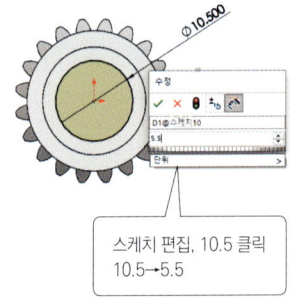 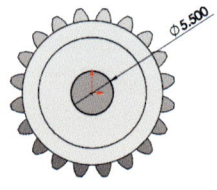

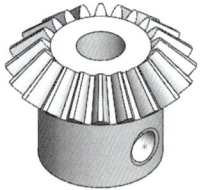

STL 파일로 저장하기

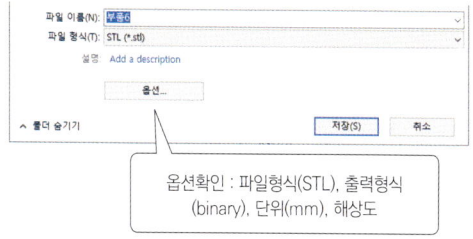

옵션확인 : 파일형식(STL), 출력형식 (binary), 단위(mm), 해상도

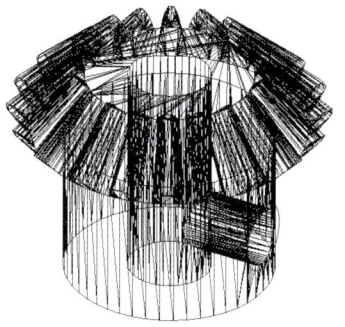

STL 파일 슬라이싱 및 G-code 파일로 저장하기

[프린터 설정 : Cubicon Style Plus-A15]

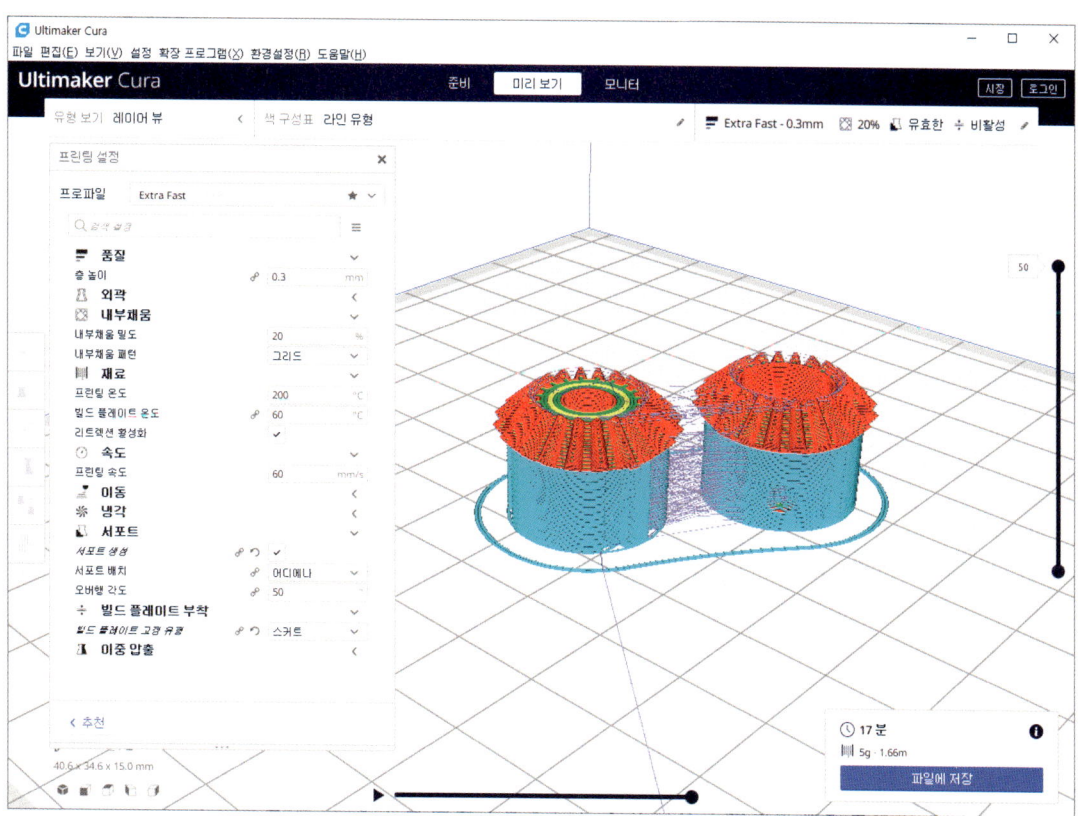

13. 부품

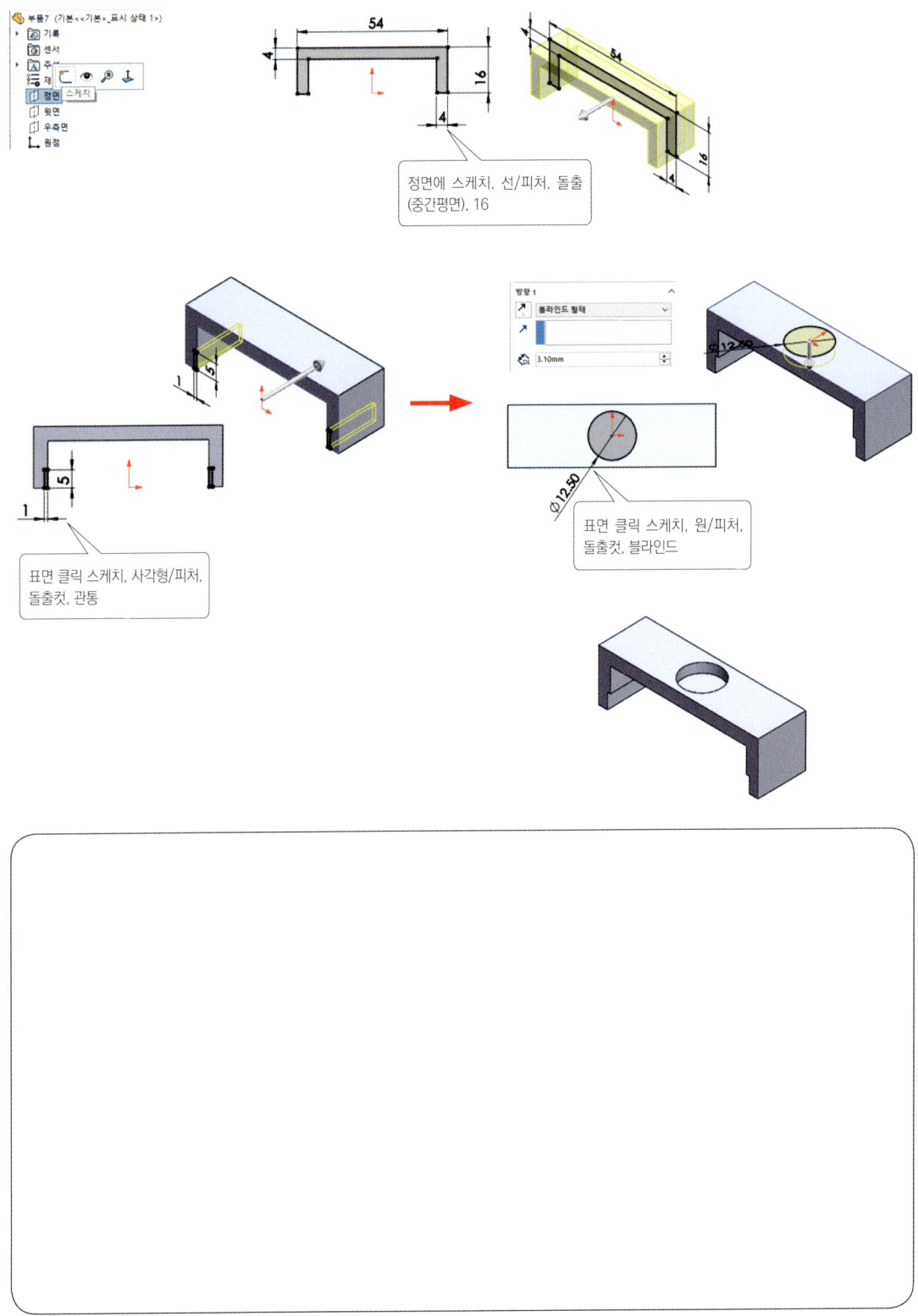

STL 파일로 저장하기

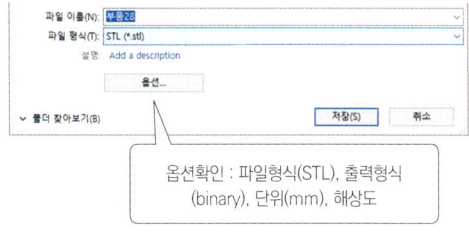

옵션확인 : 파일형식(STL), 출력형식
(binary), 단위(mm), 해상도

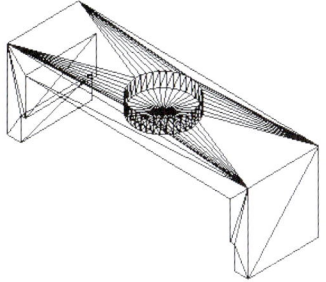

STL 파일 슬라이싱 및 G-code 파일로 저장하기

[프린터 설정 : Cubicon Style Plus-A15]

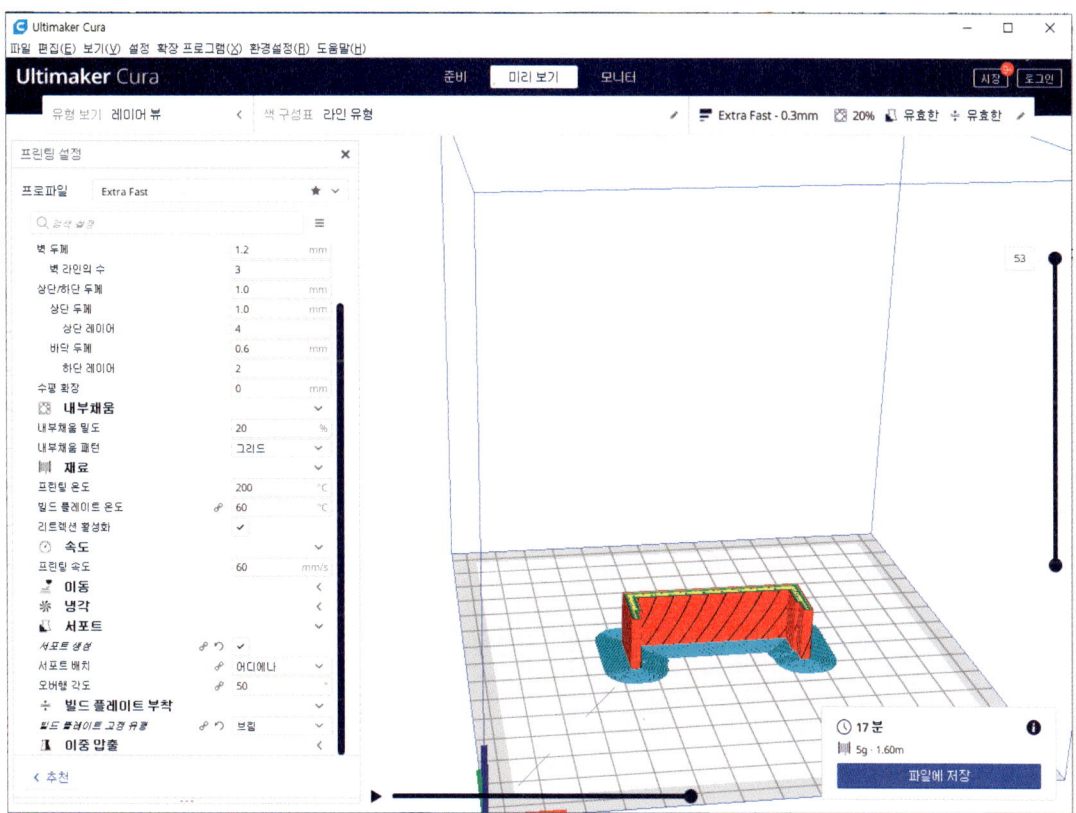

IV

초음파센서 제어 · 앱 제어
- 전기자동차 -

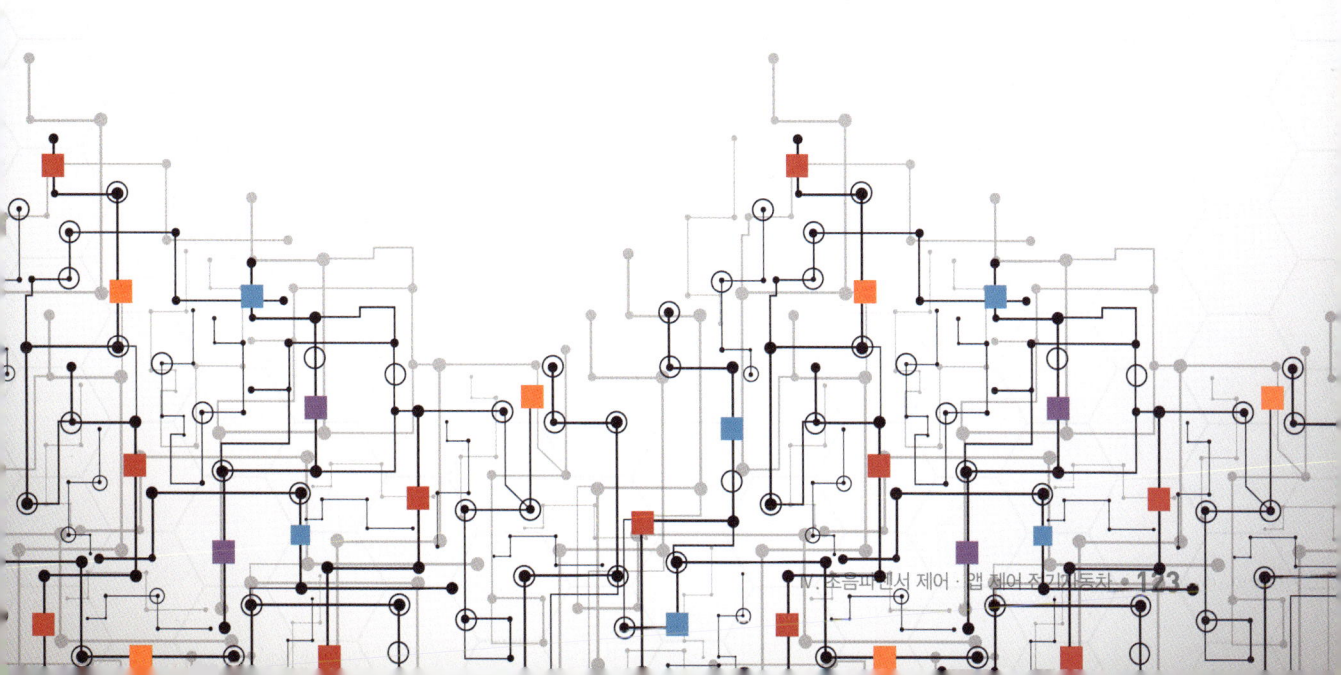

■ 본 서에 수록된 전기자동차 STL 파일 다운로드 안내입니다.

■ 3D프린터로 출력 가능한 stl 파일이 도서출판 메카피아의 네이버 카페에 업로드 되어 있으니 본 서를 구입하신 독자 여러분께서는 자유롭게 다운로드 하시어 학습에 활용하시기 바랍니다.

〈도서출판 메카피아 네이버 카페〉
https://cafe.naver.com/mechabooks

A. 조립품 및 각 부품

B. 재료목록

[표 8] 초음파센서 제어·앱 제어 전기자동차 재료

	품명	규격	수량	예상단가(원)	비고(쇼핑몰)
1	우노 보드	Uno(R3)For Arduino	1	14,000	www.ic114.com/ 제품 ID : P0081496
2	아두이노 호환 모터 쉴드	Motor Shield L293D For Arduino	1	2,200	www.ic114.com/ 제품 ID : P0081342
3	DC 기어드 모터	DC 3~5V, (휠 포함)	2	1,600	www.ic114.com/ 제품 ID : P0086047
4	초음파 센서모듈	HC-SR04	1	900	www.ic114.com/ 제품 ID : P0079276
5	USB케이블	USB(B-TYPE) UNO용 1.5m	1	1,000	www.ic114.com/ 제품 ID : P0087404
6	블루투스	HC-06	1	5,500	www.ic114.com/ 제품 ID : P0081543
7	점퍼 와이어(수수)	200mm, 5color, 10pcs	1	12,800	www.ic114.com/ 제품 ID : P0086480
8	점퍼 와이어(암암)	200mm, 5color, 10pcs	1	12,800	www.ic114.com/ 제품 ID : P0086479
9	점퍼 와이어(암수)	200mm, 5color, 10pcs	1	12,800	www.ic114.com/ 제품 ID : P0086478
10	볼 캐스터	HS-BALLCASTER-II, wheel height:20mm, Ball φ15mm	1	900	www.ic114.com/ 제품 ID : P0089310
11	브레드보드	JD-017-Yellow	1	300	www.ic114.com/ 제품 ID : P0076689
12	발광다이오드	LED5MM-RED-Round	4	30	www.ic114.com/ 제품 ID : P0081253
13	저항	470RF 1/4W	4	20	www.ic114.com/ 제품 ID : P0039374
14	배터리 홀더	4AA-HOLDER	1	700	www.ic114.com/ 제품 ID : P0036129
15	알카라인 건전지	AA, LR6/1.5V-BulK	4	400	www.ic114.com/ 제품 ID : P0086933
16	사각시소스위치	DC12~24V/3A, ON-OFF 2P	1	300	www.ic114.com/ 제품 ID : P0075214
17	핀헤더 커넥터	1열 2.54mm Pitch 11.5mm	1	400	www.ic114.com/ 제품 ID : P0086423
18	열수축 튜브	φ2.0×1M	1	250	www.ic114.com/ 제품 ID : P0032189
19	둥근머리탭핑2종 나사	M2.6×10	4	49	www.boltmall2.com/
20	둥근머리탭핑2종 나사	M3×8	10	46	www.boltmall2.com/
21	둥근머리탭핑2종 나사	M3×16	3	65	www.boltmall2.com/
22	접시머리탭핑2종 나사	M3×6	2	60	www.boltmall2.com/
23	십자둥근머리 볼트	M3×30	2	86	www.boltmall2.com/
24	십자둥근머리 볼트	M3×6	4	32	www.boltmall2.com/
25	육각머리 너트	M3	6	32	www.boltmall2.com/
26	지지대 볼트	M3-5-10	4	151	www.boltmall2.com/
27	필라멘트	PLA(다양한 색상)			보유기종용 구입
	계				

C. 회로도

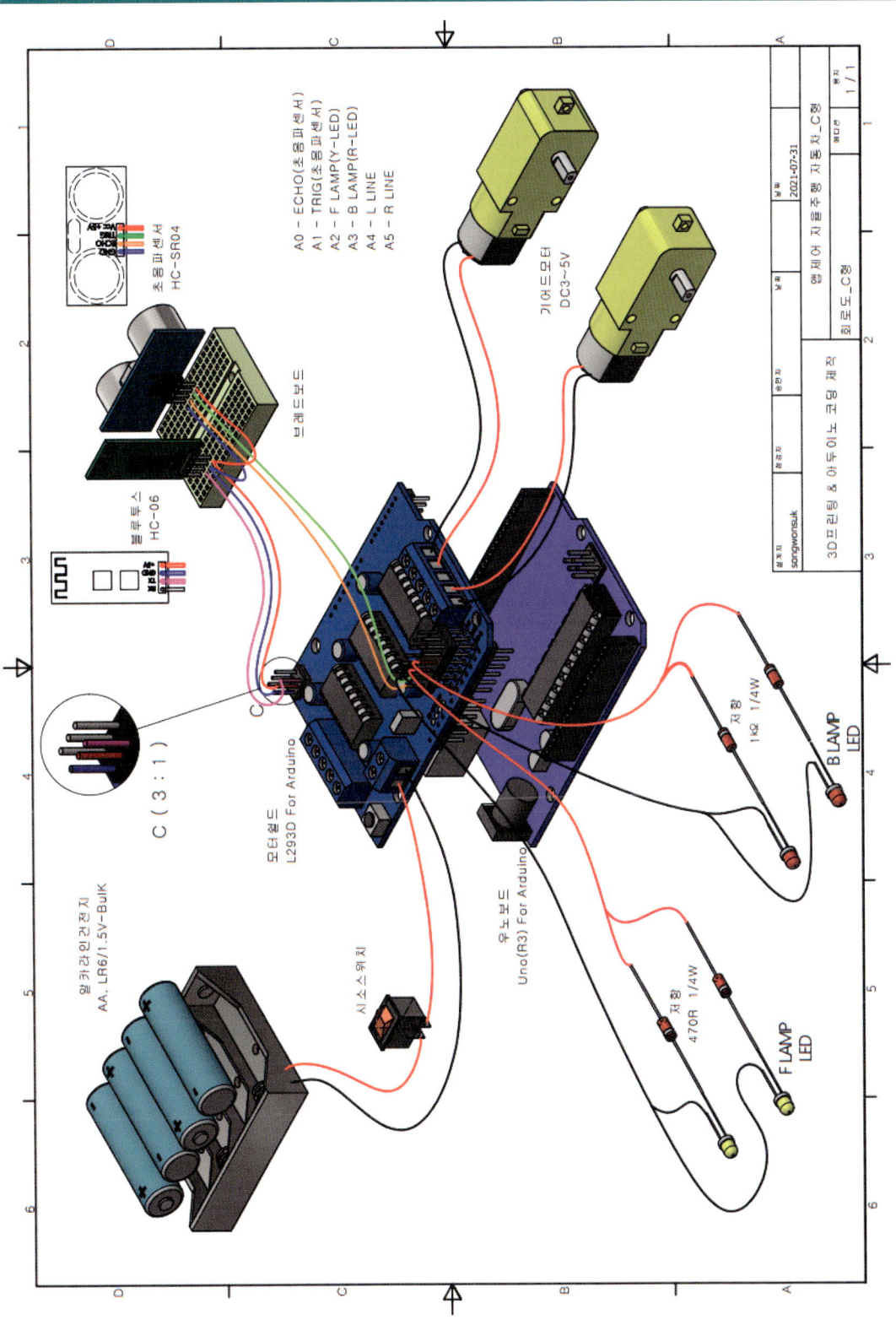

D. 제어 코드

[방법1] 초음파 센서 제어

1. 블록 코딩

가. mBlock 프로그램 다운로드

① 다운로드 https://mblock.makeblock.com/en-us/download/

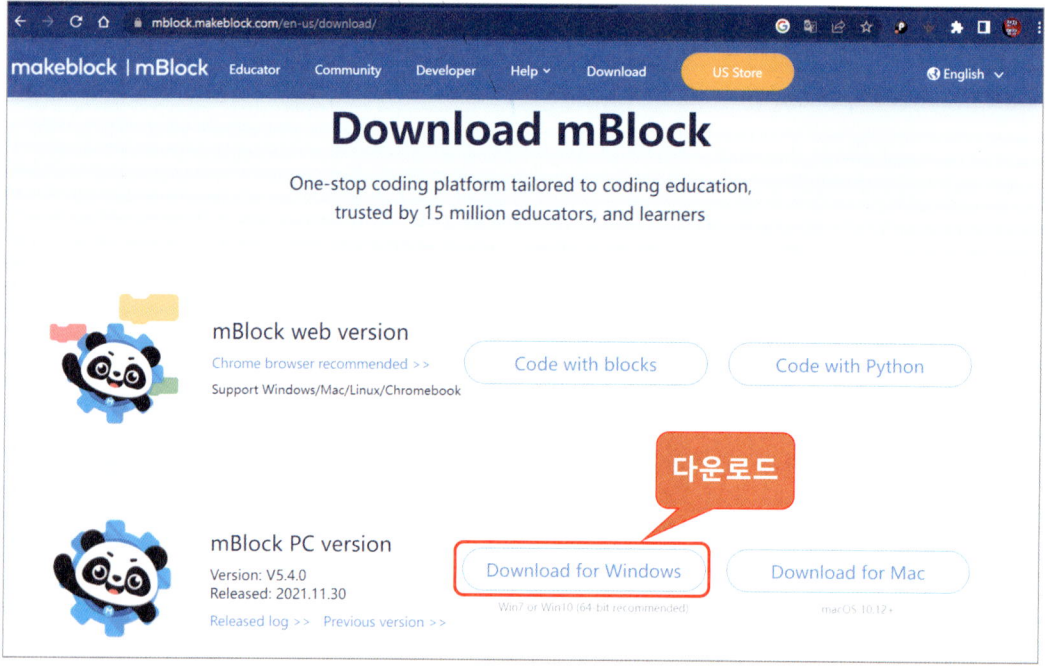

② mBlock 프로그램 설치
다운로드 받은 프로그램을 실행하고 기본으로 설치한다.

③ 장치 추가

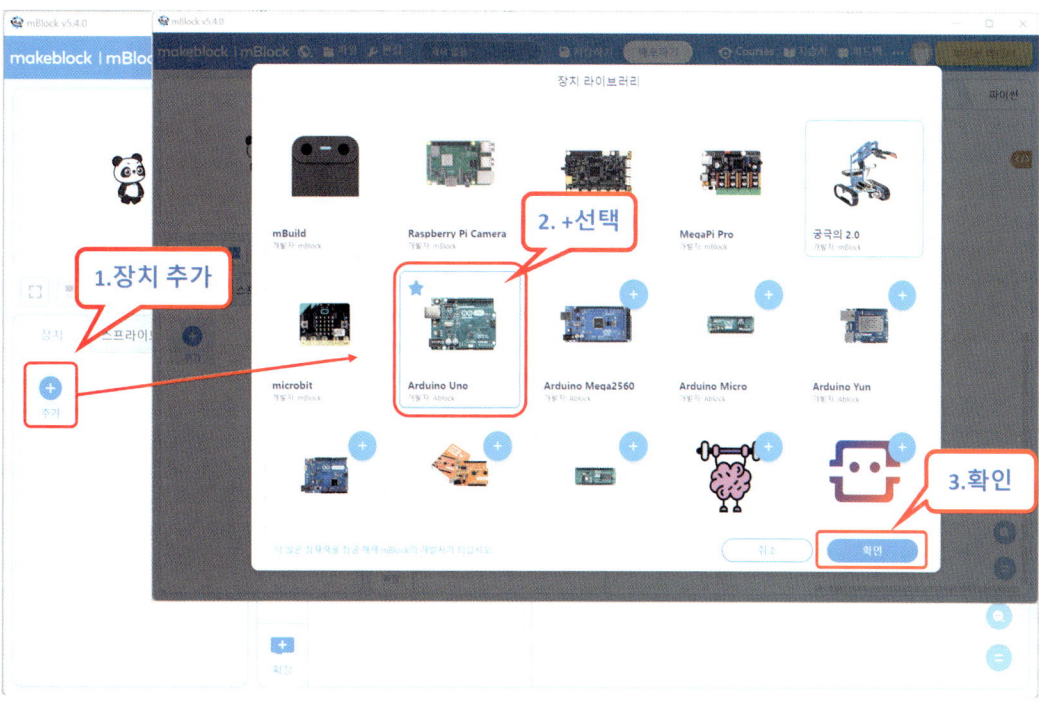

④ 확장 설치

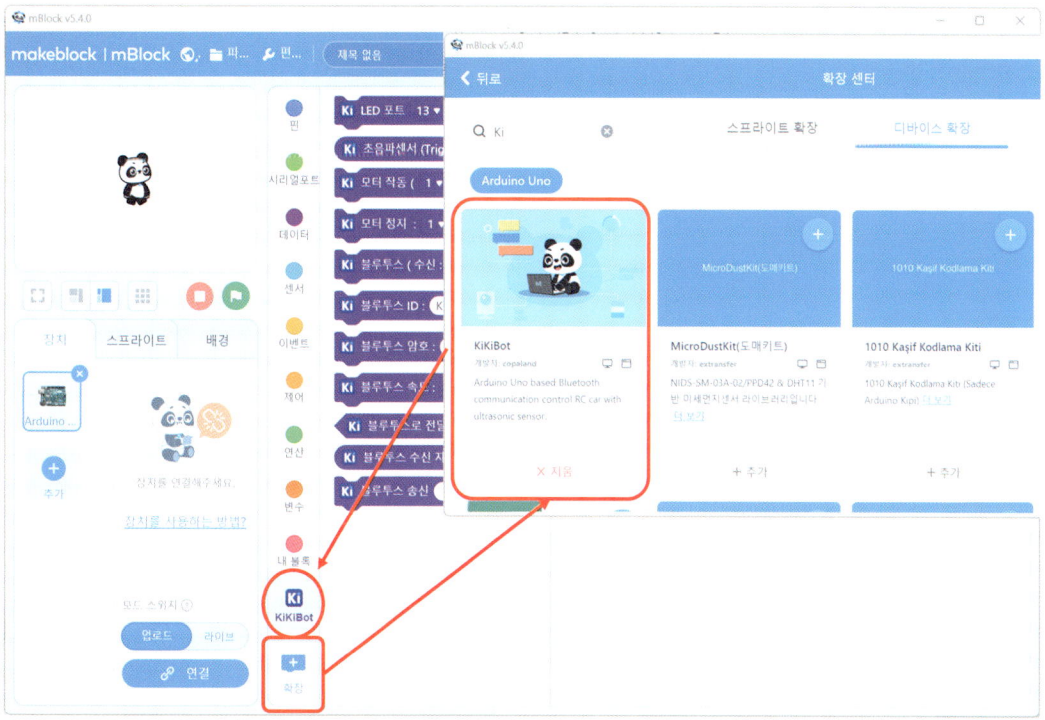

나. 초음파 센서 코드

```
arduino Uno가 켜지면
  CM ▼ 을(를) 0 로(으로) 설정하기
계속 반복하기
  CM ▼ 을(를) [초음파센서 (Trig A1 ▼ | Echo A2 ▼ )] 로(으로) 설정하기
  만약 < CM < 20 > 이(가) 참이면
    모터 정지 : 3 ▼ 번
    모터 정지 : 4 ▼ 번
    모터 작동 ( 3 ▼ 번 | 방향 후진 ▼ | 속도 220 ▼ )
    모터 작동 ( 4 ▼ 번 | 방향 후진 ▼ | 속도 220 ▼ )
    1 초 기다리기
    모터 정지 : 3 ▼ 번
    모터 정지 : 4 ▼ 번
    모터 작동 ( 3 ▼ 번 | 방향 후진 ▼ | 속도 220 ▼ )
    모터 작동 ( 4 ▼ 번 | 방향 전진 ▼ | 속도 220 ▼ )
    1 초 기다리기
    모터 정지 : 3 ▼ 번
    모터 정지 : 4 ▼ 번
  아니면
    모터 작동 ( 3 ▼ 번 | 방향 전진 ▼ | 속도 220 ▼ )
    모터 작동 ( 4 ▼ 번 | 방향 전진 ▼ | 속도 220 ▼ )
    0.1 초 기다리기
```

프로그램을 완료하면 컴퓨터에 보드를 연결한 후
장치 연결 → 접속 가능한 기기 표시 → 연결 → 업로드 순으로 진행한다.

2. 아두이노 코딩

가. 아두이노 프로그램 다운로드 및 설치

아두이노 다운로드 https://www.arduino.cc/en/software

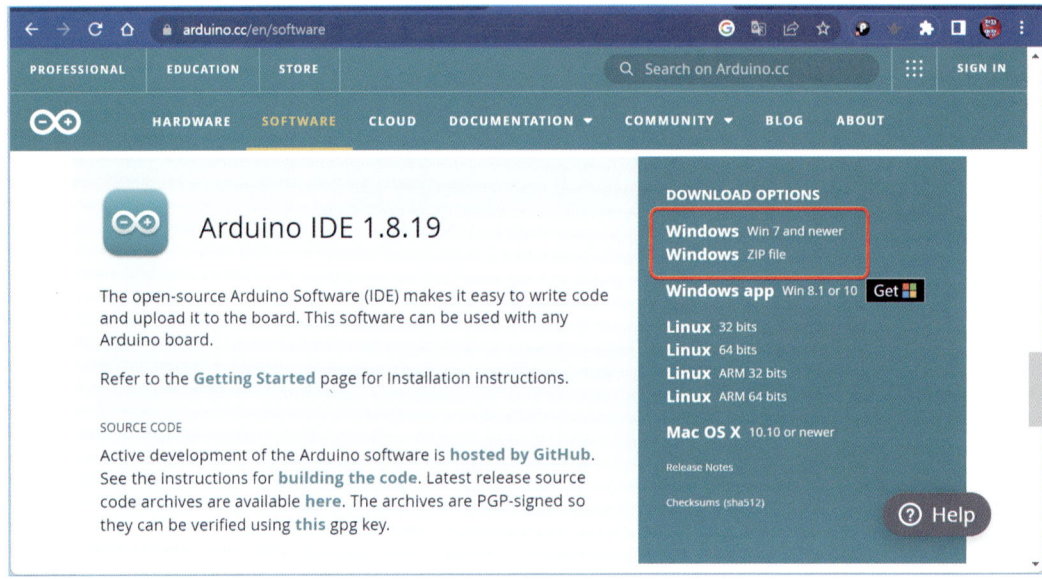

툴/보드/Arduino AVR Boards / Arduino Uno 선택

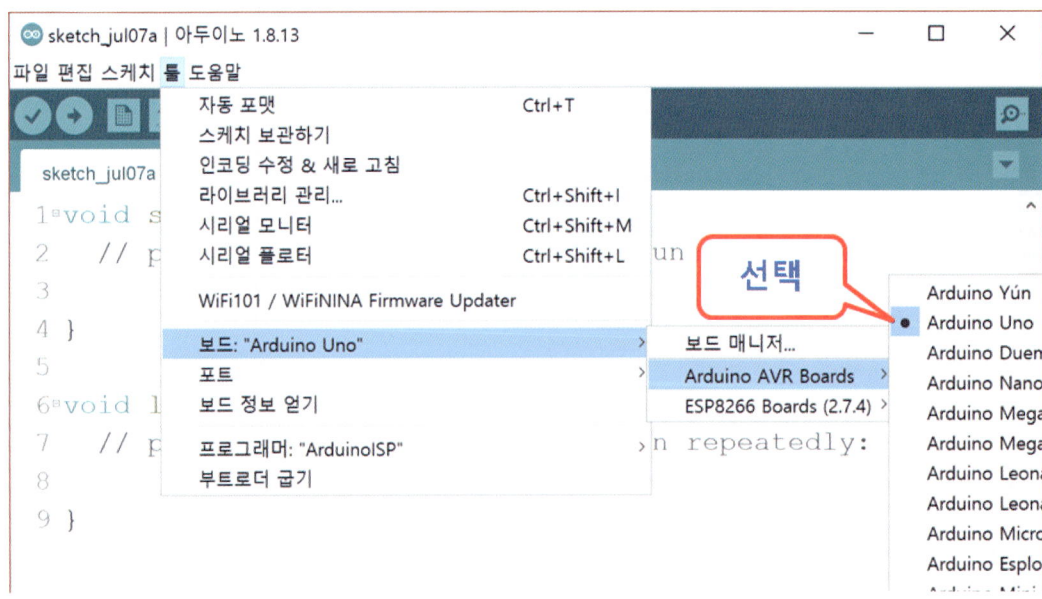

스케치/라이브러리 포함하기/라이브러리 관리…

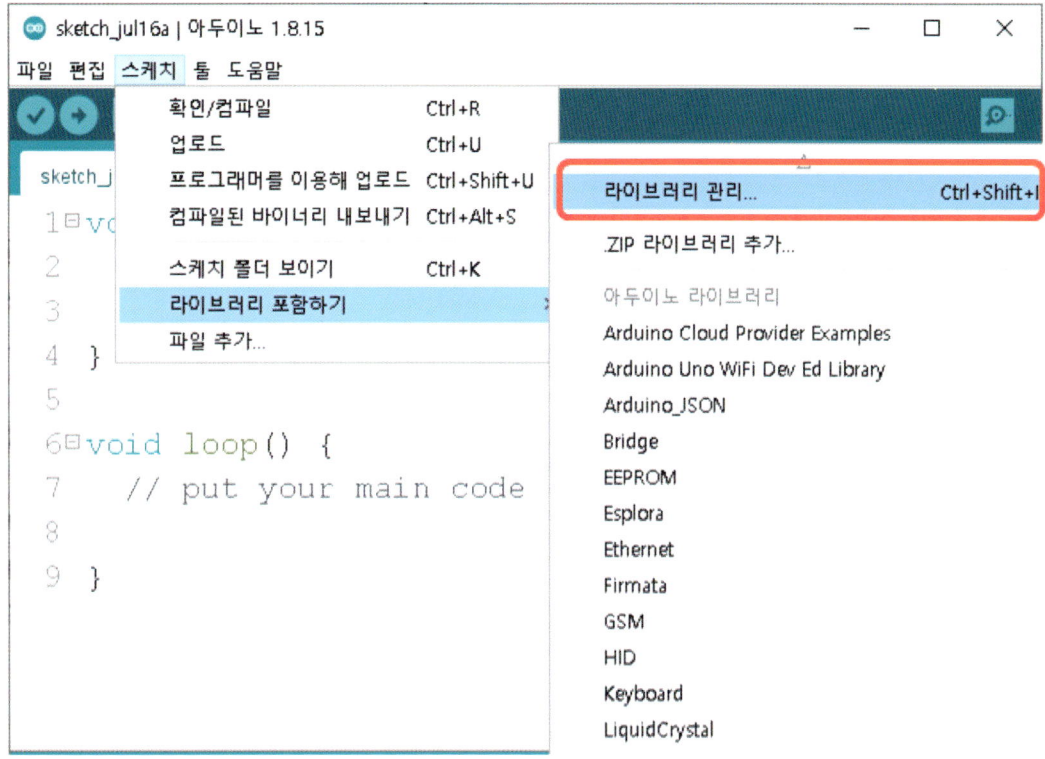

MOTORSHIELD 검색 후 설치

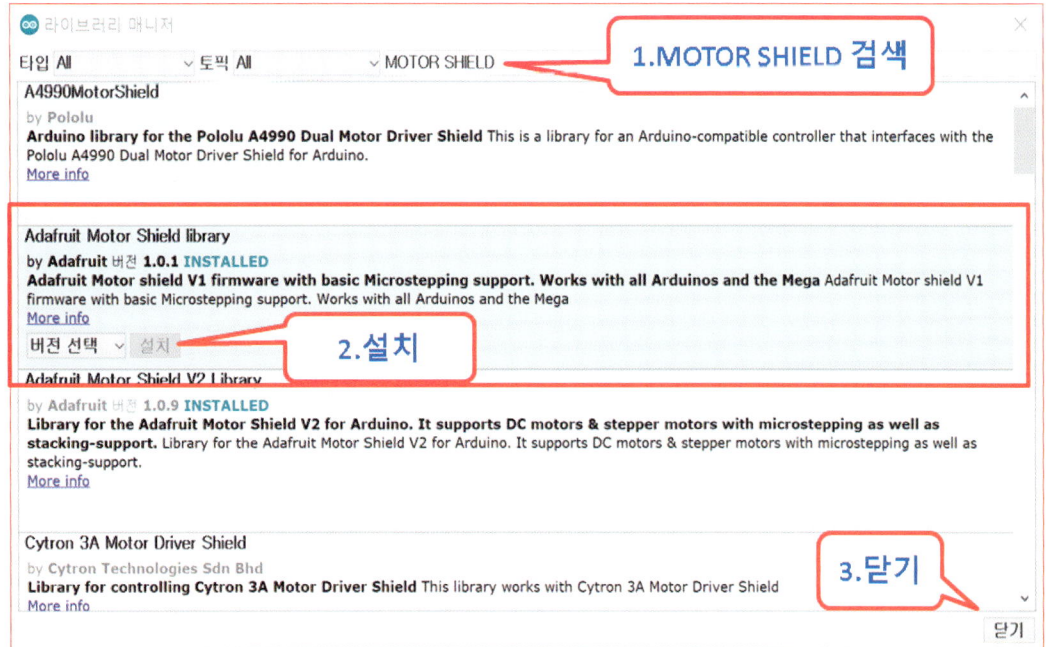

나. 아두이노 코드
```
/*
 * 2WD 초음파 센서 주행 프로그램 -1
 */

#include <AFMotor.h>   //Adafruit Motor Driver Shield library

AF_DCMotor motor1(3);  //motor1 connected to M3
AF_DCMotor motor2(4);  //motor2 connected to M4

float duration;        //duration of ultrasonic pulse
int distanceCm;        //distance in cm
int Speed = 250;

void setup()
{
  Serial.begin(9600);
  pinMode(A1, OUTPUT);   //A1 connected to TRIG
  pinMode(A2, INPUT);    //A2 connected to ECHO

  motor1.setSpeed(Speed);  //motor speed set to max. range:0-255
  motor2.setSpeed(Speed);
  Stop();
}

void loop()
{
  digitalWrite(A1, LOW);
  delayMicroseconds(2);
  digitalWrite(A1, HIGH);   //give a pulse of 10us on TRIG
  delayMicroseconds(10);
  digitalWrite(A1, LOW);
  duration = pulseIn(A2, HIGH);   //back the pulse on ECHO
  distanceCm= (float)(340*duration)/10000/2;  //m/s>cm/us

  if(distanceCm<= 20)
  {
    motor1.run(BACKWARD);
```

```
    motor2.run(BACKWARD);
    delay(1000);
    motor1.run(BACKWARD);
    motor2.run(FORWARD);
    delay(1000);
    Stop();
  } else {
    motor1.setSpeed(Speed);
    motor2.setSpeed(Speed);
    motor1.run(FORWARD);
    motor2.run(FORWARD);
  }
  Serial.print(distanceCm); Serial.println("cm"); delay(500);
  }

void Stop(){
  motor1.run(RELEASE);
  motor2.run(RELEASE);
```

[방법2] 초음파 센서 제어

1. 블록 코딩

가. mBlock 프로그램 다운로드

① 다운로드 https://mblock.makeblock.c

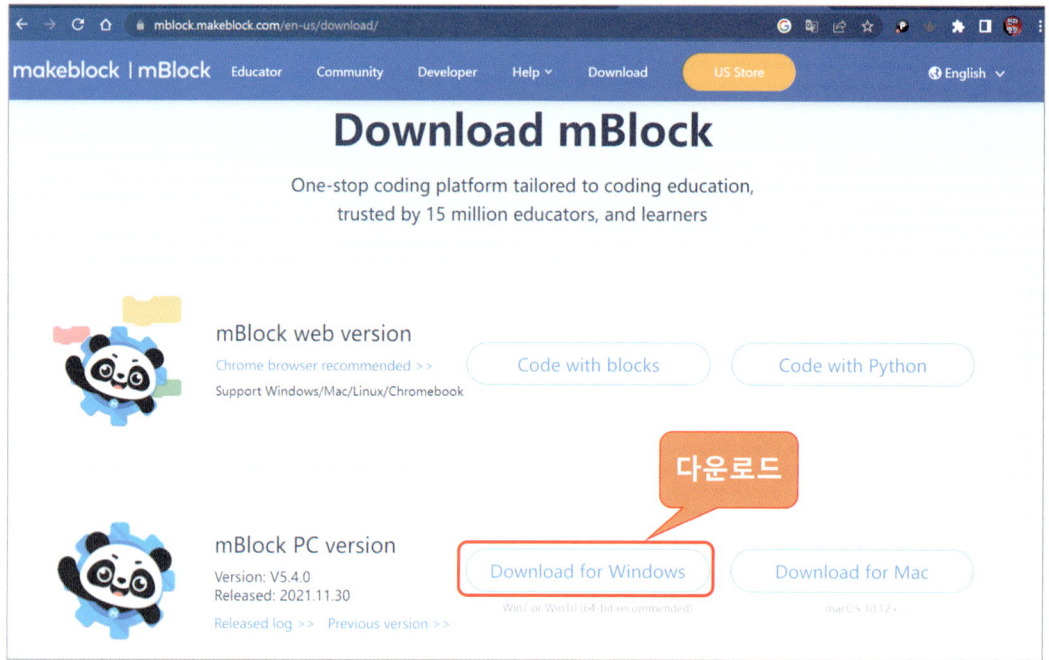

② mBlock 프로그램 설치
다운로드 받은 프로그램을 실행하고 기본으로 설치한다.

③ 장치 추가

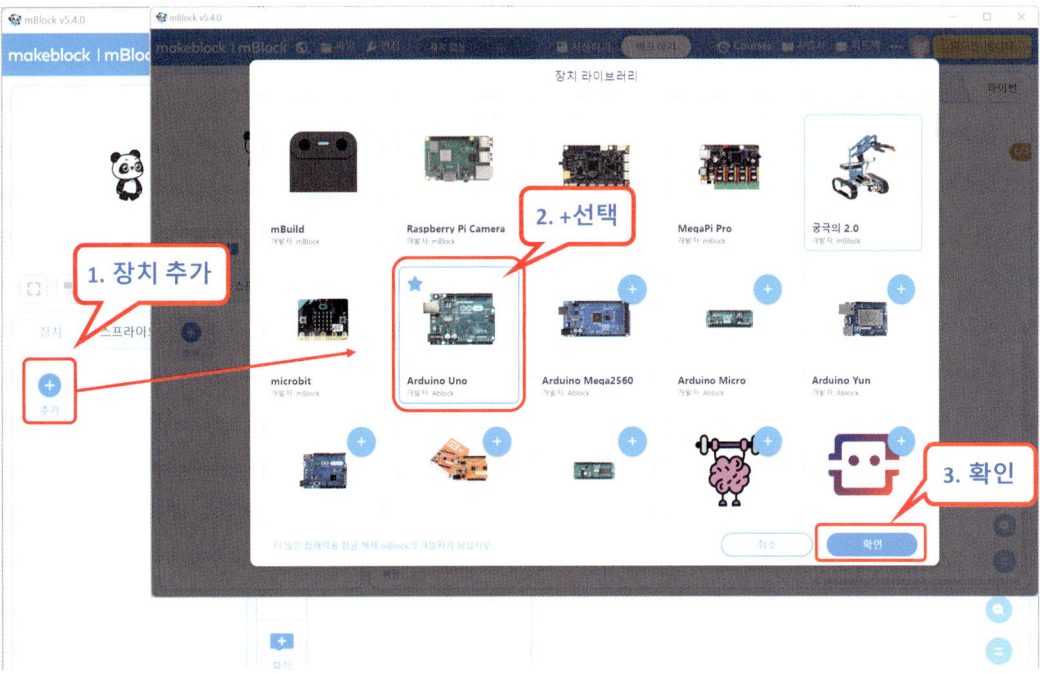

④ 확장 설치

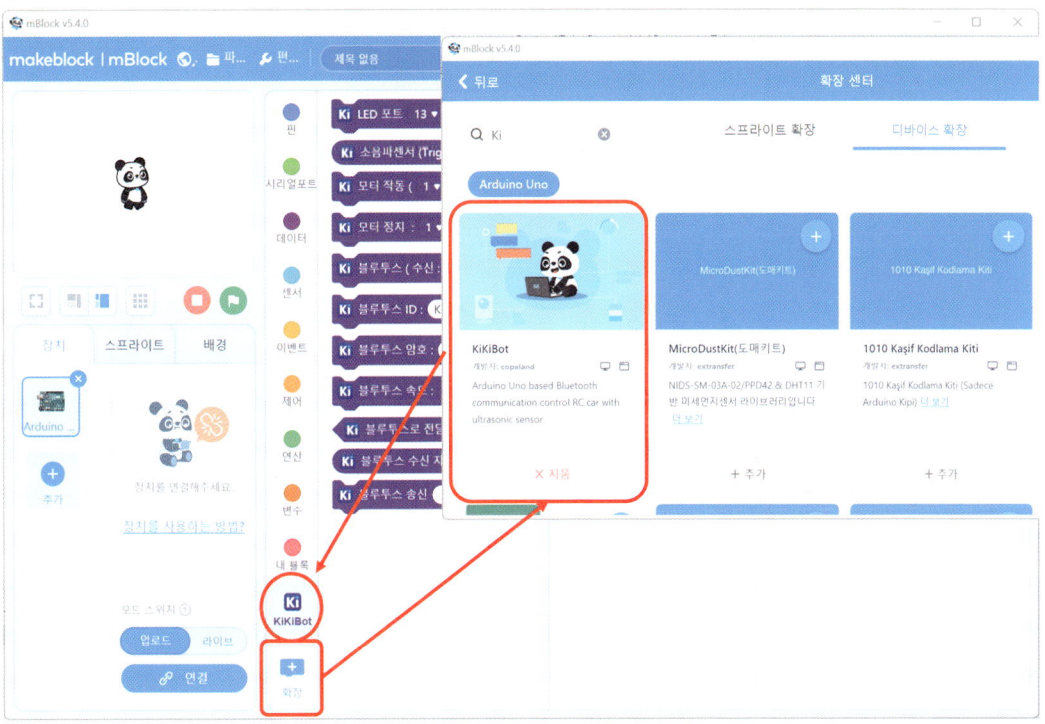

나. 블루투스 제어 블록 코드

```
arduino Uno가 켜지면
  블루투스 ( 수신 : A3 ▼ | 송신 : A4 ▼ | 속도 : 9600 ▼ )
  계속 반복하기
    만약 < 블루투스로 전달된 자료? > 이(가) 참이면
      CMD ▼ 을(를) < 블루투스 수신 자료 > 로(으로) 설정하기

    만약 < CMD = 70 > 이(가) 참이면
      모터 작동 ( 3 ▼ 번 | 방향 전진 ▼ | 속도 220 ▼ )
      모터 작동 ( 4 ▼ 번 | 방향 전진 ▼ | 속도 220 ▼ )

    만약 < CMD = 66 > 이(가) 참이면
      모터 작동 ( 3 ▼ 번 | 방향 후진 ▼ | 속도 220 ▼ )
      모터 작동 ( 4 ▼ 번 | 방향 후진 ▼ | 속도 220 ▼ )

    만약 < CMD = 76 > 이(가) 참이면
      모터 정지 : 3 ▼ 번
      모터 작동 ( 4 ▼ 번 | 방향 전진 ▼ | 속도 220 ▼ )

    만약 < CMD = 82 > 이(가) 참이면
      모터 작동 ( 3 ▼ 번 | 방향 전진 ▼ | 속도 220 ▼ )
      모터 정지 : 4 ▼ 번
```

만약 CMD = 88 이(가) 참이면
- Ki 모터 작동 (3 ▼ 번 | 방향 후진 ▼ | 속도 220 ▼)
- Ki 모터 작동 (4 ▼ 번 | 방향 전진 ▼ | 속도 220 ▼)

만약 CMD = 89 이(가) 참이면
- Ki 모터 작동 (3 ▼ 번 | 방향 전진 ▼ | 속도 220 ▼)
- Ki 모터 작동 (4 ▼ 번 | 방향 후진 ▼ | 속도 220 ▼)

만약 CMD = 83 이(가) 참이면
- Ki 모터 정지 : 3 ▼ 번
- Ki 모터 정지 : 4 ▼ 번

아니면
- Ki 모터 정지 : 3 ▼ 번
- Ki 모터 정지 : 4 ▼ 번

프로그램을 완료하면 컴퓨터에 보드를 연결한 후
장치 연결 → 접속 가능한 기기 표시 → 연결 → 업로드 순으로 진행한다.

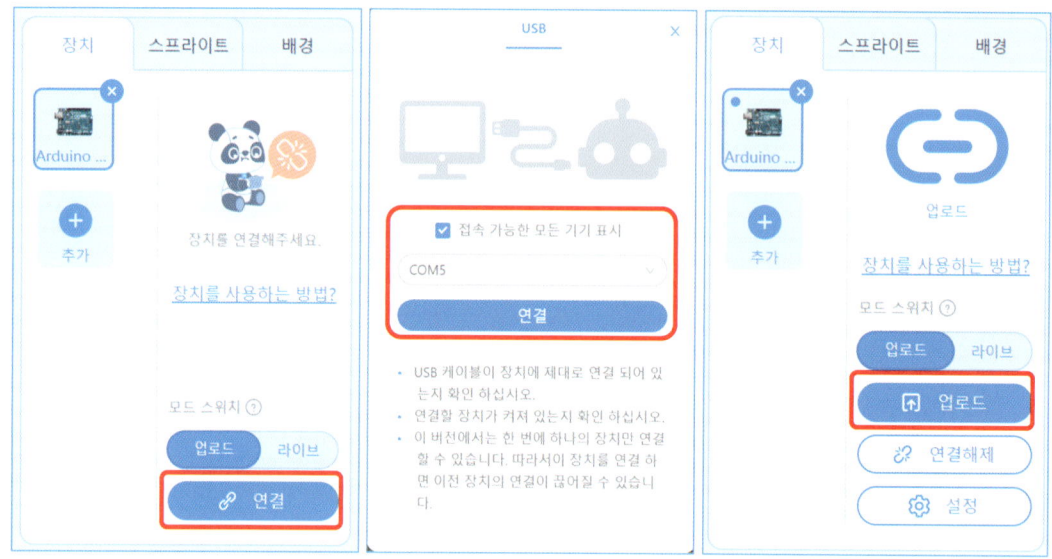

2. 아두이노 코딩

가. 아두이노 프로그램 다운로드 및 설치

아두이노 다운로드 https://www.arduino.cc/en/software

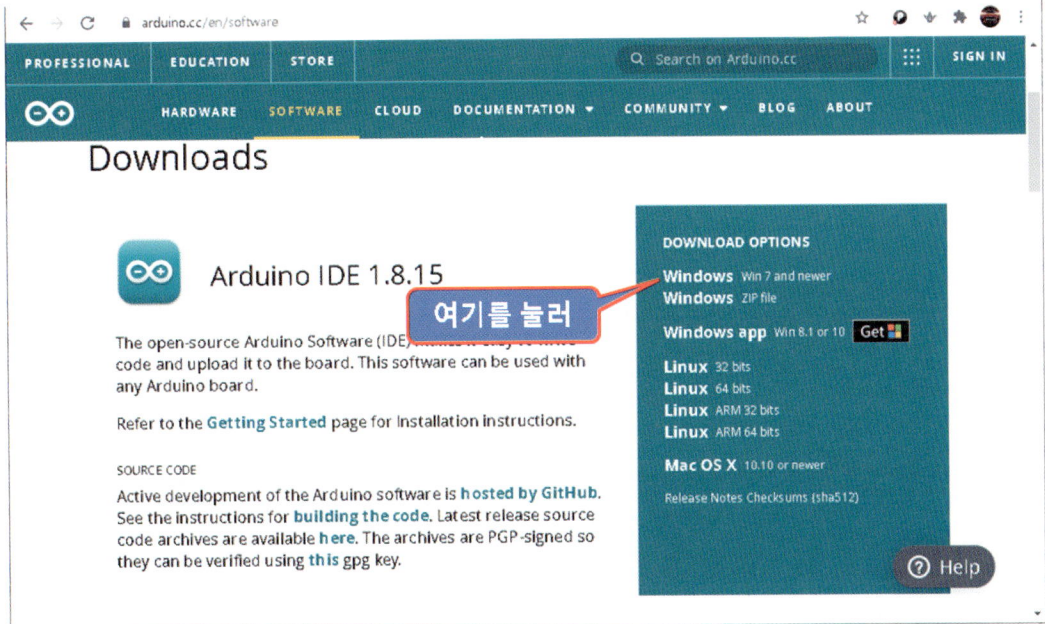

툴/보드/Arduino AVR Boards / Arduino Uno 선택

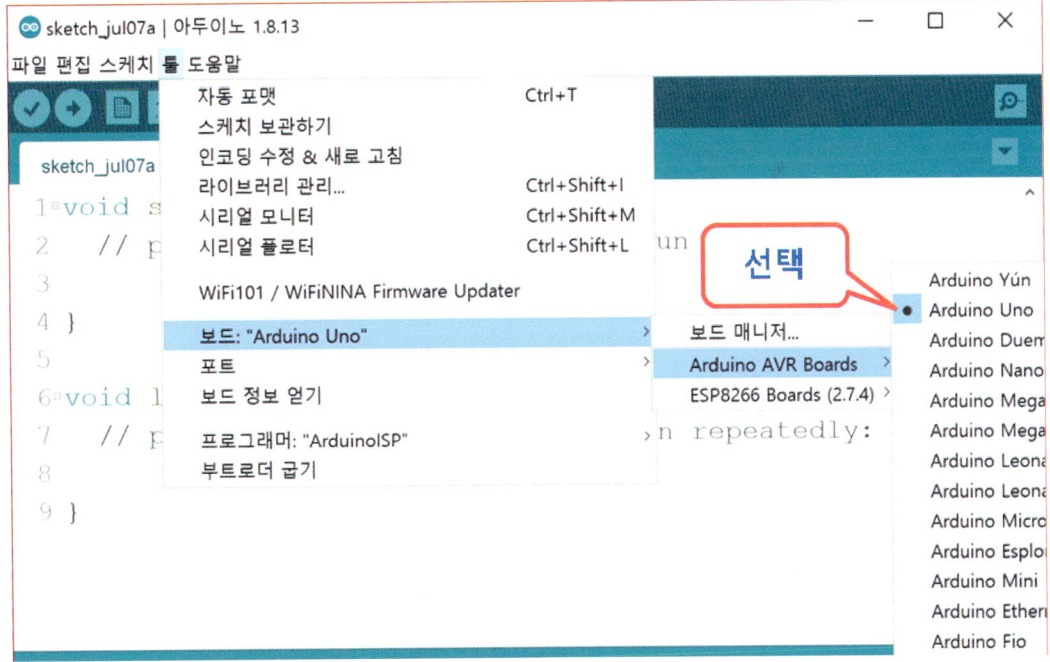

스케치/라이브러리 포함하기/라이브러리 관리...

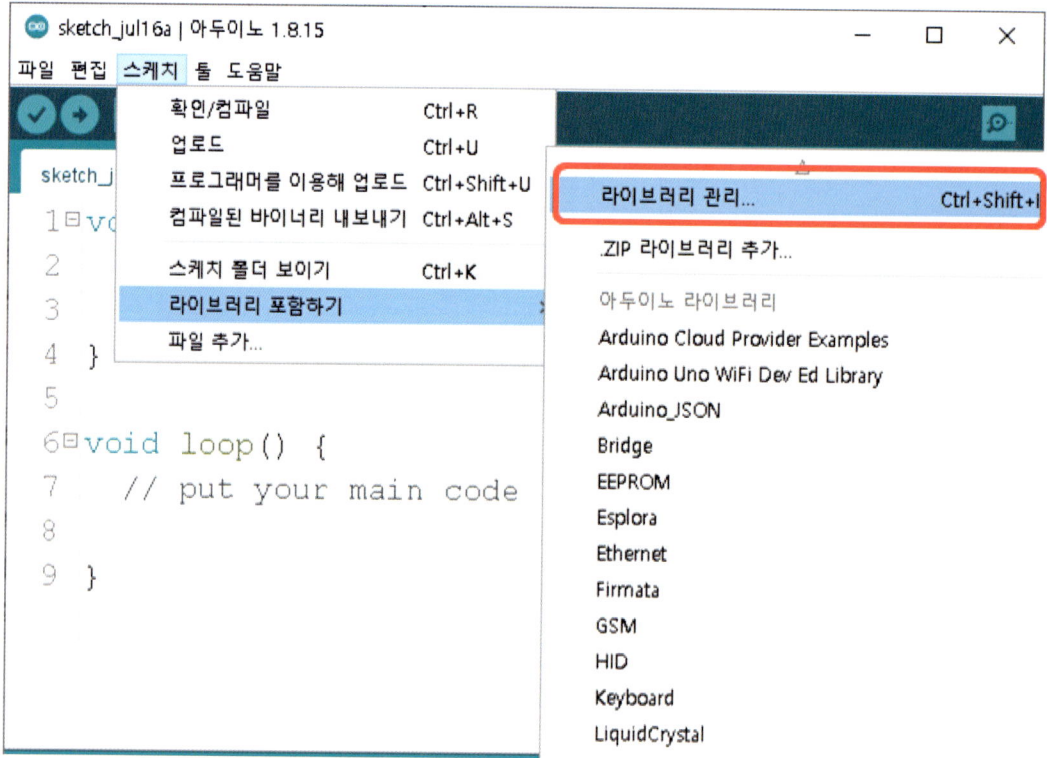

MOTORSHIELD 검색 후 설치

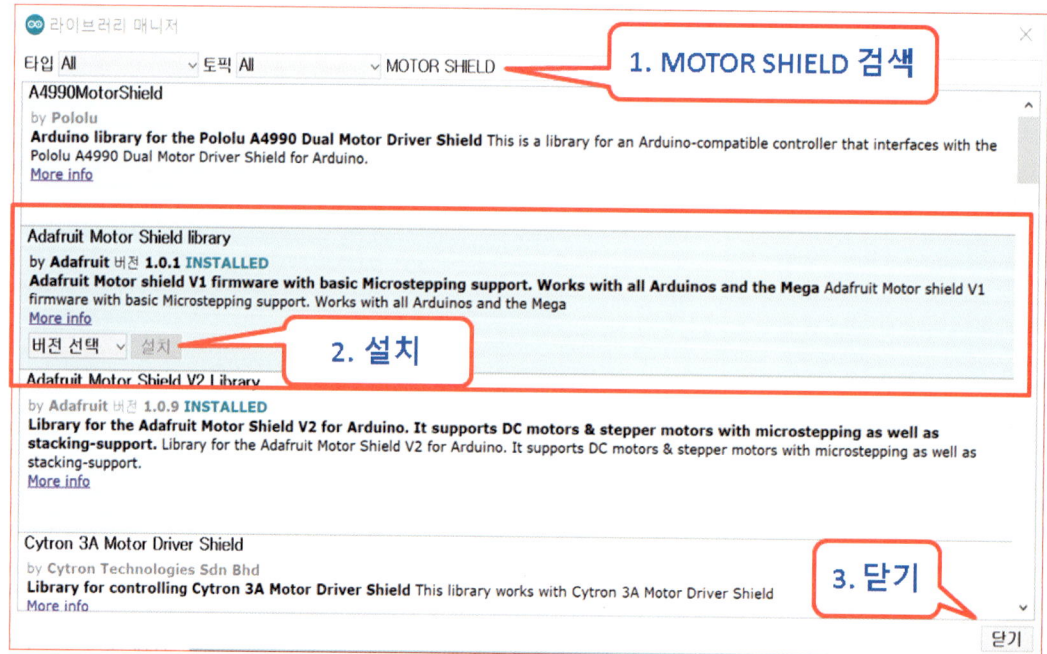

나. 아두이노 코드

```
/*
 * 2WD 블루투스 버튼 제어 주행 프로그램 - 2
 */

#include <SoftwareSerial.h>
#include <AFMotor.h>

SoftwareSerial BT(A3,A4);//RX, TX

#define LED_FL  9    //LED Front Left
#define LED_FR  10   //LED Front Right
#define LINE_L  A0   //LINE SENSOR Left
#define LINE_R  A5   //LINE SENSOR Right
//terminal 3 and 4 of motor shield
AF_DCMotor motor1(3);//Left
AF_DCMotor motor2(4);//Right

char command;
int SPEED = 250;//motor

boolean FL = false;
boolean FR = false;

void setup() {
   pinMode(LED_FR, OUTPUT);
   pinMode(LED_FL, OUTPUT);
   Serial.begin(9600); //Set the baud rate to your Bluetooth module.
   BT.begin(9600);
   Stop(); //initialize with motors stoped
}

void loop(){

  while (BT.available() > 0) {
   command = BT.read();
   ///Serial.print(command);
  }
```

```
if (FL) {digitalWrite(LED_FL, HIGH);}
if (!FL) {digitalWrite(LED_FL, LOW);}
if (FR) {digitalWrite(LED_FR, HIGH); }
if (!FR) {digitalWrite(LED_FR, LOW); }

switch (command) {
  case 'F':front();break;
  case 'B':back();break;
  case 'L':left();break;
  case 'R':right();break;
  case 'X':self_left();break;
  case 'Y':self_right();break;
  case 'f':
  case 'b':
  case 'l':
  case 'r':
  case 's':
  case 'S':Stop();break;

  case 'U':FL = true;break;
  case 'u':FL= false;break;
  case 'V':FR = true;break;
  case 'v':FR= false;break;
  }
}

void front() {
  motor1.setSpeed(SPEED);
  motor1.run(FORWARD);
  motor2.setSpeed(SPEED);
  motor2.run(FORWARD);
}
void back() {
  motor1.setSpeed(SPEED);
  motor1.run(BACKWARD);
  motor2.setSpeed(SPEED);
  motor2.run(BACKWARD);
}
```

```
void left() {
  motor1.setSpeed(0); //0
  motor1.run(RELEASE);
  motor2.setSpeed(SPEED);
  motor2.run(FORWARD);
}
void right() {
  motor1.setSpeed(SPEED);
  motor1.run(FORWARD);
  motor2.setSpeed(0); //0
  motor2.run(RELEASE);
}
void self_left() {
  motor1.setSpeed(SPEED);
  motor1.run(BACKWARD);
  motor2.setSpeed(SPEED);
  motor2.run(FORWARD);
}
void self_right() {
  motor1.setSpeed(SPEED);
  motor1.run(FORWARD);
  motor2.setSpeed(SPEED);
  motor2.run(BACKWARD);
}
void Stop()
{
  motor1.setSpeed(0);
  motor2.setSpeed(0);
  motor1.run(RELEASE);
  motor2.run(RELEASE);
}
```

3. MIT 앱 인벤터 코딩

가. MIT 프로그램 다운로드 및 설치

플레이 스토어에서 MIT AI2 Companion 안드로이드 폰에 설치

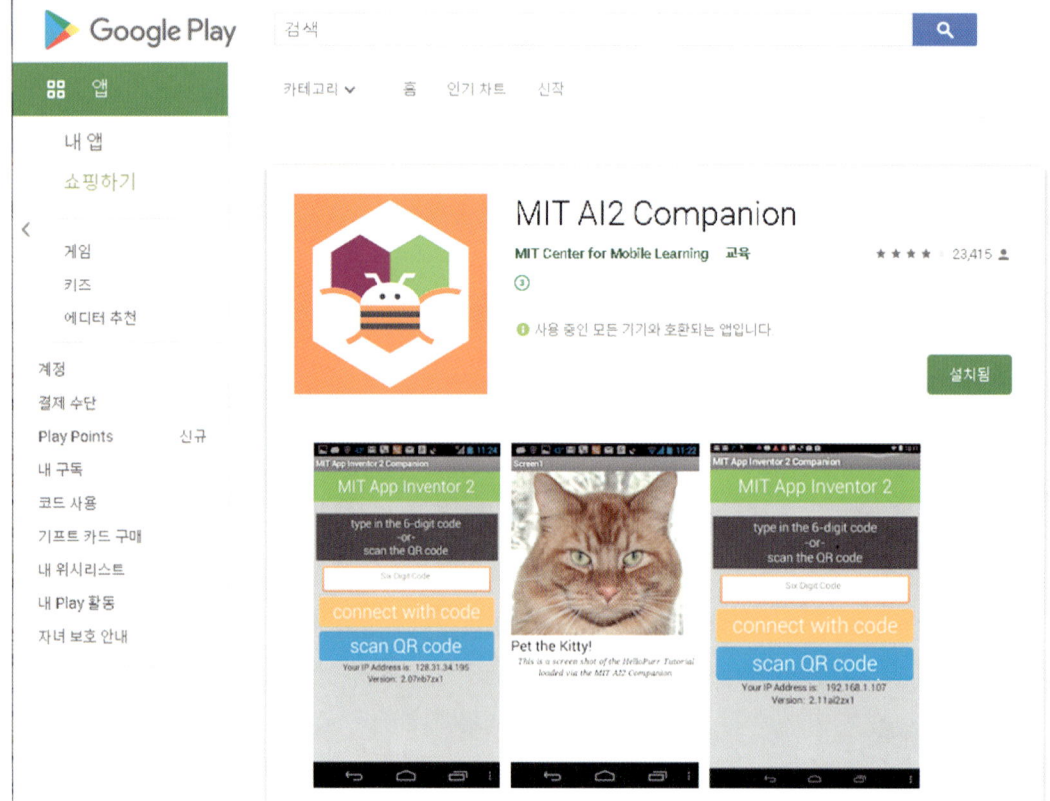

나. MIT 앱 인벤터 가입
https://appinventor.mit.edu/

앱 인벤터 사용을 위한 준비
① 크롬 브라우저 설치, 구글 계정 준비하기
② 인벤터 웹 사이트에 접속하기
③ 서비스 약관에 동의하기
④ 설문 조사 실시하기
⑤ 환영 메시지 창 확인하기
⑥ 앱 인벤터시작하기
⑦ 앱 인벤터의 언어를 한글로 설정하기
⑧ 앱 인벤터 사용 준비 완료하기

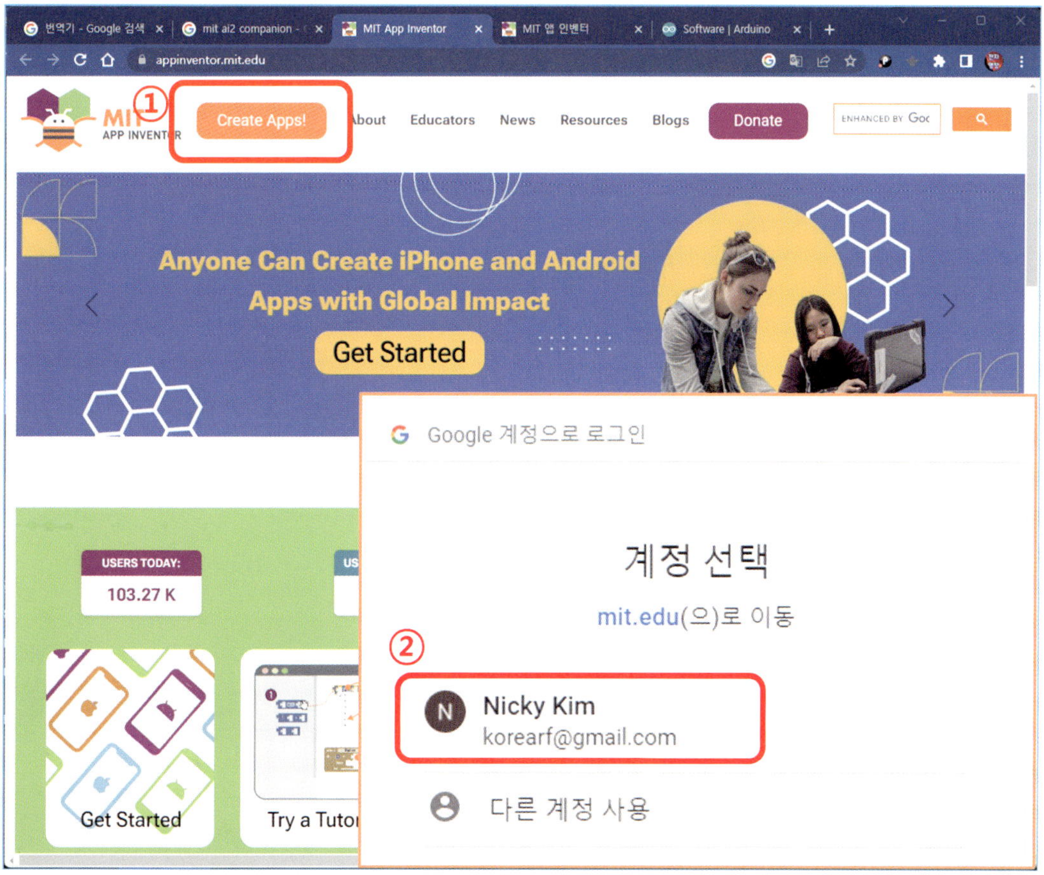

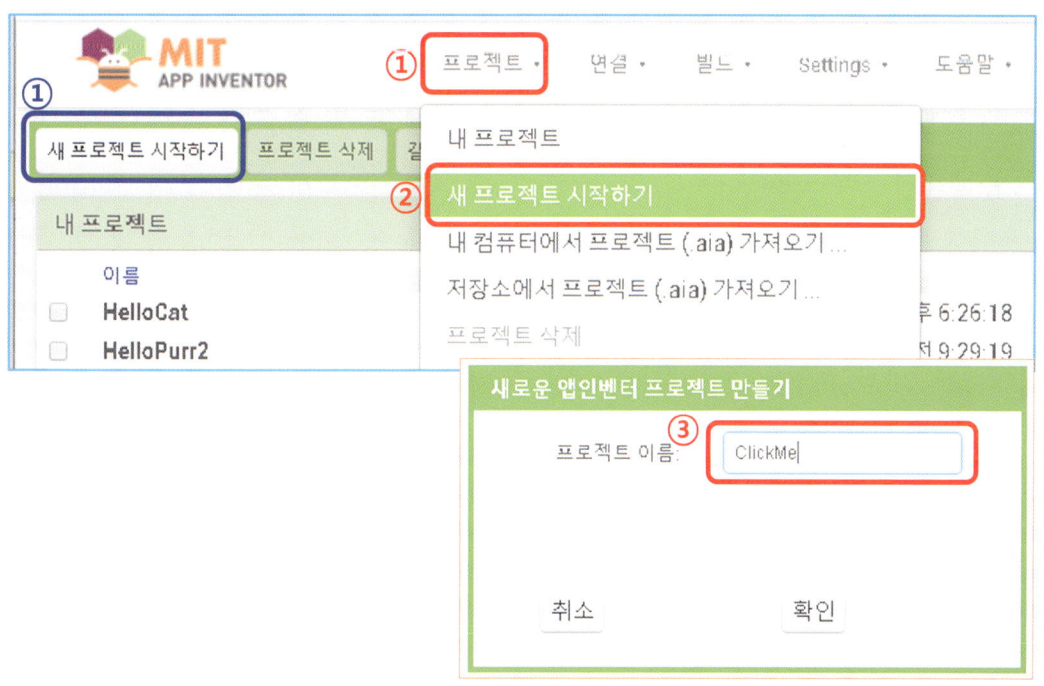

Ⅳ. 초음파센서 제어 · 앱 제어 전기자동차 • **147**

가. 앱 실행을 위한 준비

AI 컴패니언 사용하기 (동일한 WiFi 네트워크)

https://appinventor.mit.edu/explore/ai2/setup

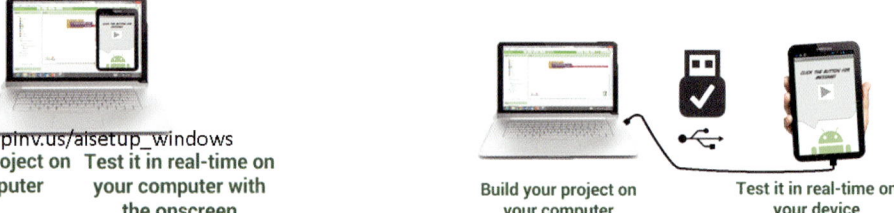

에뮬레이터(안드로이드기기 없을때)   USB케이블(WiFi 연결 없을때)

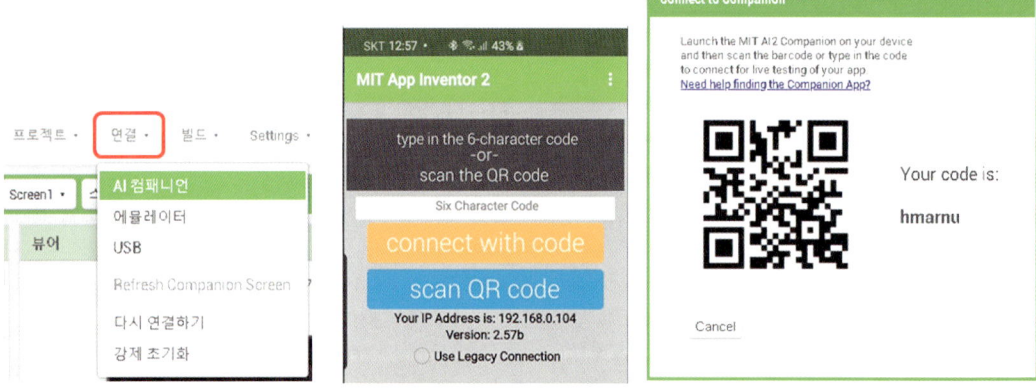

AI 컴패니언 사용하기 (동일한 WiFi 네트워크)
스마트폰 스토어에서 "MIT AI2" 검색
MIT AI2 컴패니언앱 설치하고 실행

[연결] - [AI컴패니언]
'Scan QR code' 버튼 누르고
생성된 QR코드 찍으면 실행됨

나. 버튼 컨트롤 앱 화면 디자인

- **기능**
  - 버튼으로 자동차 방향 전환 제어합니다.
  - 램프 제어, 켜짐/꺼짐

- **입출력**
  - 레이블에 제목 표시, 블루투스, 버튼

- **컴포넌트**
  - 레이블, 목록선택 버튼, 버튼, 블루투스, 클락

- **리소스**

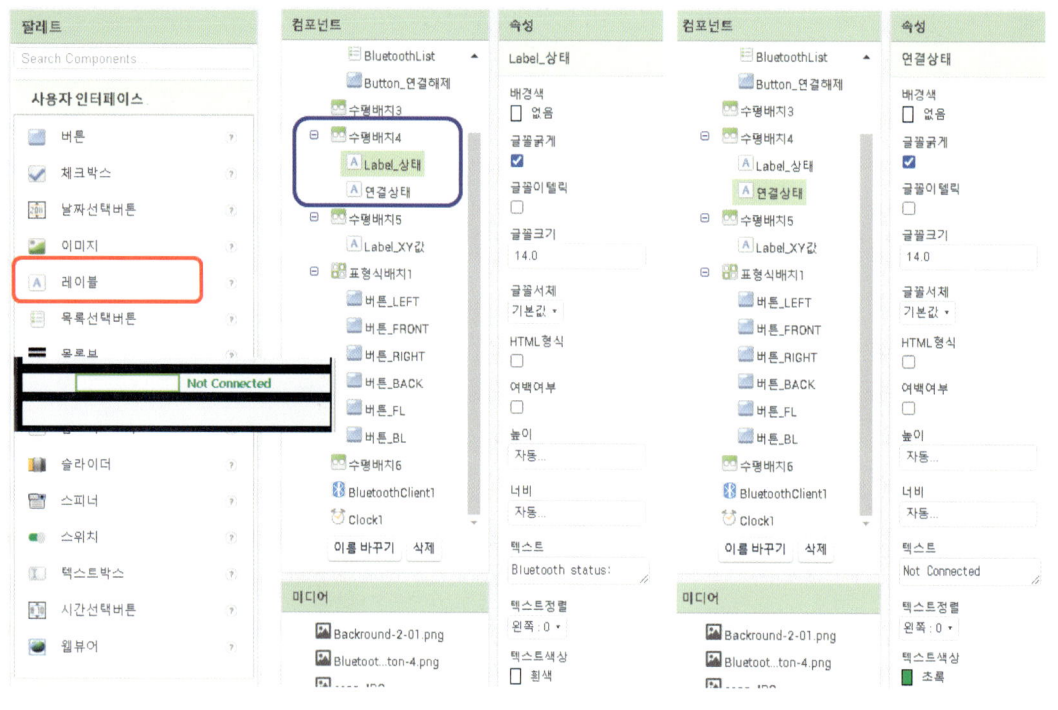
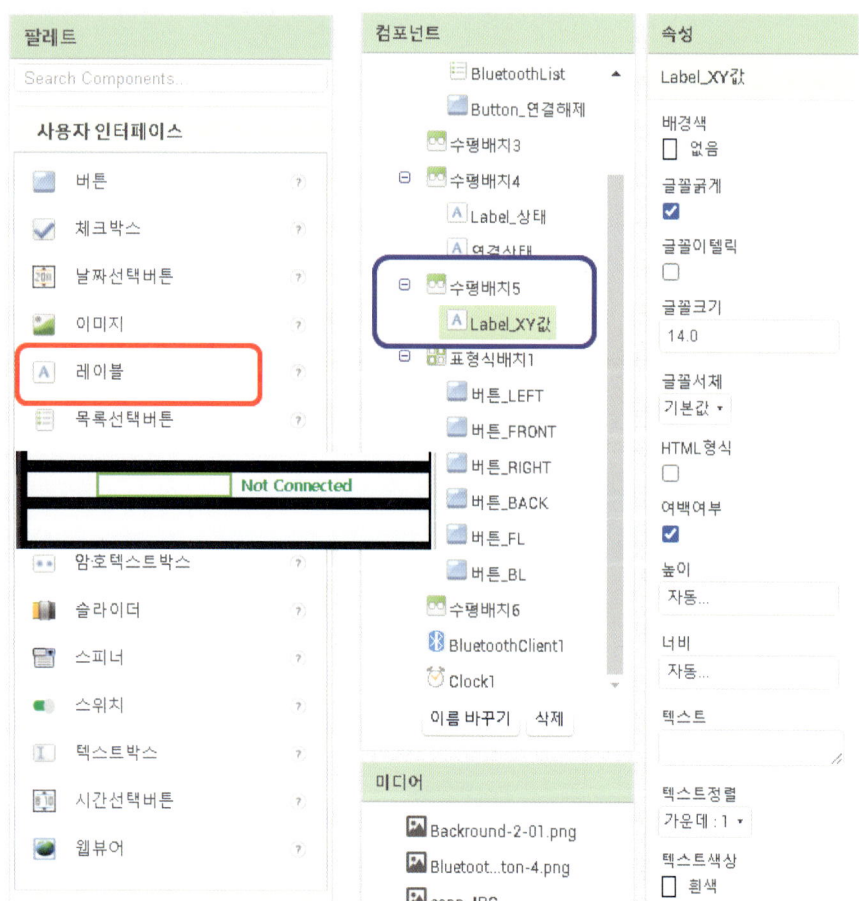

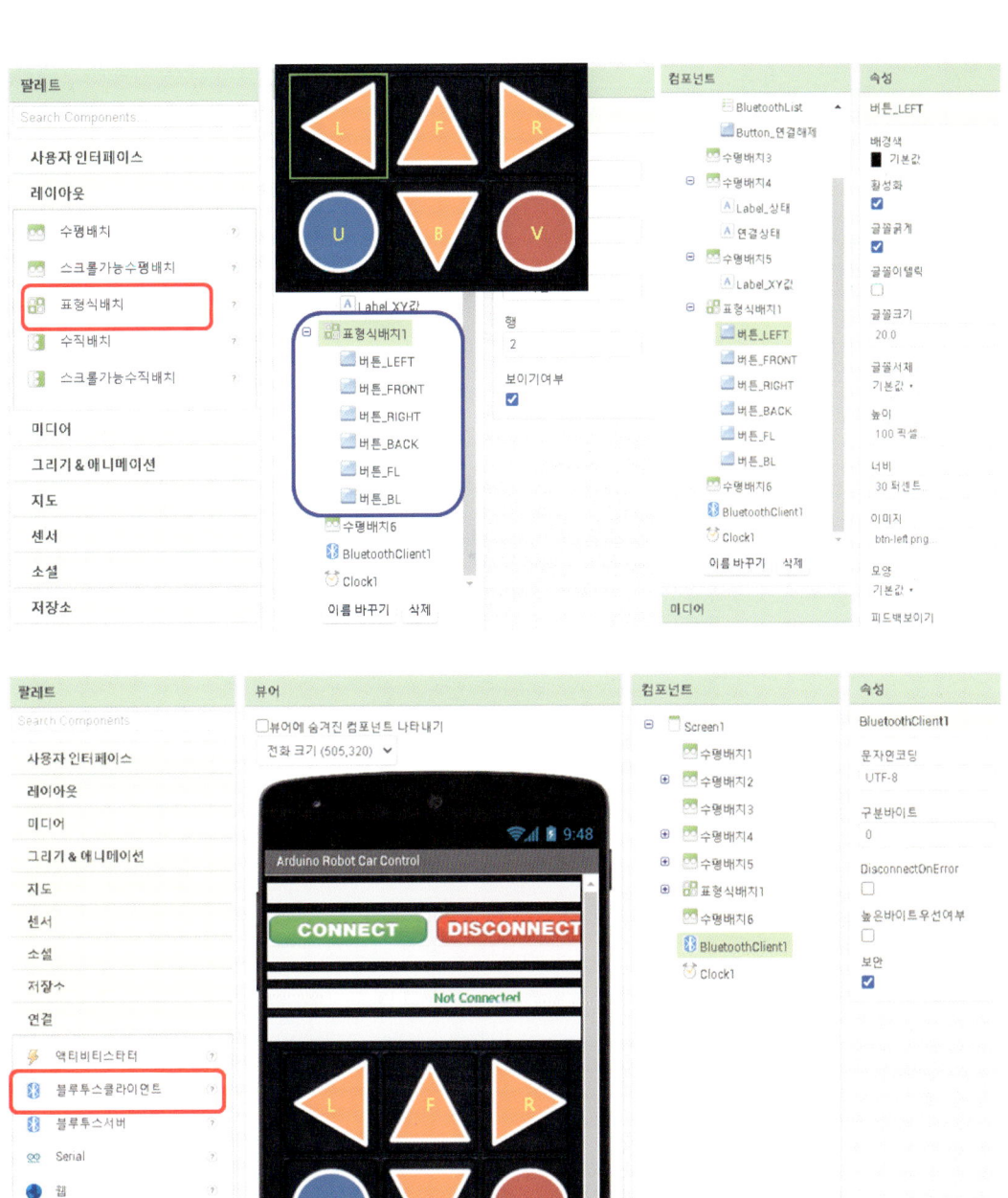

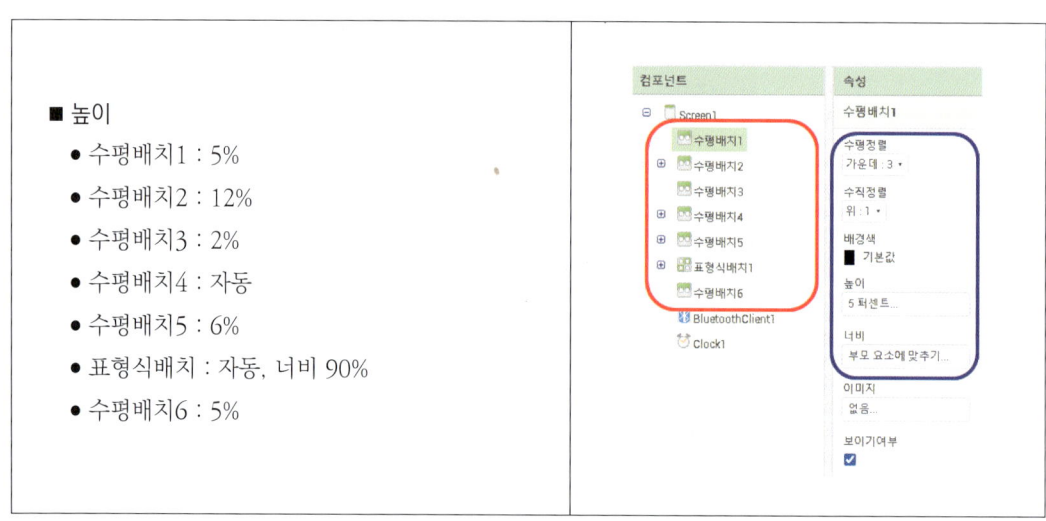

■ 높이
- 수평배치1 : 5%
- 수평배치2 : 12%
- 수평배치3 : 2%
- 수평배치4 : 자동
- 수평배치5 : 6%
- 표형식배치 : 자동, 너비 90%
- 수평배치6 : 5%

다. 버튼 컨트롤 앱 블록 코딩

154 • 융합기술 프로젝트 [2] 전기 자동차 만들기

라. 앱 테스트

① 자동차 전원을 켠다.
② 휴대폰의 블루투스 설정을 열고 활성화한다.
③ 설정한 앱의 이름이 잡히면 비밀번호 1234를 입력한다.
④ 작성하여 다운로드한 앱을 열고 Connect 하고 블루투스 목록을 선택한다.
⑤ 버튼을 눌러 동작을 제어한다.

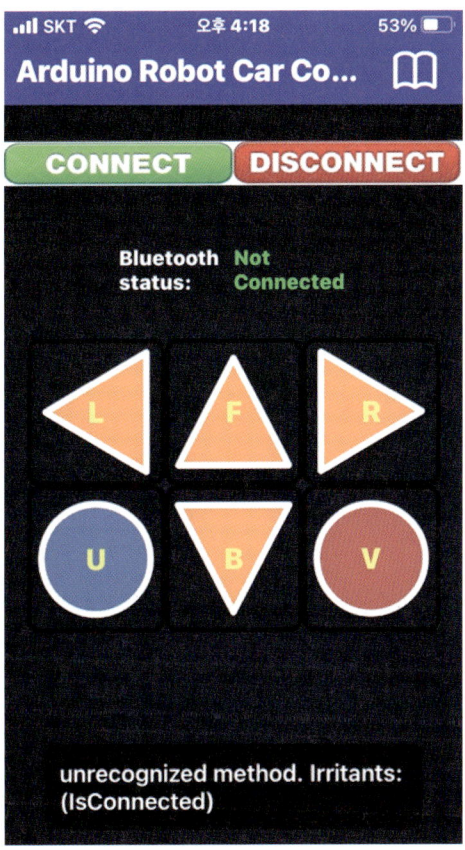

E. 설계 도면

1. 조립 등각도

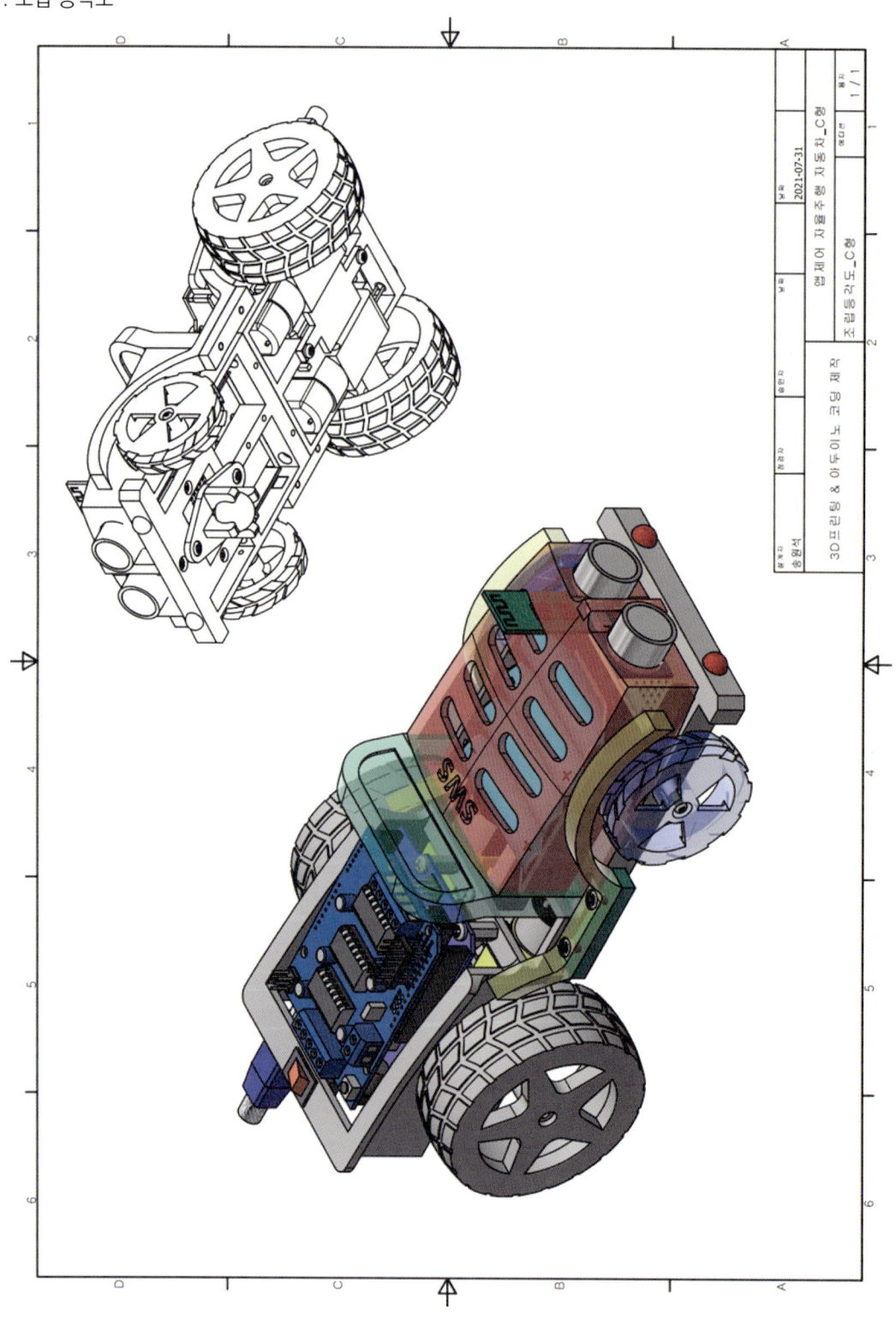

2. 분해도

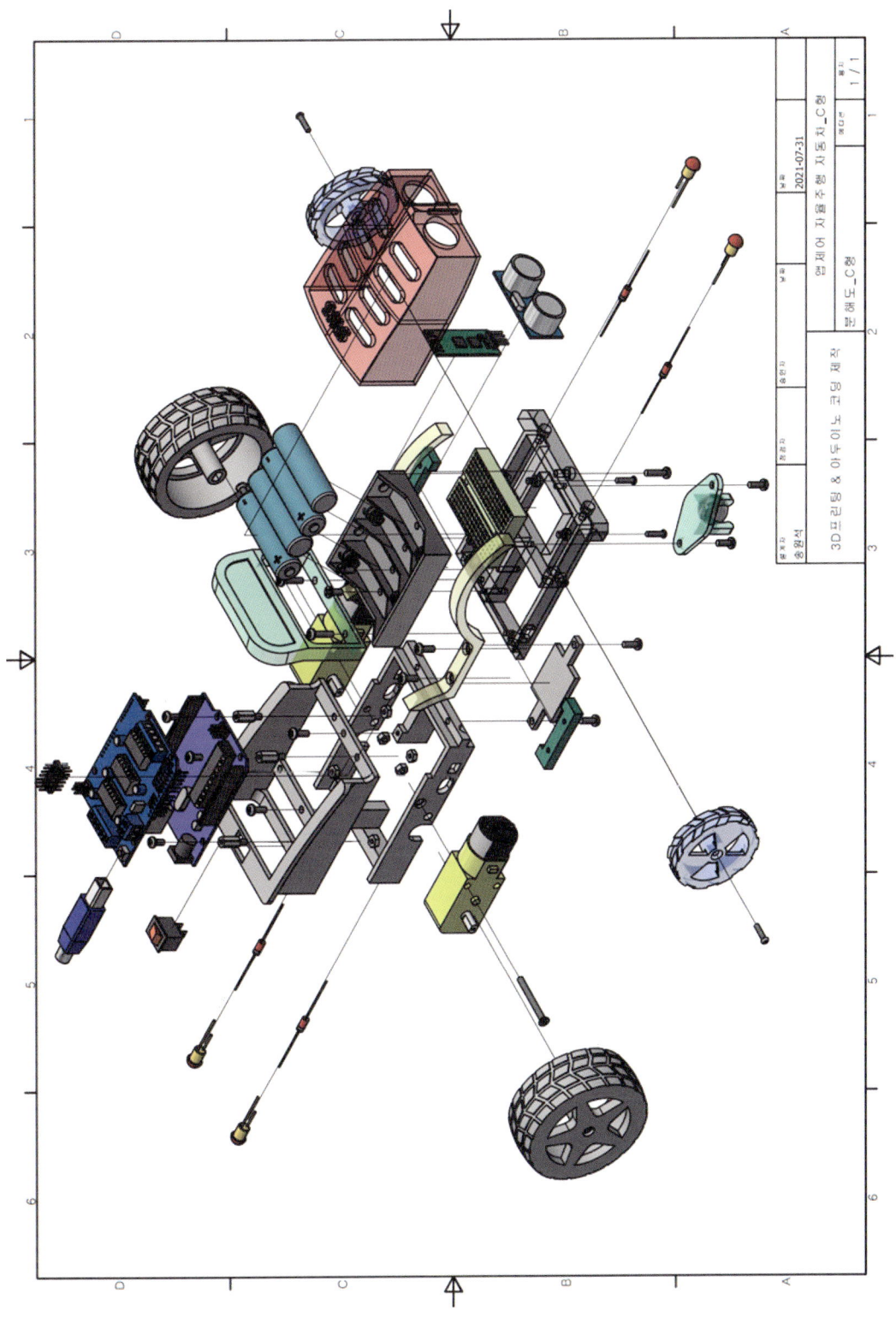

3. 조립도

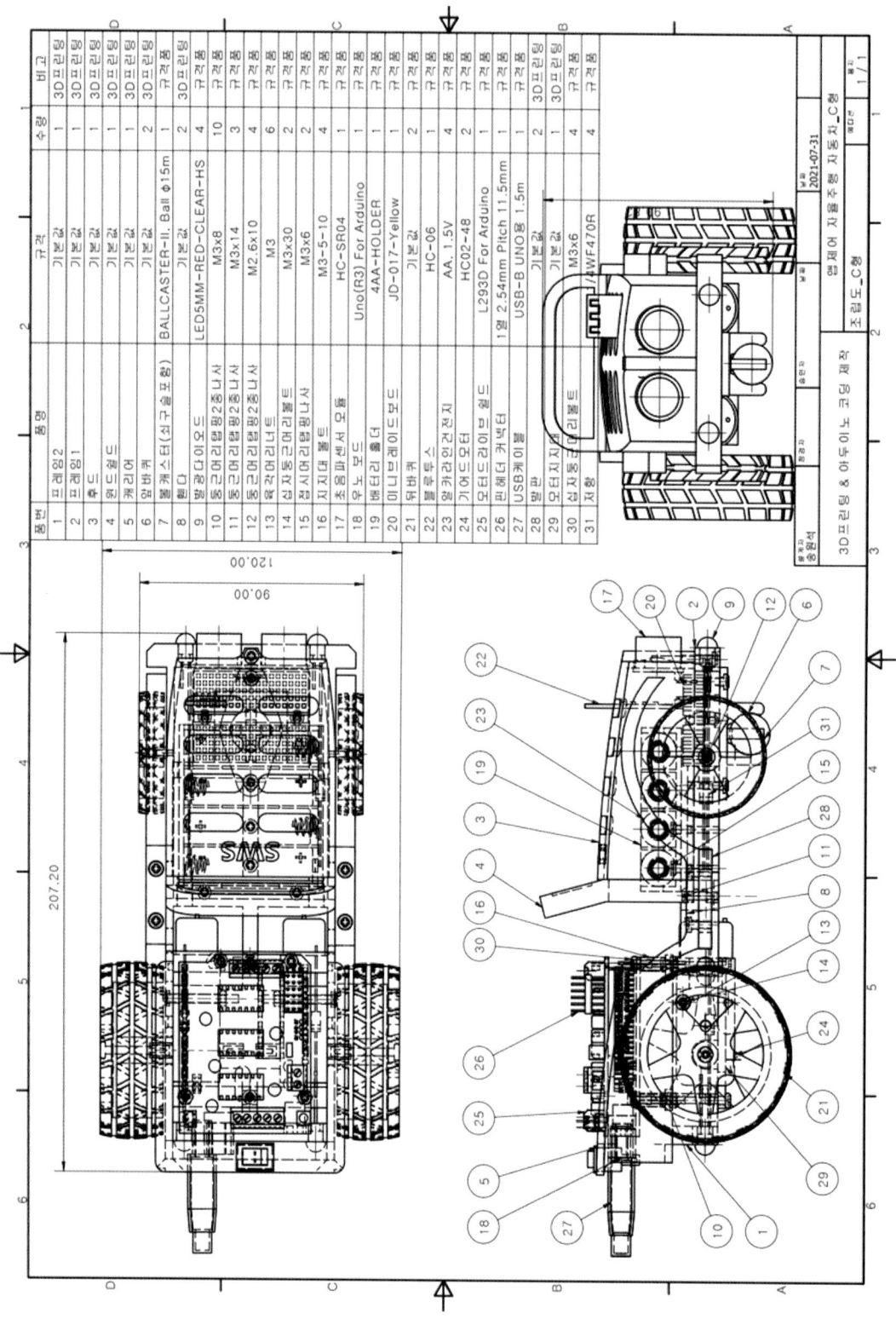

4. 부품도

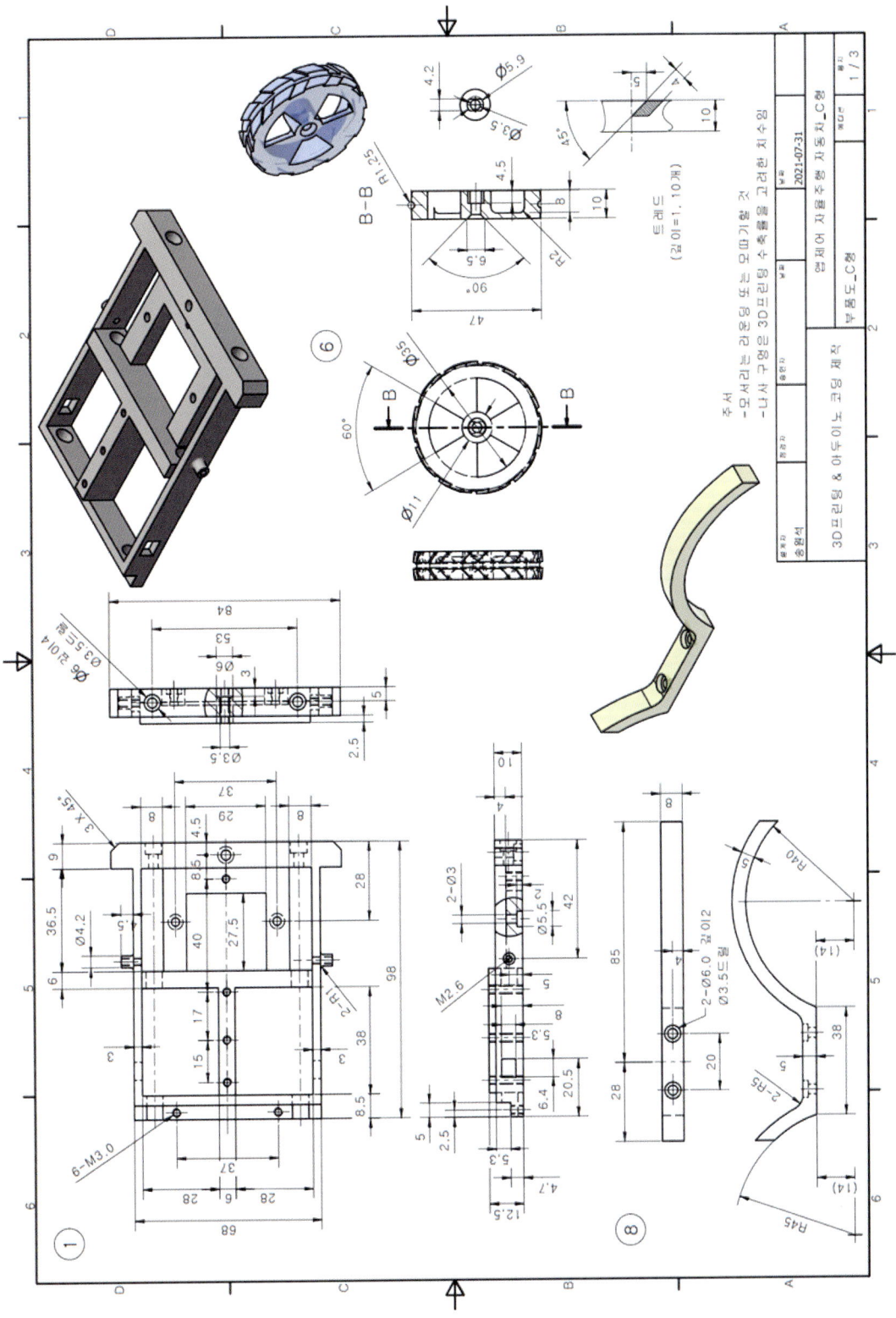

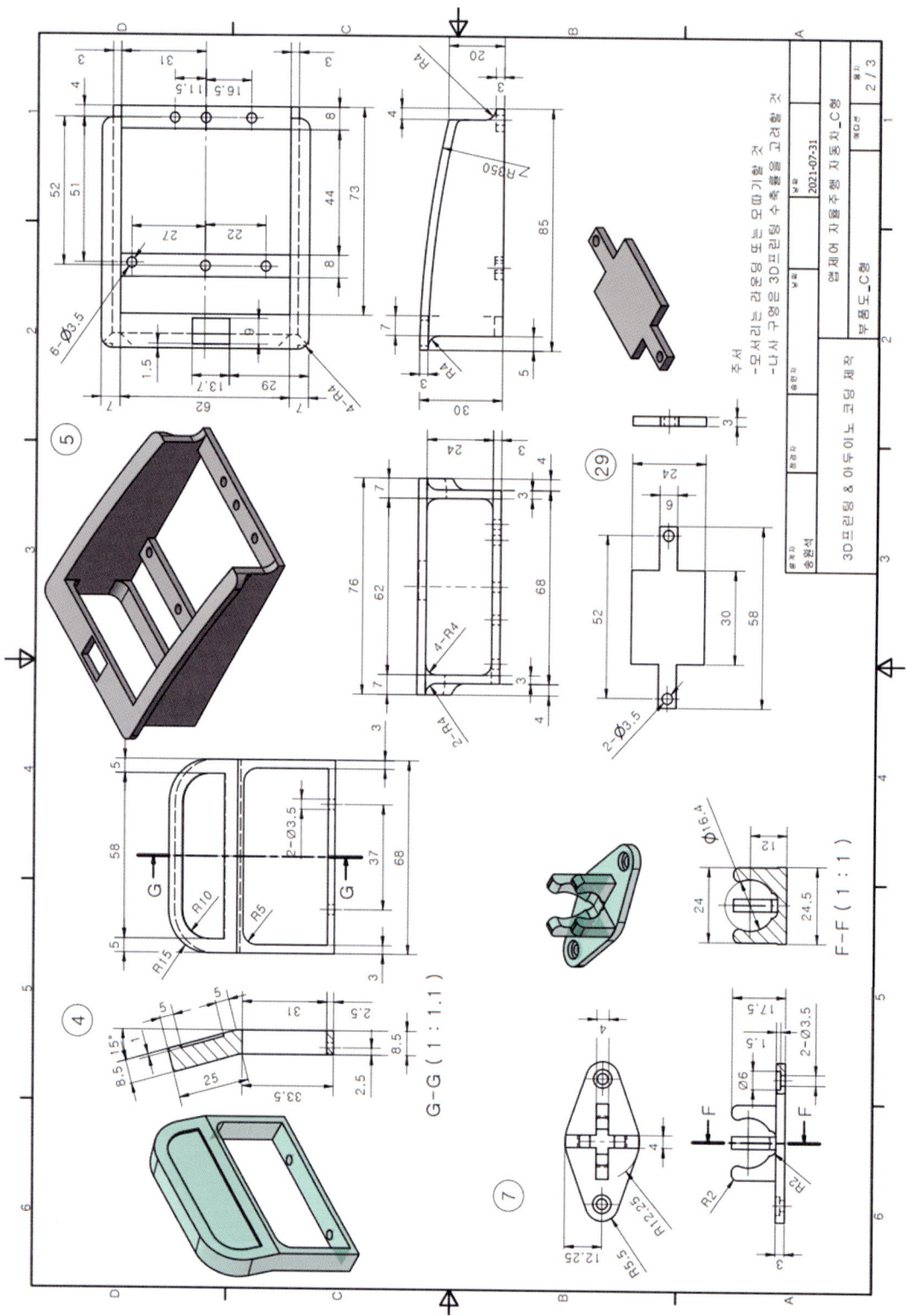

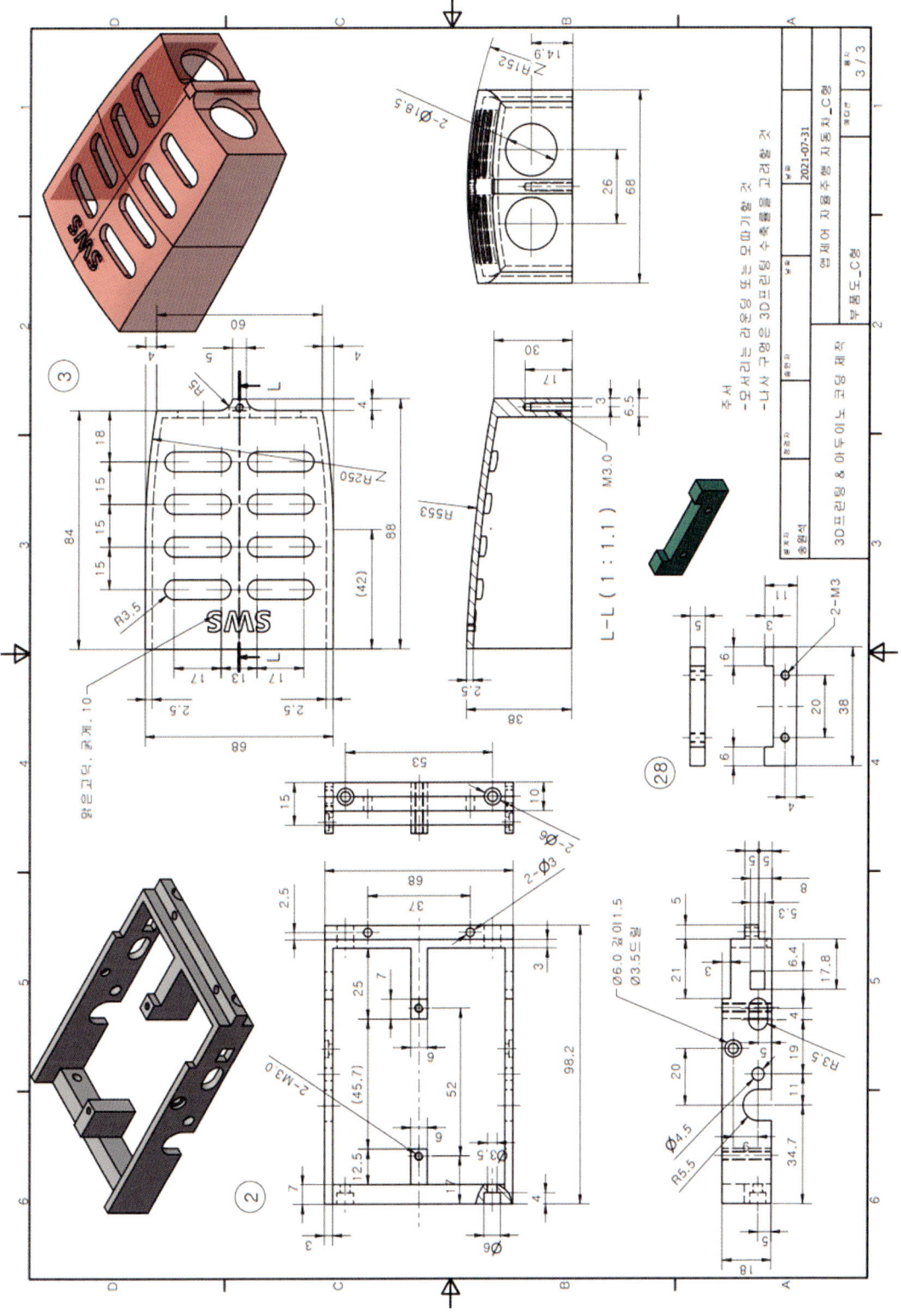

F. 모델링 방법

1. 부품

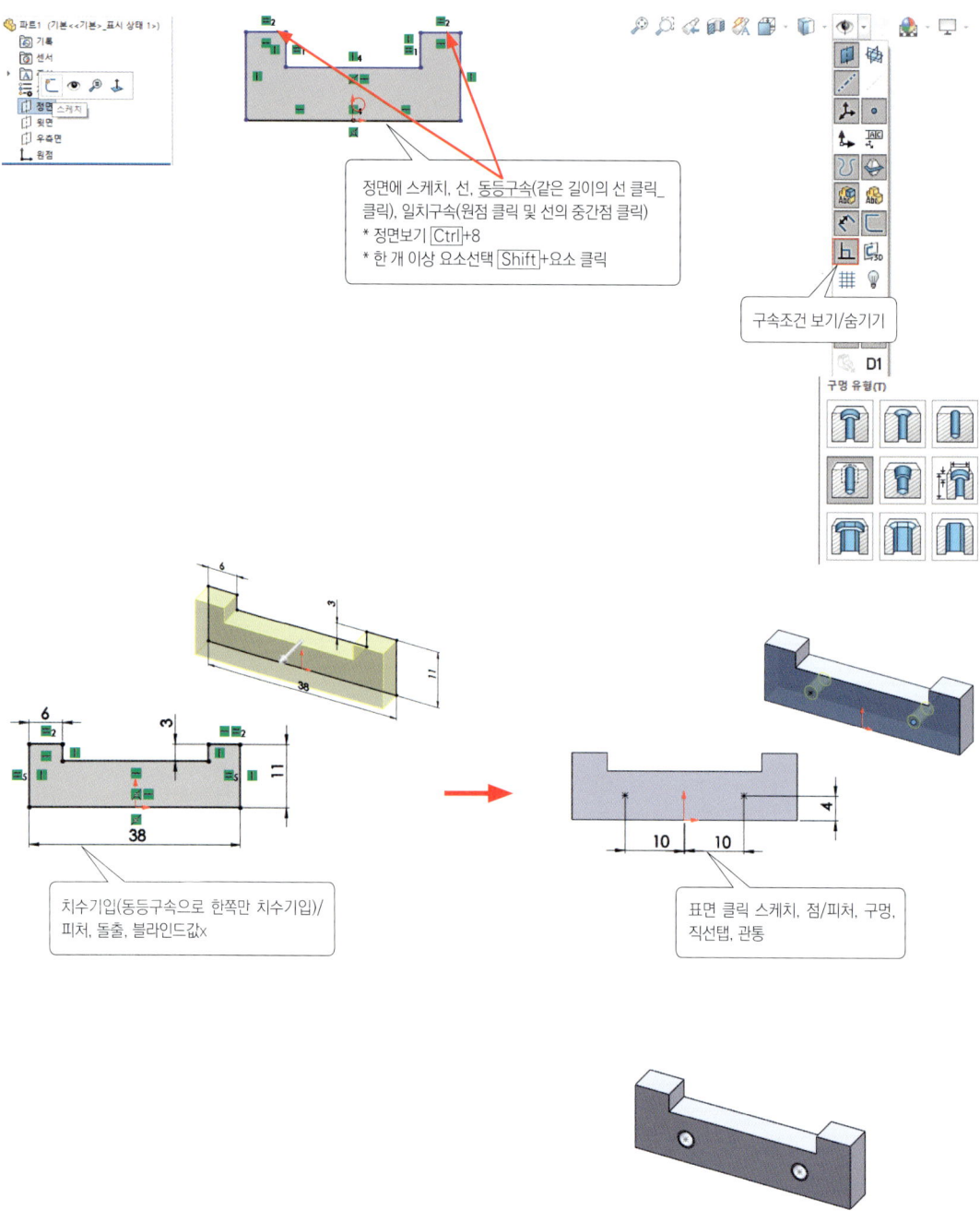

STL 파일로 저장하기

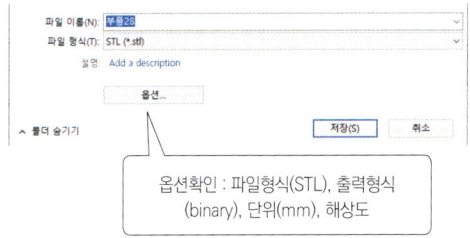

옵션확인 : 파일형식(STL), 출력형식
(binary), 단위(mm), 해상도

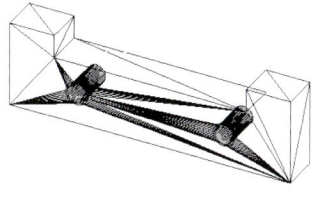

STL 파일 슬라이싱 및 G-code 파일로 저장하기

[프린터 설정 : Cubicon Style Plus-A15]

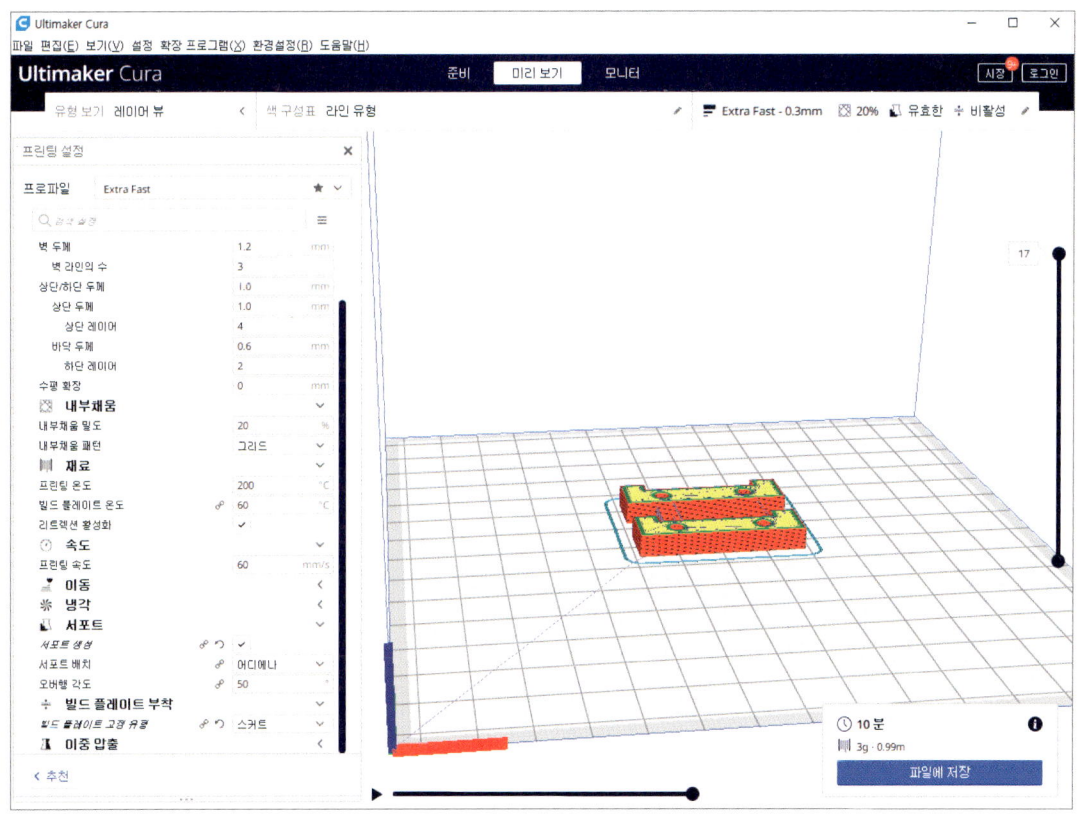

2. 부품

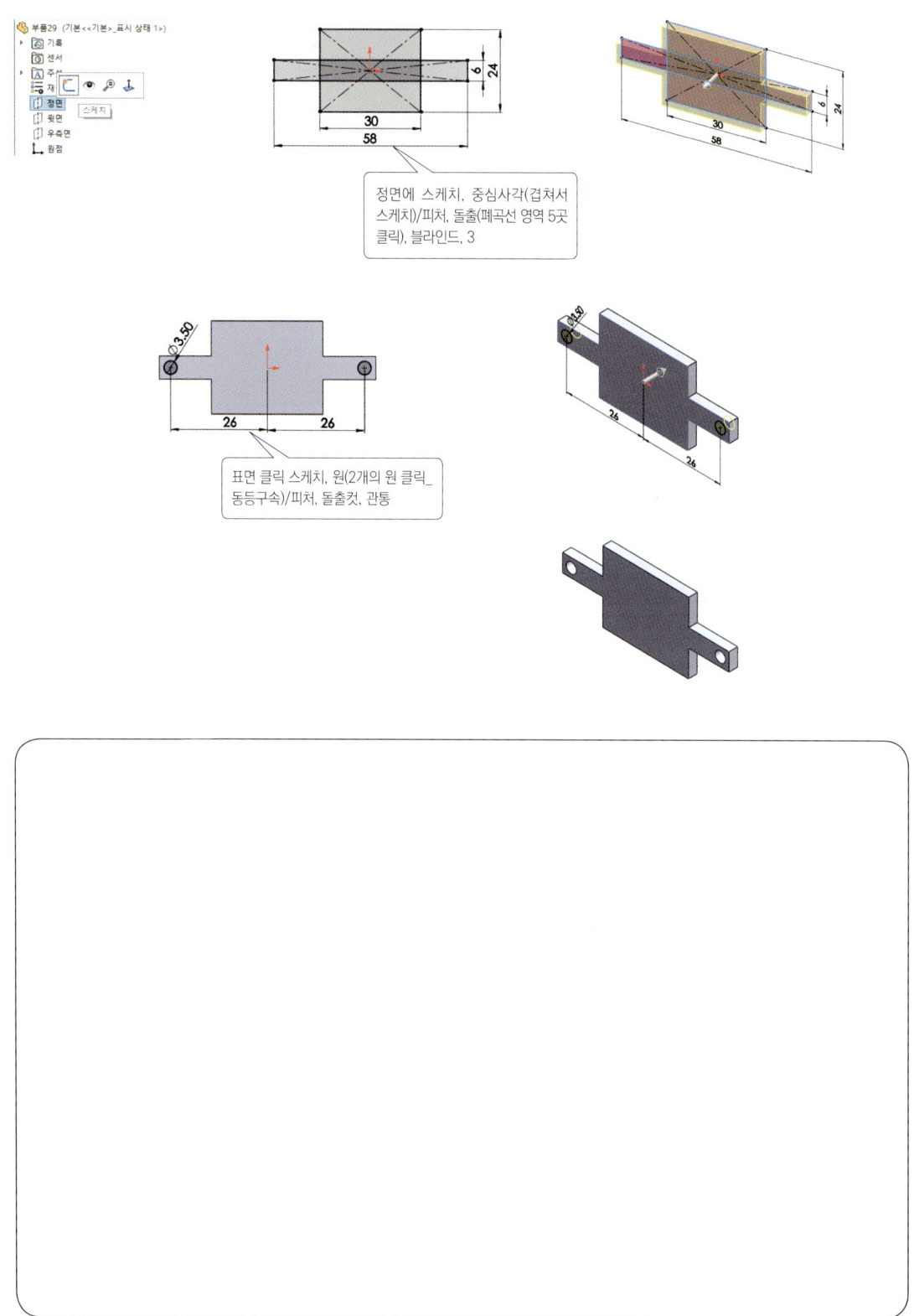

STL 파일로 저장하기

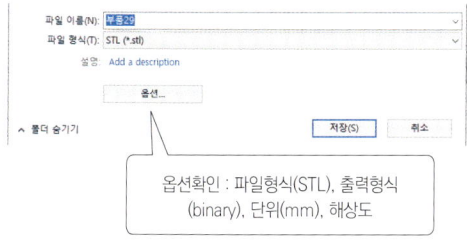

옵션확인 : 파일형식(STL), 출력형식 (binary), 단위(mm), 해상도

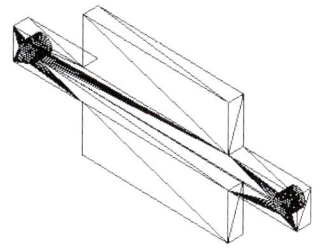

STL 파일 슬라이싱 및 G-code 파일로 저장하기

[프린터 설정 : Cubicon Style Plus-A15]

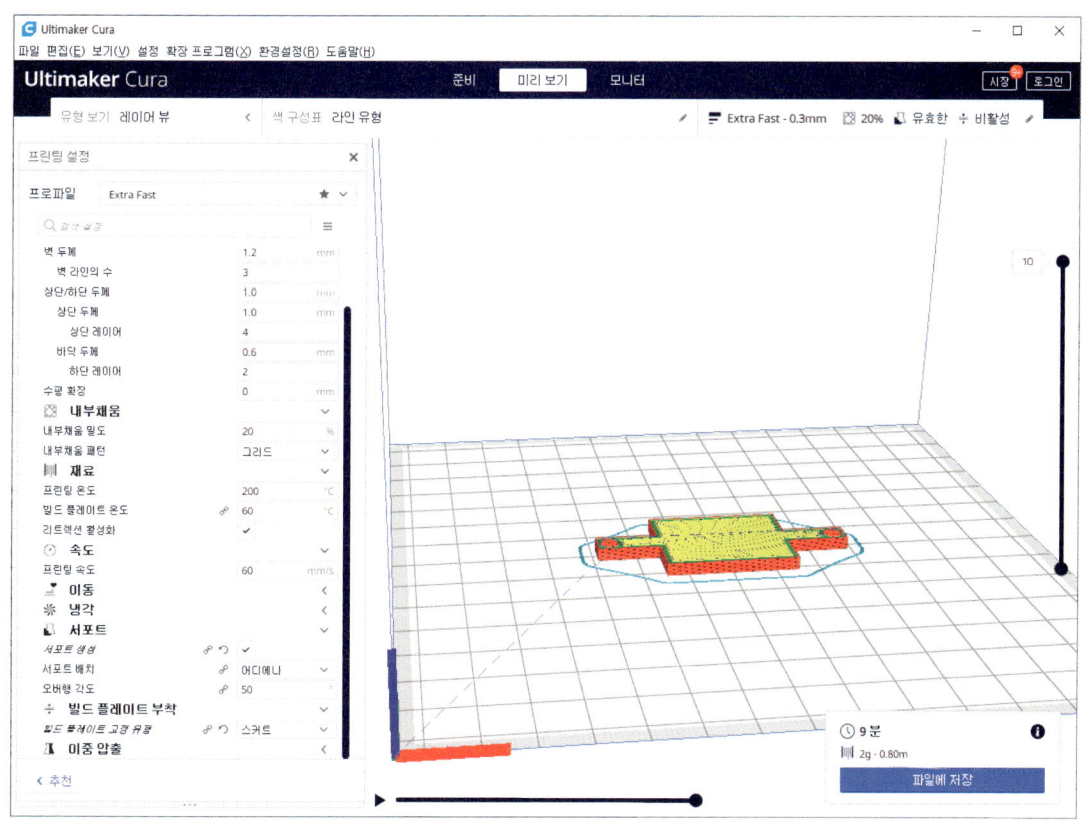

3. 부품

정면에 스케치, 선, 호, 오프셋, 4.5

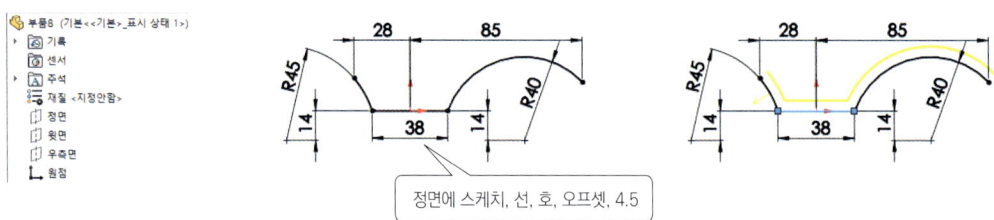

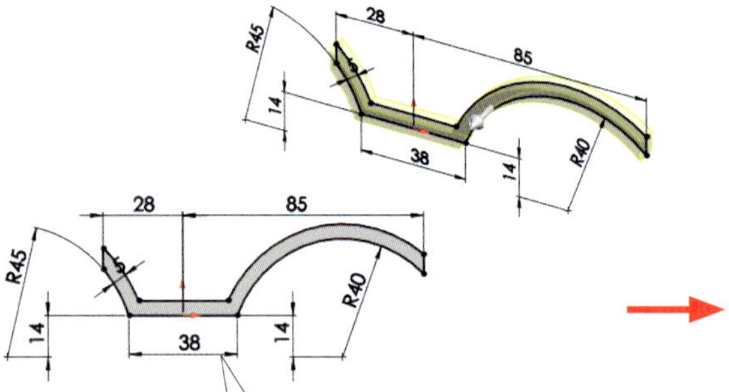

폐곡선이 되도록 선연결/피처, 돌출, 중간평면, 8

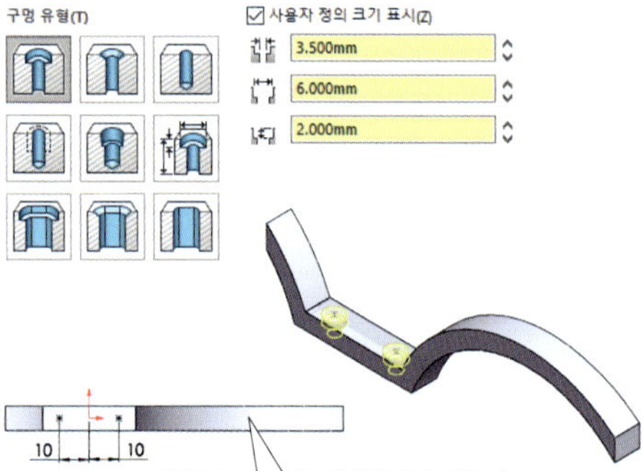

표면 클릭 스케치, 점, 완료 /
피처, 구멍, 카운터보어

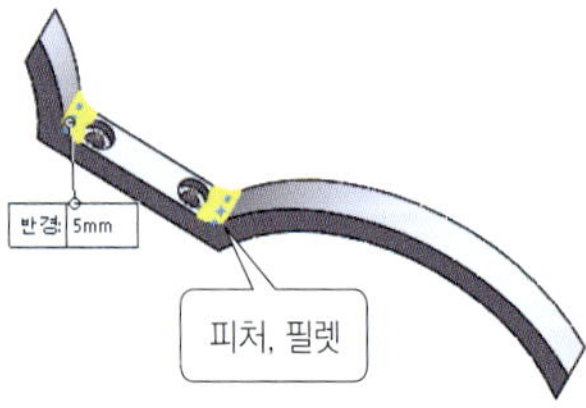

피처, 필렛

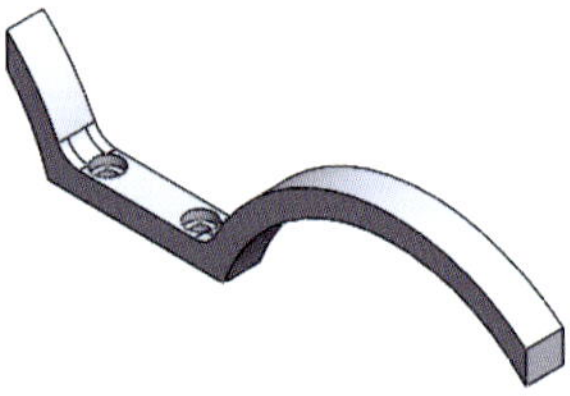

STL 파일로 저장하기

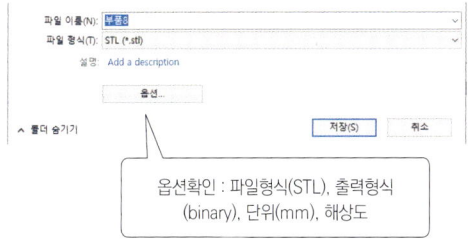

옵션확인 : 파일형식(STL), 출력형식 (binary), 단위(mm), 해상도

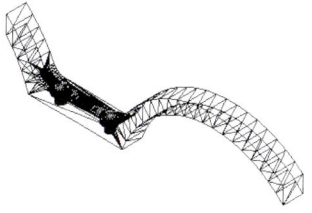

STL 파일 슬라이싱 및 G-code 파일로 저장하기

[프린터 설정 : Cubicon Style Plus-A15]

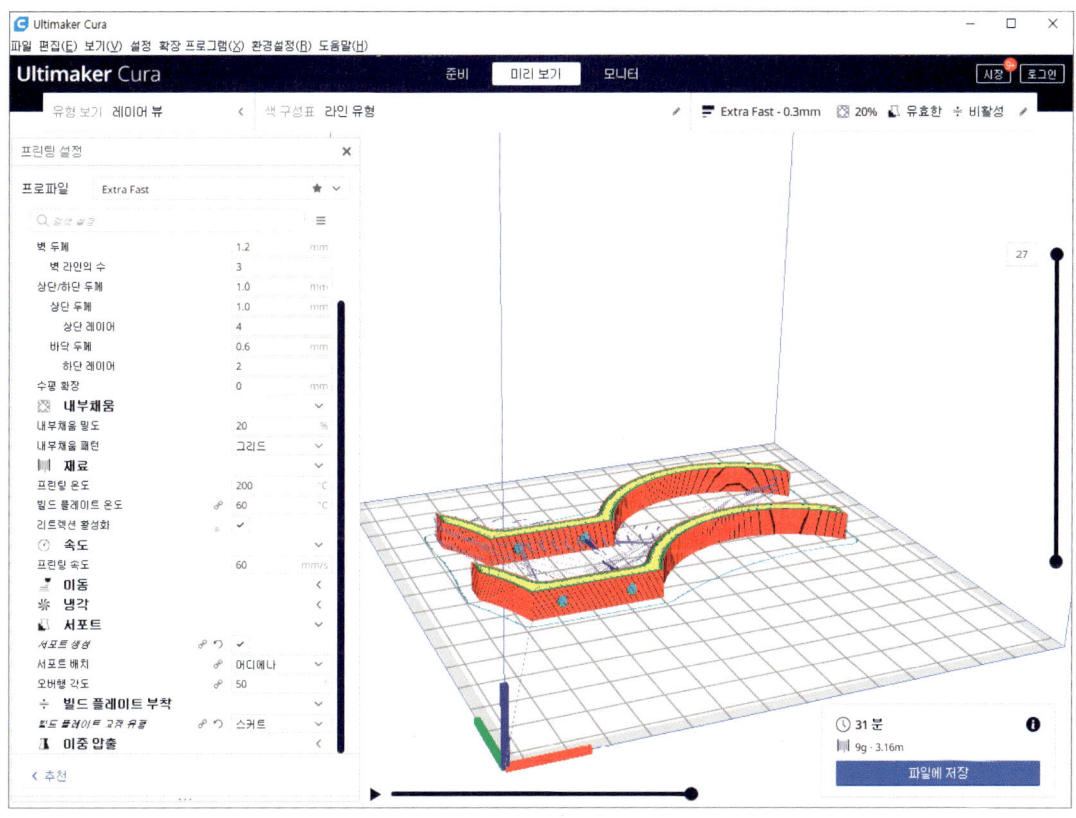

4. 부품

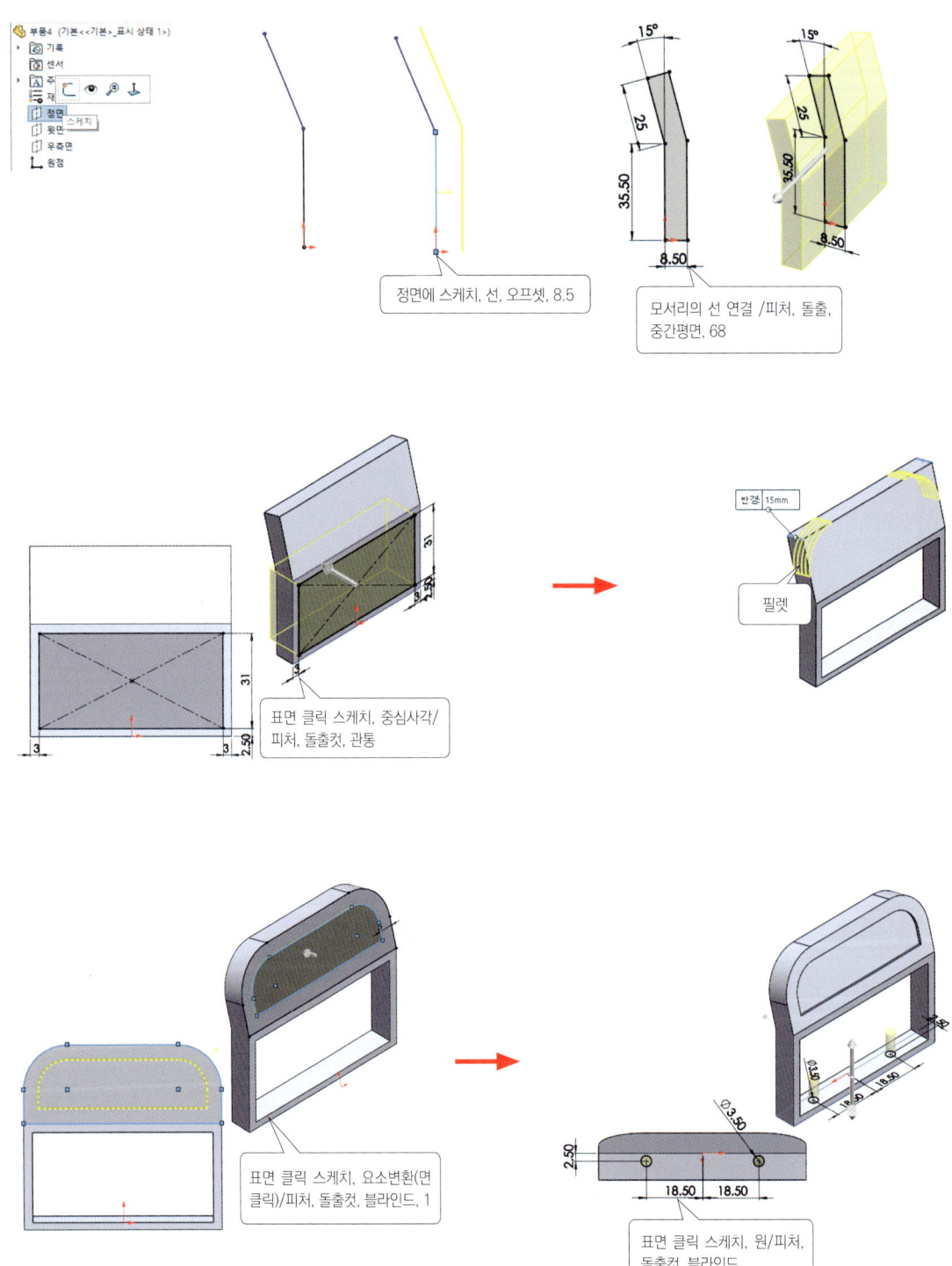

STL 파일로 저장하기

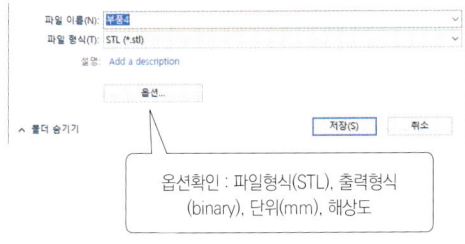

옵션확인 : 파일형식(STL), 출력형식
(binary), 단위(mm), 해상도

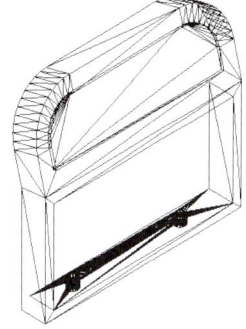

STL 파일 슬라이싱 및 G-code 파일로 저장하기

[프린터 설정 : Cubicon Style Plus-A15]

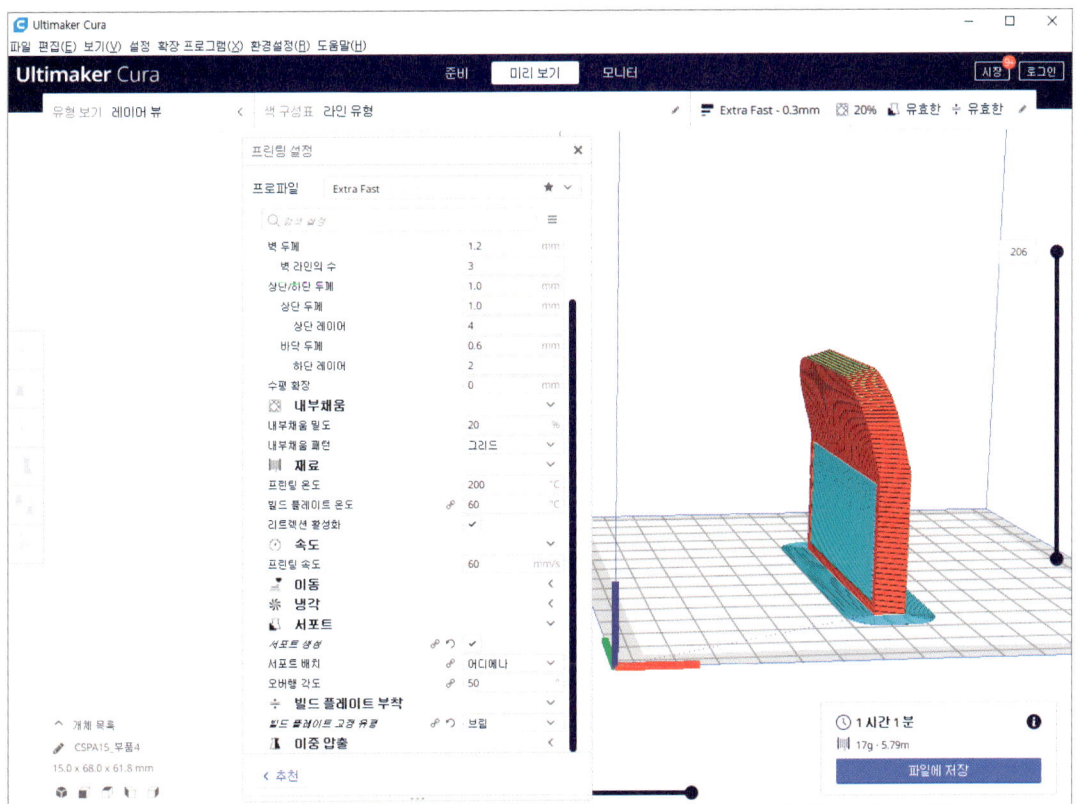

5. 부품

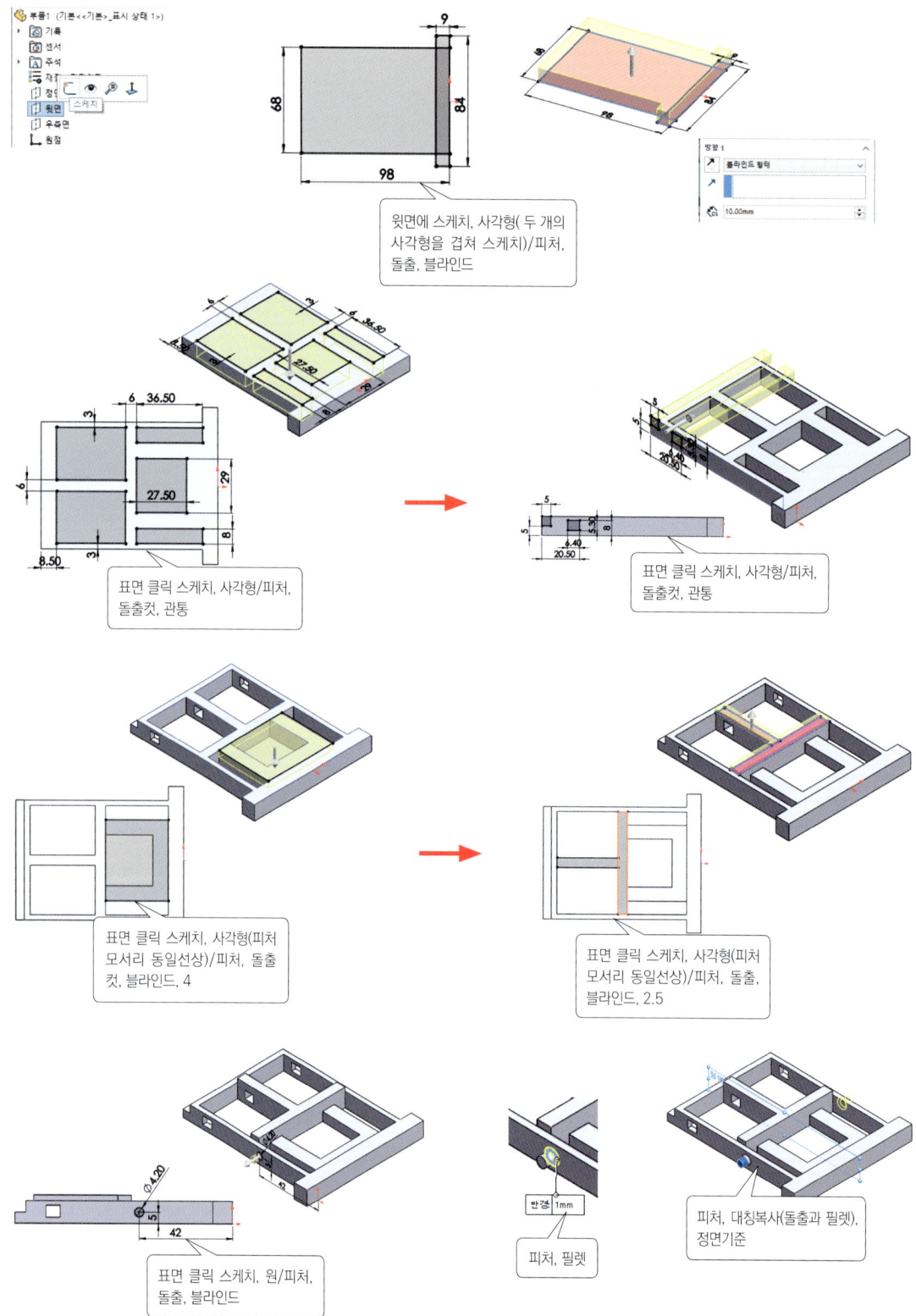

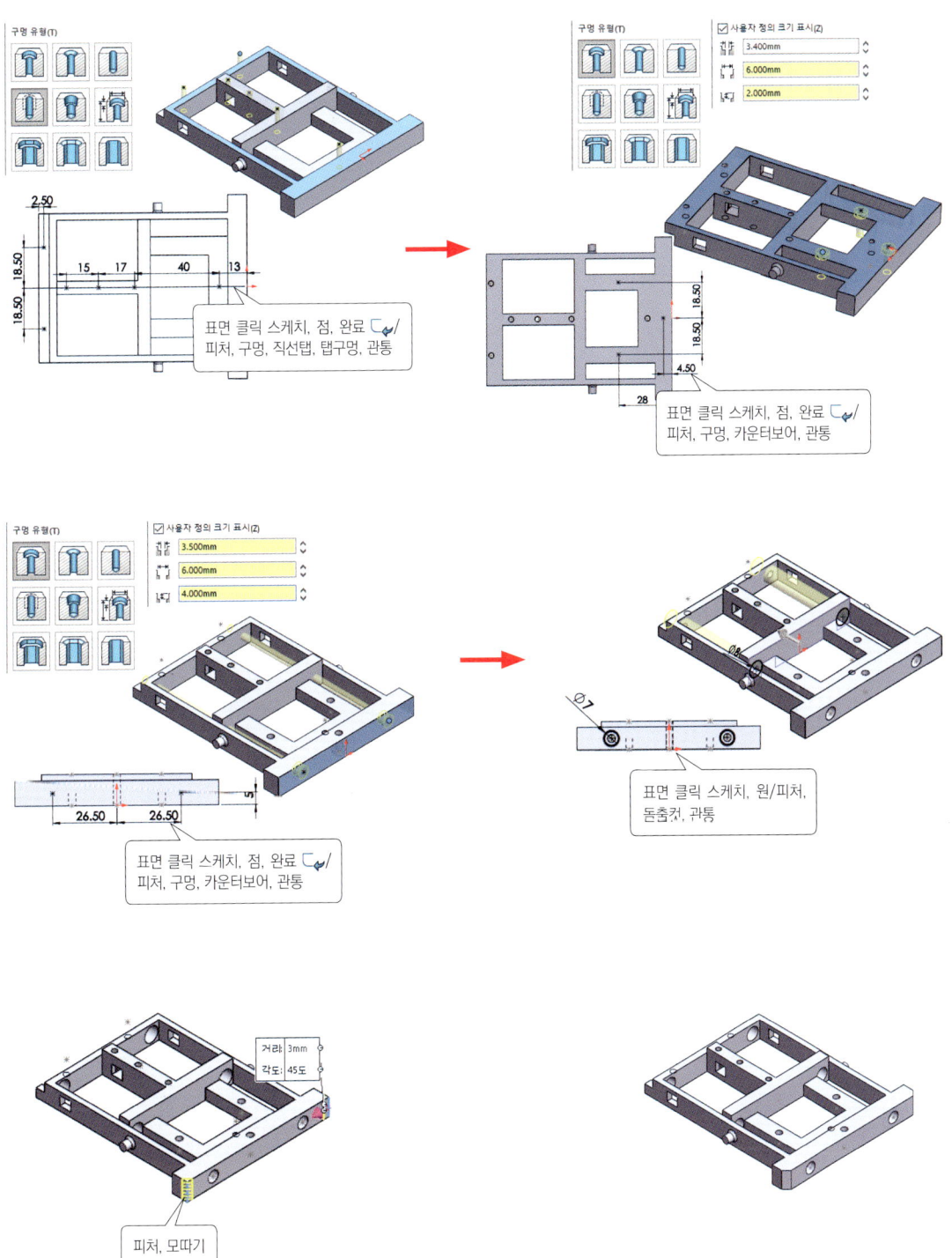

STL 파일로 저장하기

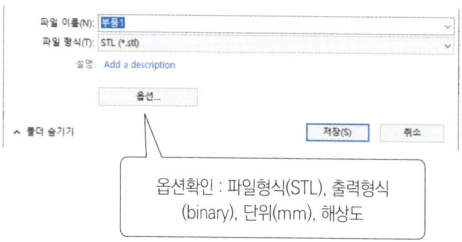

옵션확인 : 파일형식(STL), 출력형식 (binary), 단위(mm), 해상도

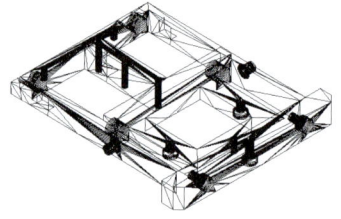

STL 파일 슬라이싱 및 G-code 파일로 저장하기

[프린터 설정 : Cubicon Style Plus-A15]

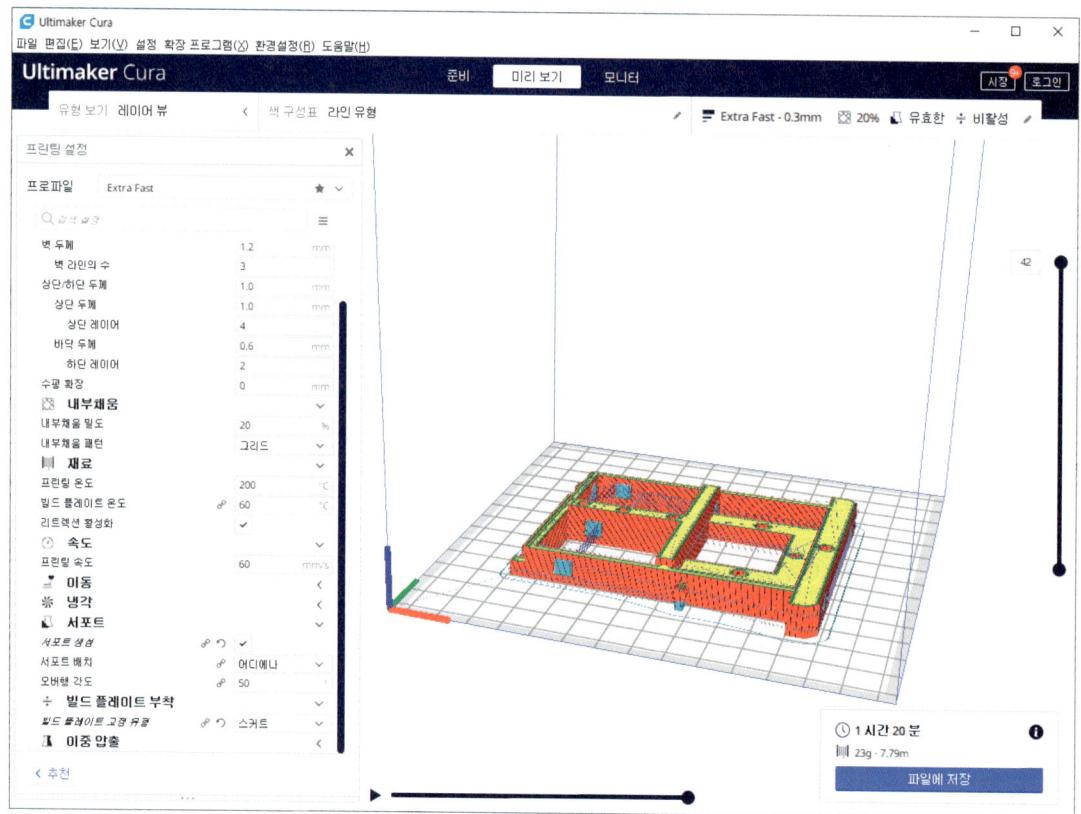

6. 부품

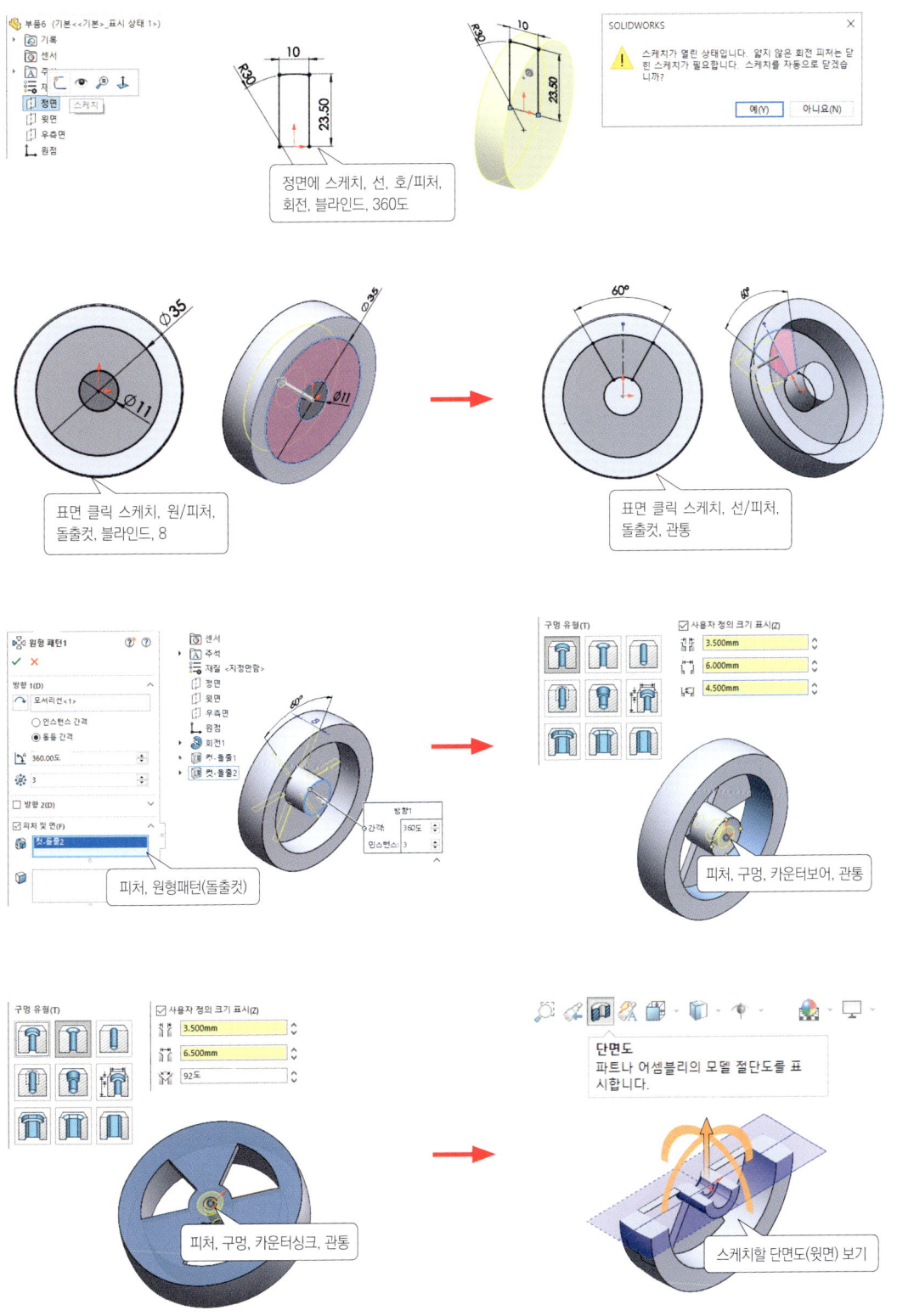

IV. 초음파센서 제어 · 앱 제어 전기자동차 • **173**

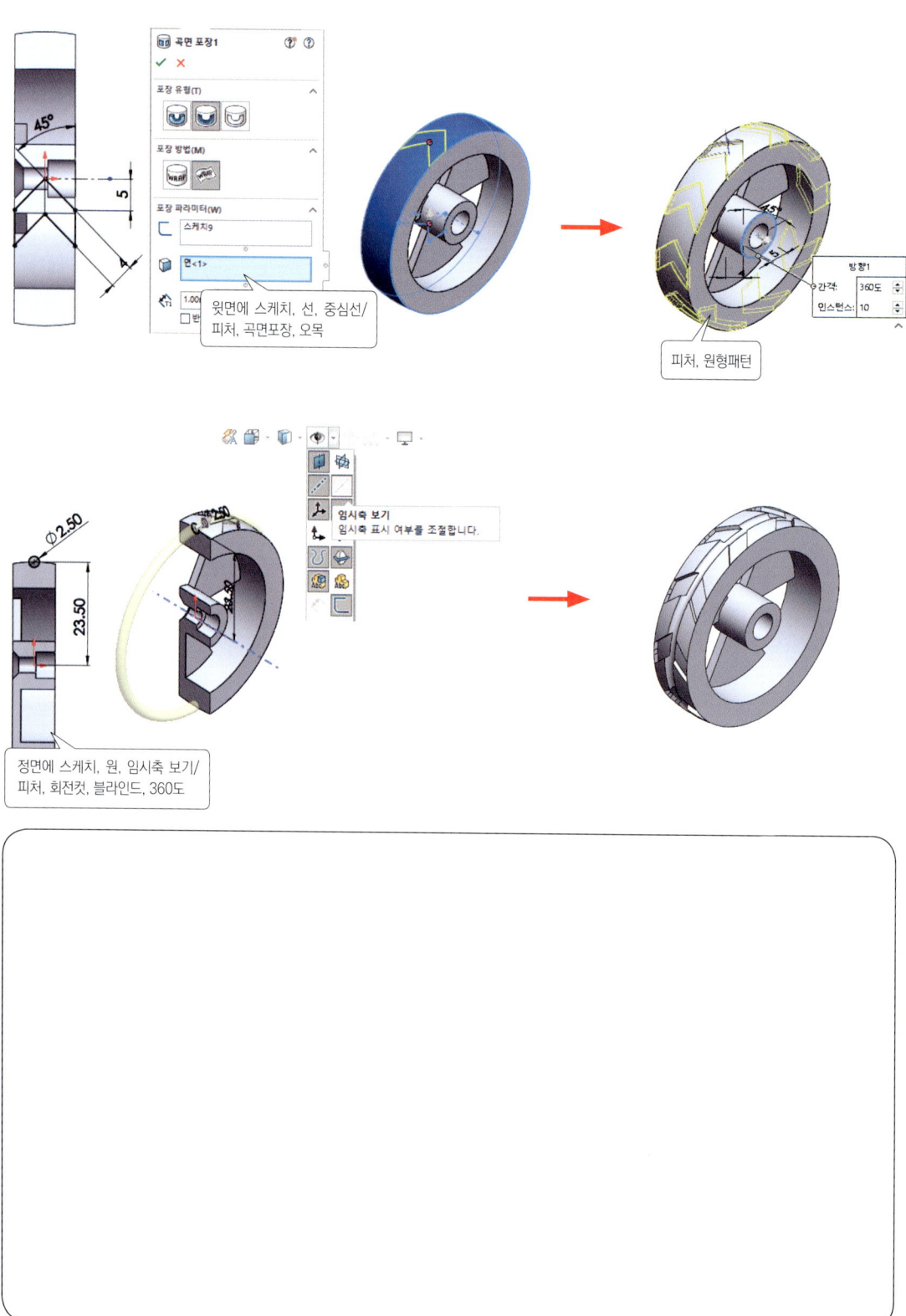

174 • 융합기술 프로젝트 [2] 전기 자동차 만들기

STL 파일로 저장하기

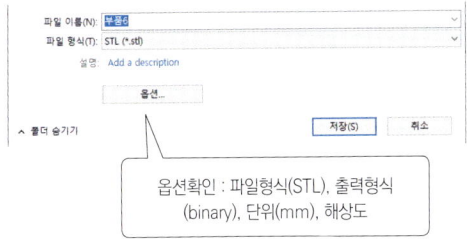

옵션확인 : 파일형식(STL), 출력형식 (binary), 단위(mm), 해상도

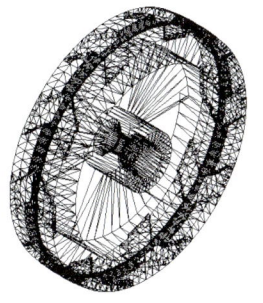

STL 파일 슬라이싱 및 G-code 파일로 저장하기

[프린터 설정 : Cubicon Style Plus-A15]

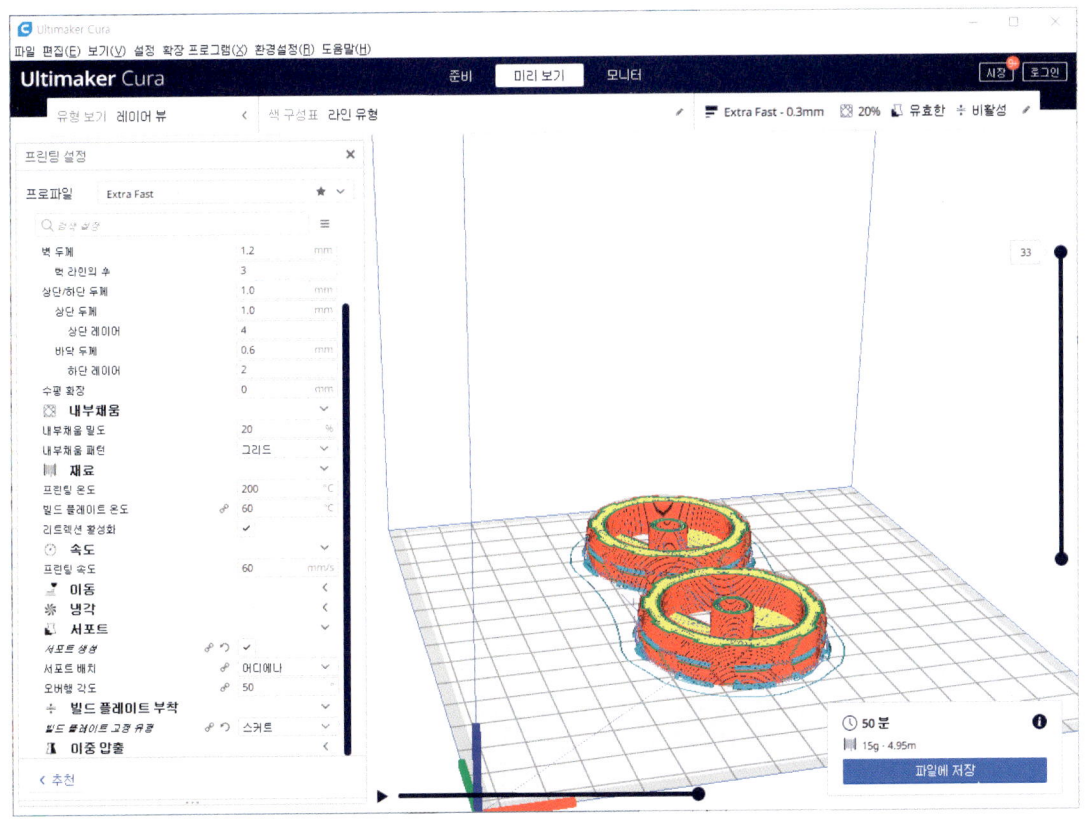

7. 부품

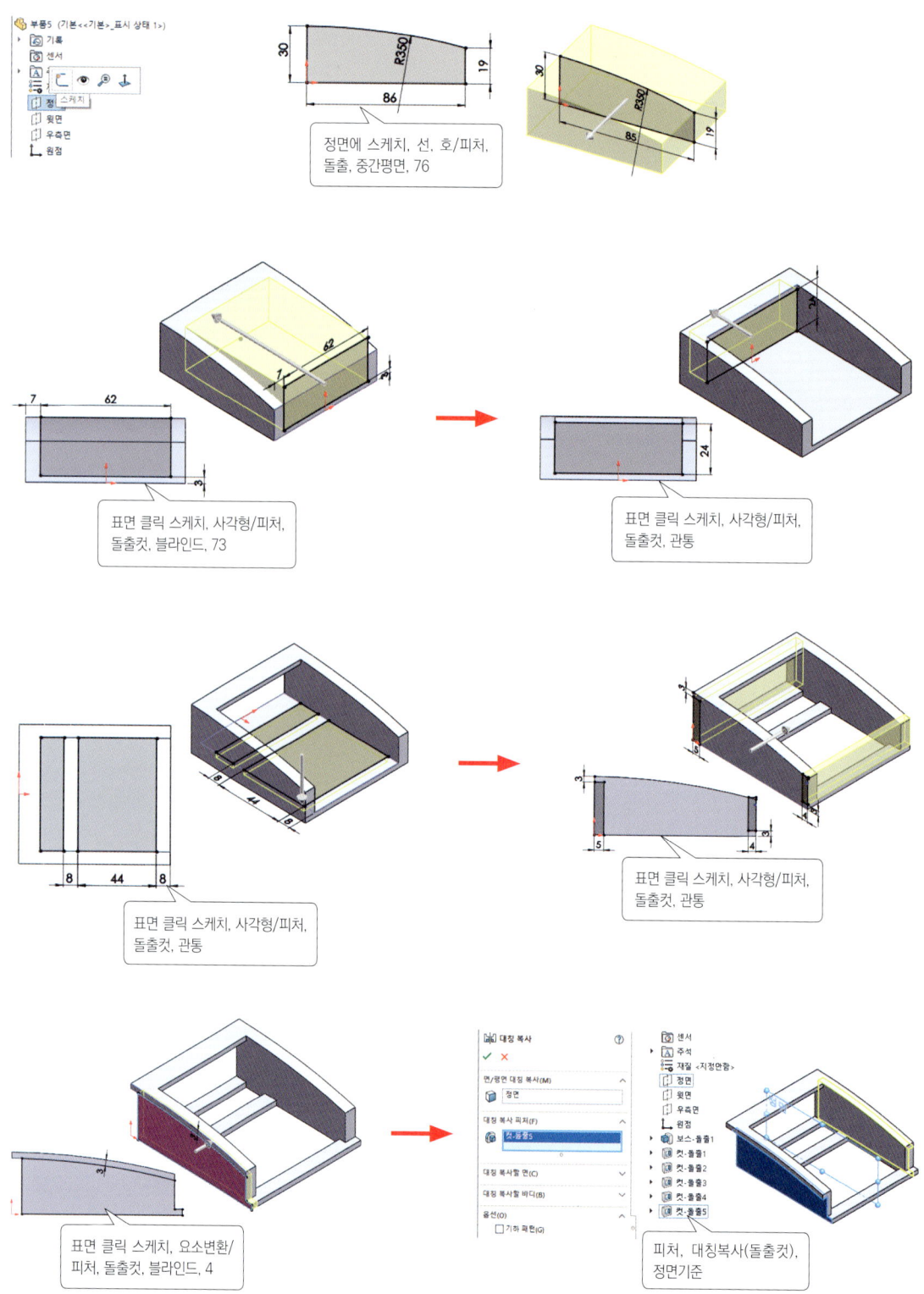

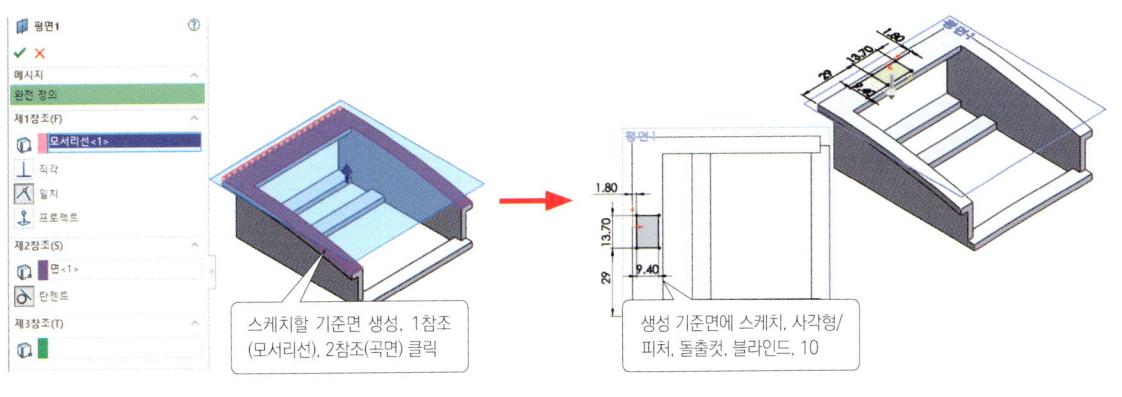

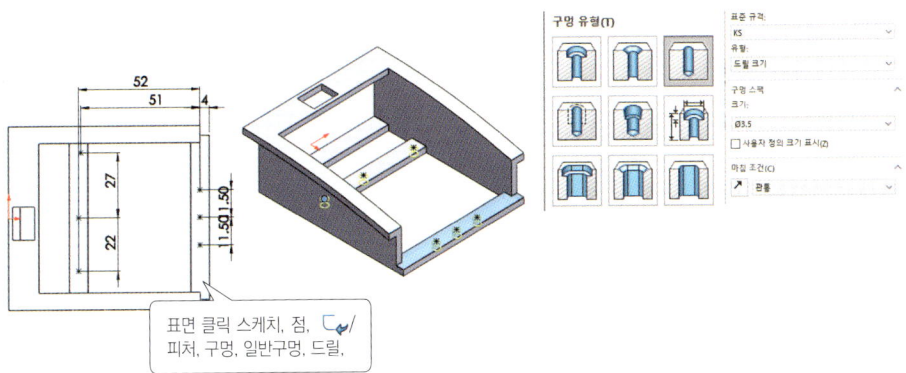

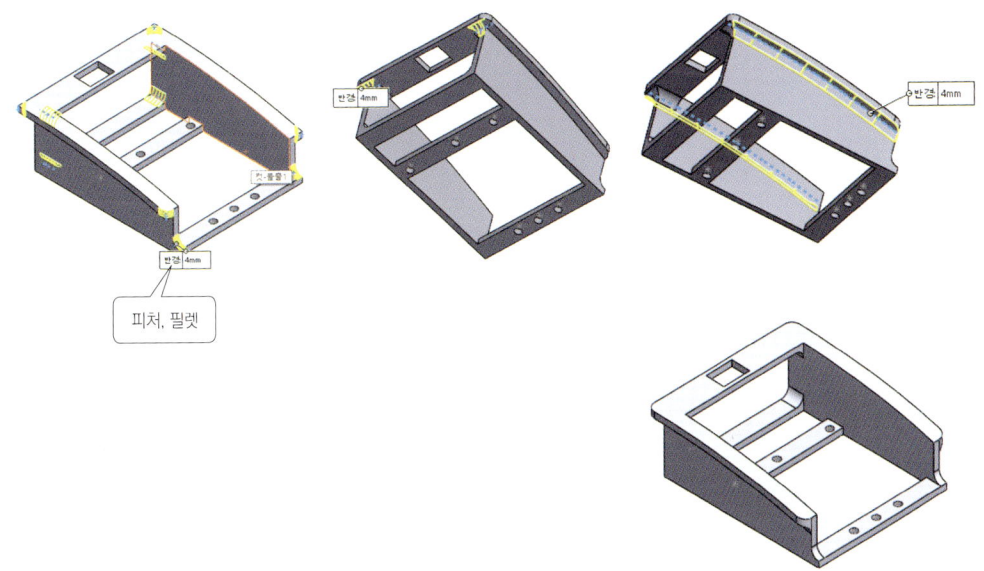

STL 파일로 저장하기

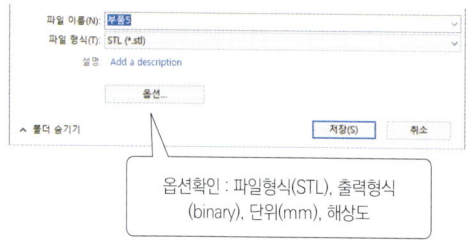

옵션확인 : 파일형식(STL), 출력형식 (binary), 단위(mm), 해상도

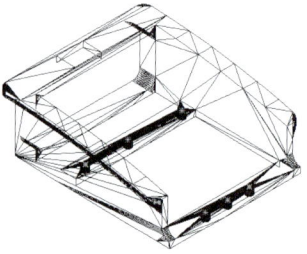

STL 파일 슬라이싱 및 G-code 파일로 저장하기

[프린터 설정 : Cubicon Style Plus-A15]

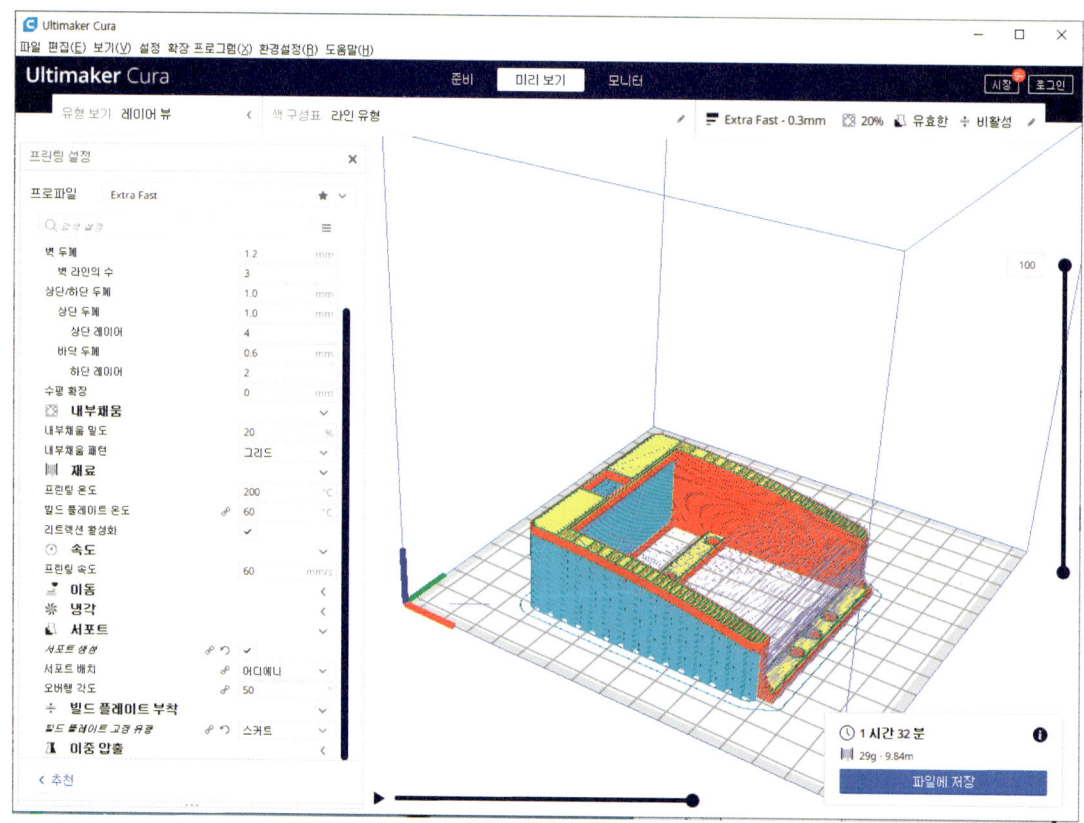

8. 부품

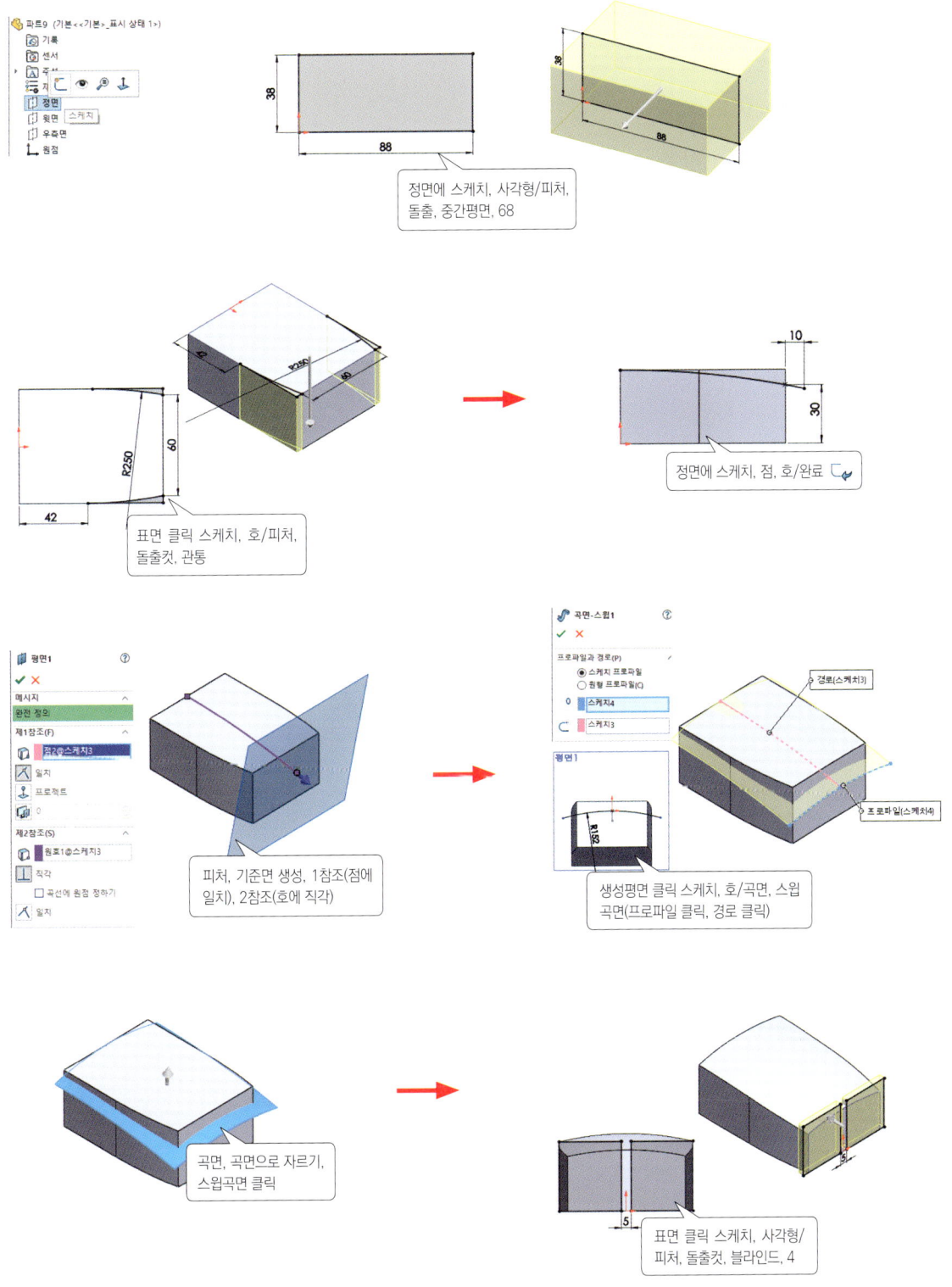

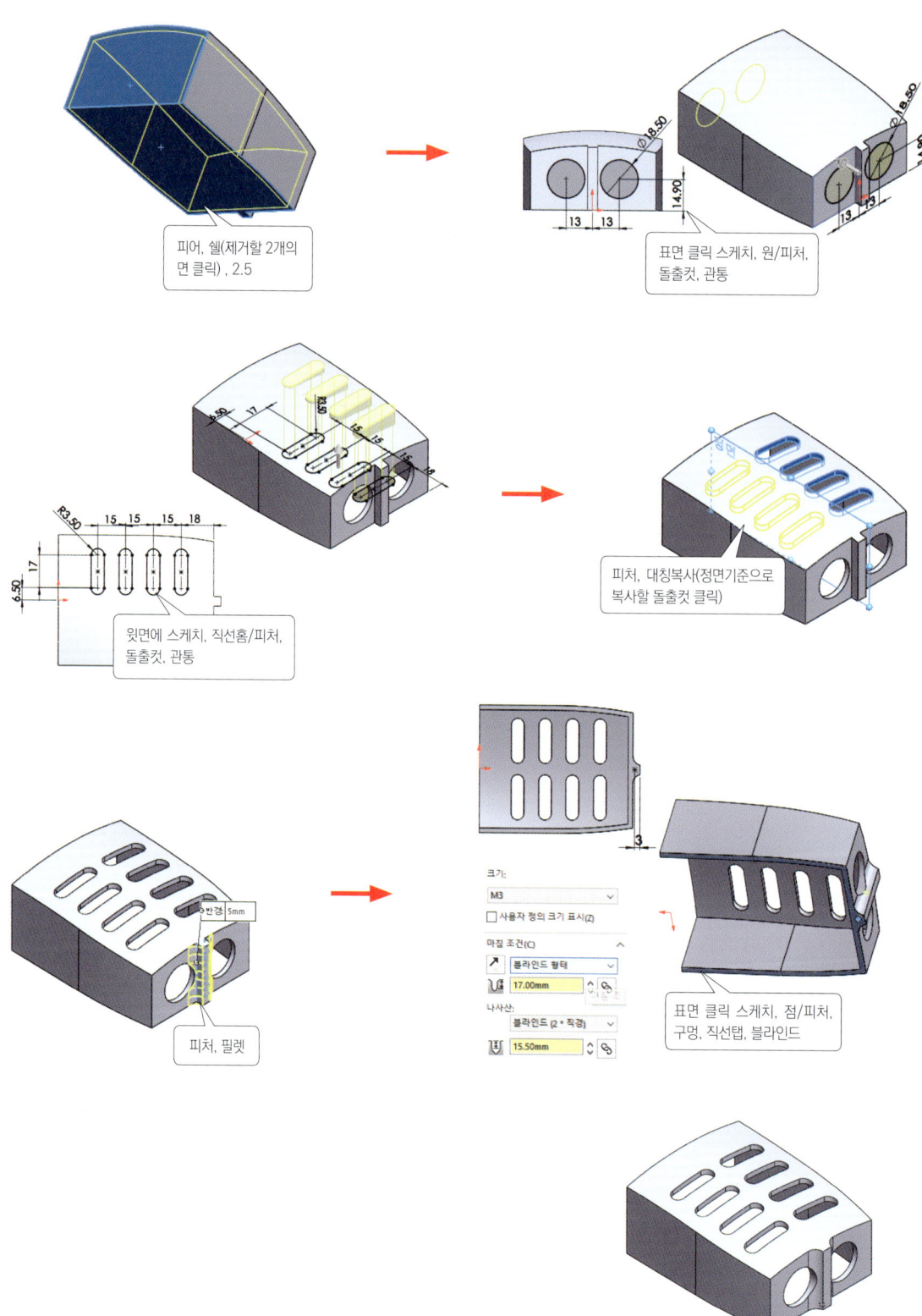

STL 파일로 저장하기

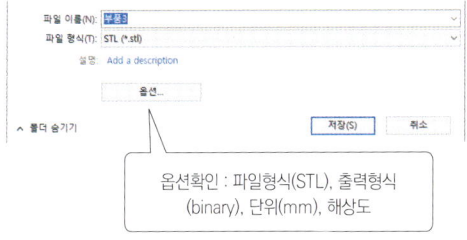

옵션확인 : 파일형식(STL), 출력형식 (binary), 단위(mm), 해상도

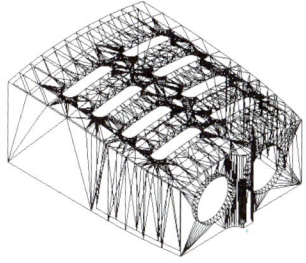

STL 파일 슬라이싱 및 G-code 파일로 저장하기

[프린터 설정 : Cubicon Style Plus-A15]

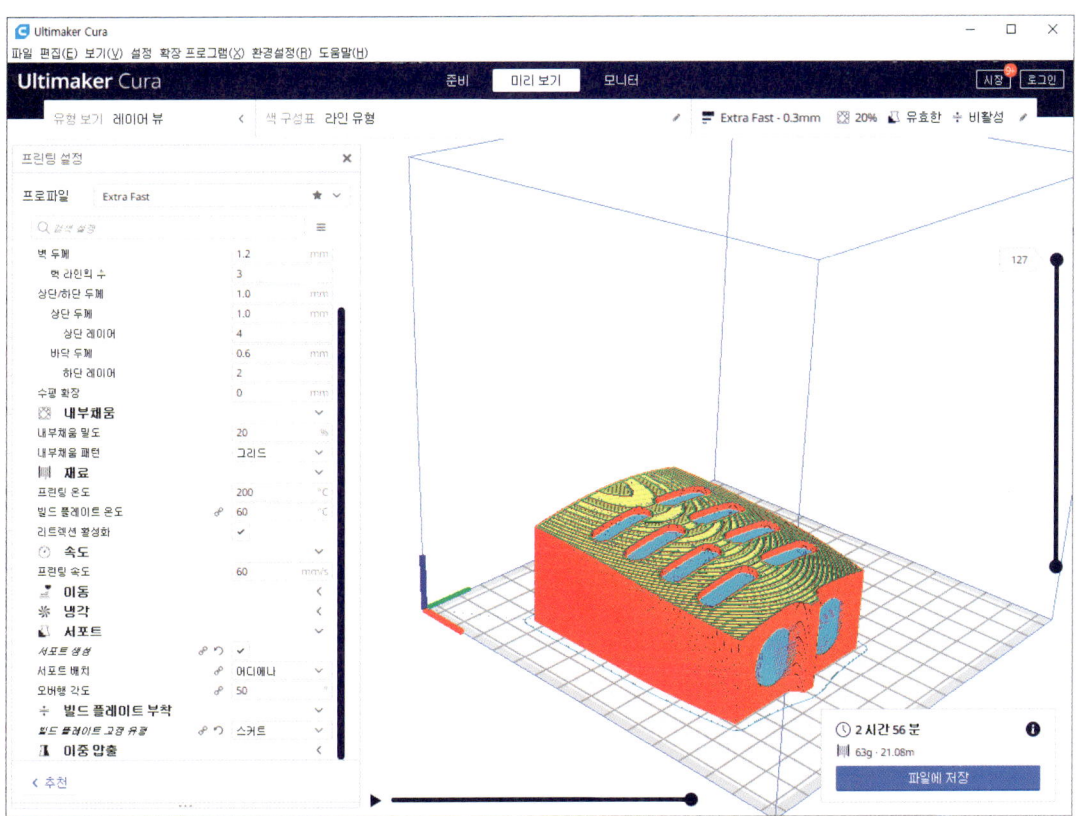

9. 부품

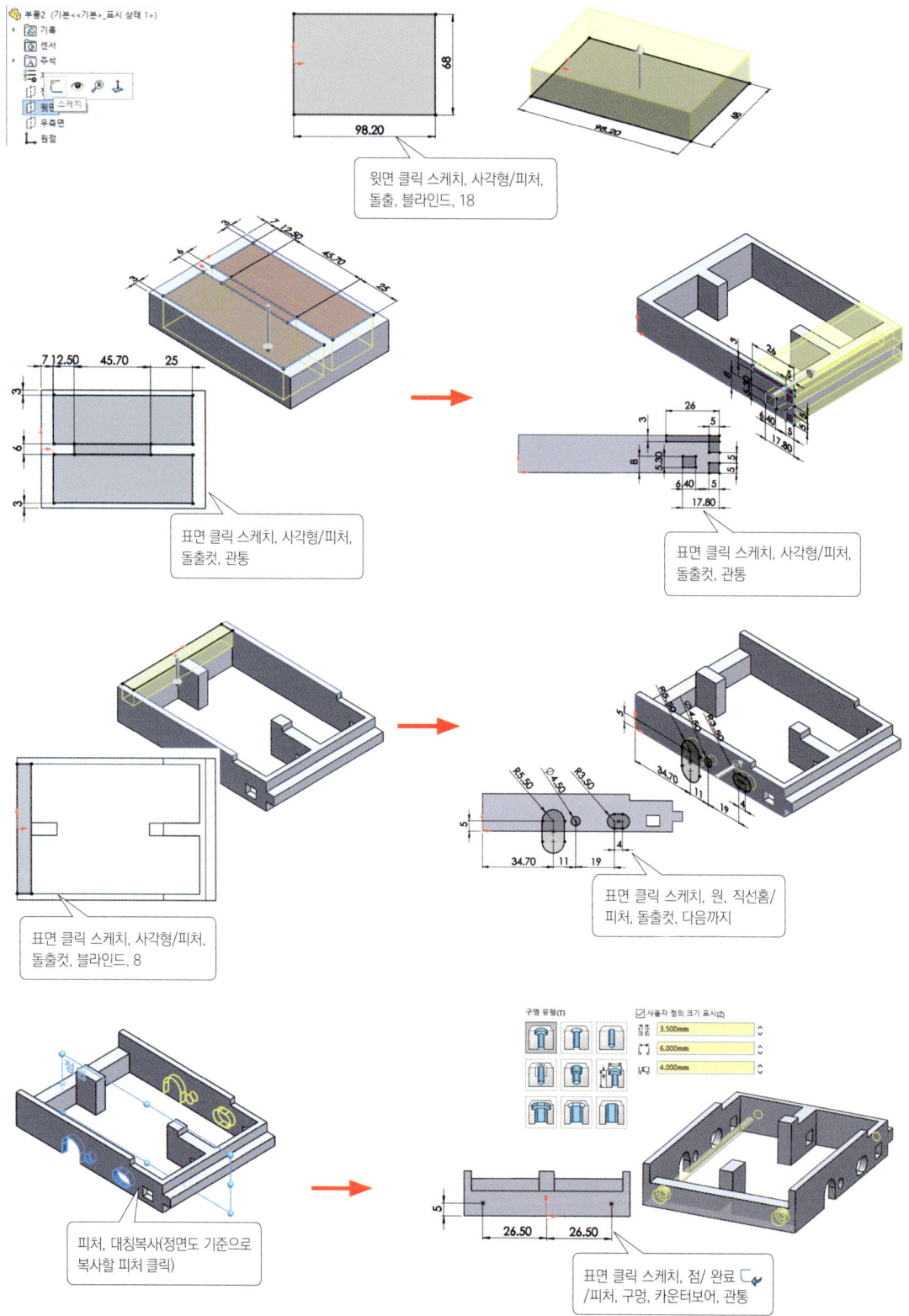

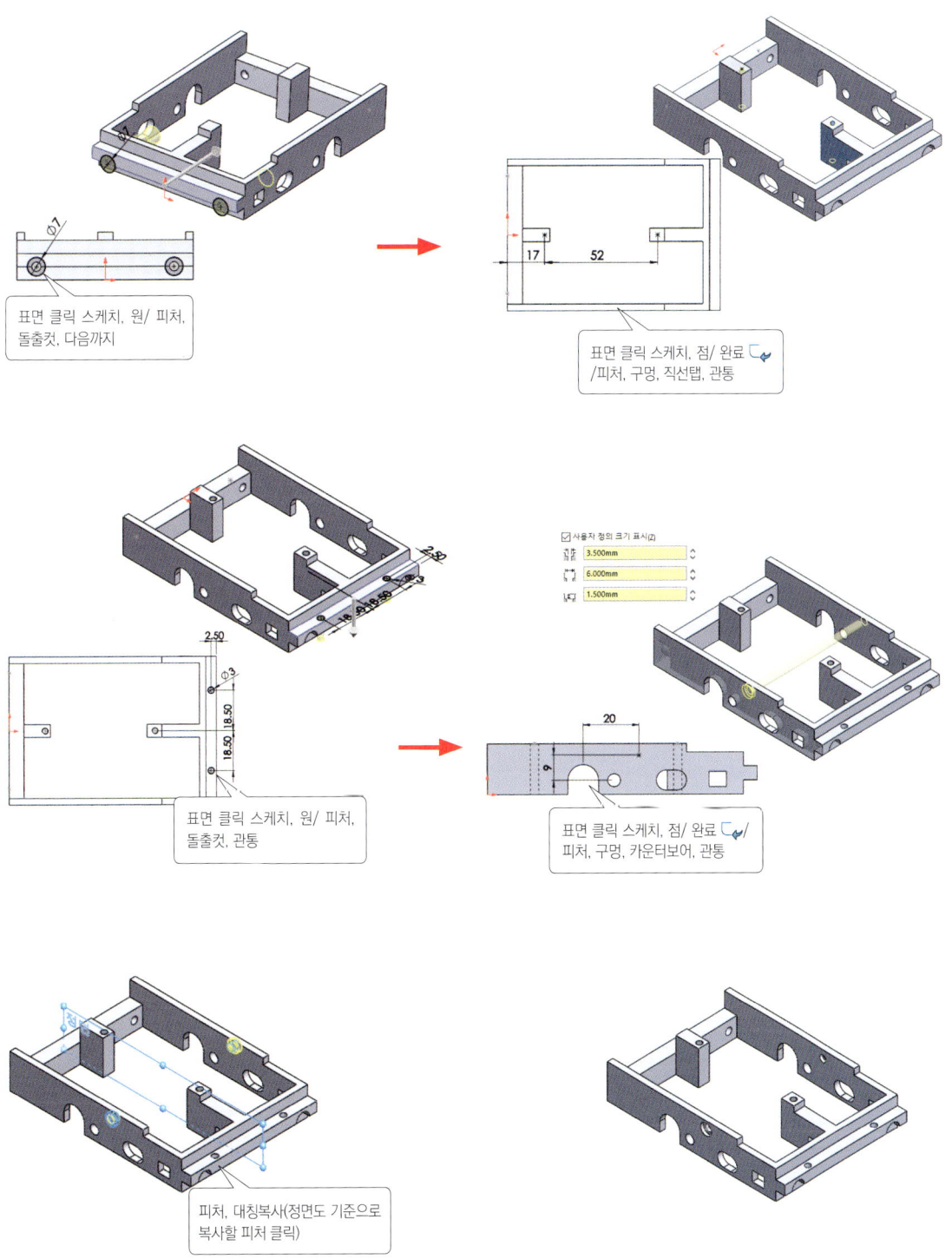

STL 파일로 저장하기

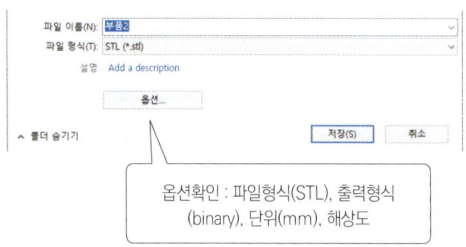

옵션확인 : 파일형식(STL), 출력형식 (binary), 단위(mm), 해상도

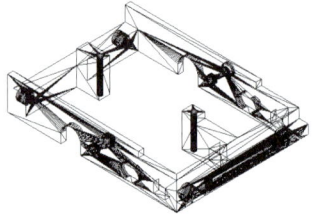

STL 파일 슬라이싱 및 G-code 파일로 저장하기

[프린터 설정 : Cubicon Style Plus-A15]

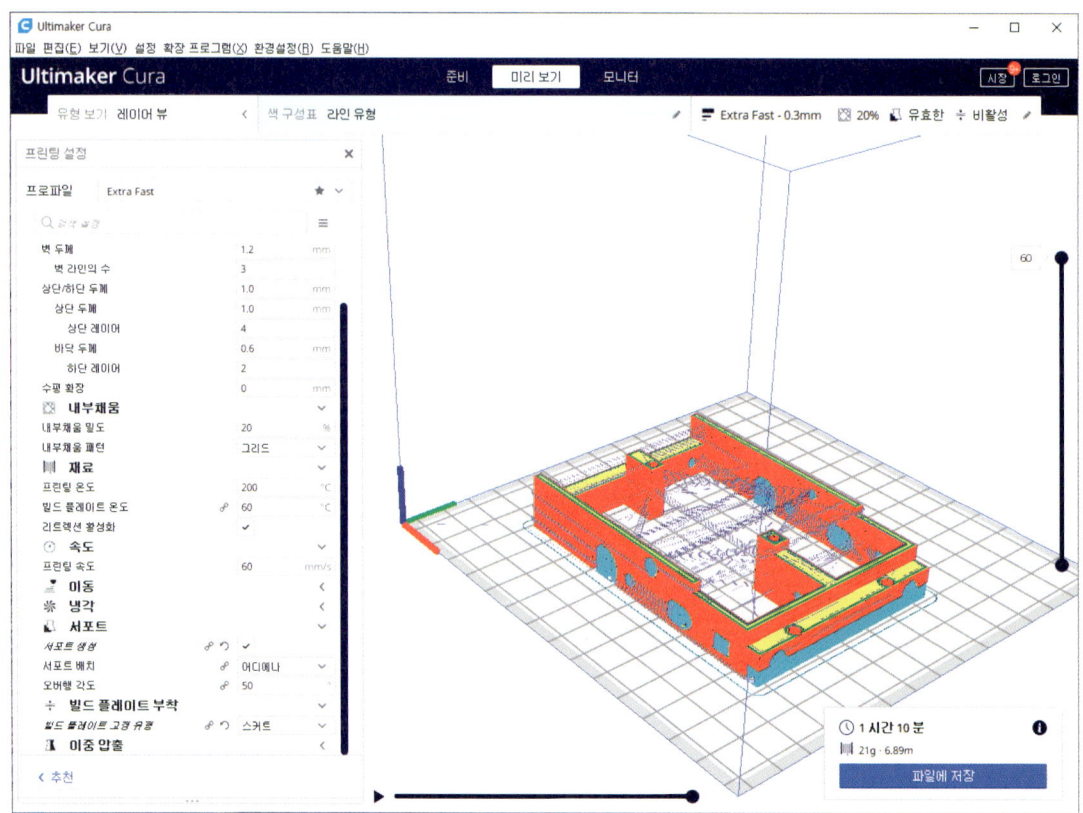